凝煉知識品味閱讀

凝煉知識品味閱讀

超圖解

系統模擬

推演事件場景，提高決策勝算

Introduction to Modeling and Simulation

許玟斌 著

不需要水晶球與塔羅牌，有更科學的方式
可以預知未來事件發生的機率。

五南圖書出版公司 印行

作者自序：模擬方法──另類解答複雜問題的利器

通常人們面對大大小小的問題都會想盡辦法求解，如果本身能力不足就去請教他人，當可取得的人事物資源也未能提供可接受的答案，那就只好擱置，不再去煩心。人們從出生就開始面對許多問題，當肚子餓了、尿布溼了或恐懼不安，卻沒有能力自己解決問題，只能用哭來求助，如果不巧沒有得到回應，又假設並沒有生病，哭累後便睡著了，就等待醒來再想辦法吧。好慘的場景！只有等到稍微長大，才會開始模仿家人的言行、學習站立走路、開口要求協助。如此從模仿慢慢累積生活需求的知識，進而能夠發掘問題，以及發展有效解決問題的能力。

模仿基本上只是一種場景複製過程，當單純模仿不足以解決問題時，人們可能會逐漸在腦海中形成描述問題或系統情境的心理模式，學者們也許會更進一步使用數學式子表示組成系統的重要物件各自與相互運作的行為，形成的系統代表物就是一個抽象模式。如此建立藉以代表問題本質的模式，並據以進行推演或模仿種種場景變化的過程，就是模式模擬。

當問題情境或組成系統物件的屬性包含不可事先預測、不確定性或變異性，專家們將這些物件的屬性項目名稱簡稱為隨機變數，而驅動隨機變數發生變化的事端稱為事件，事件的記錄或事實就是隨機變數的出象，簡稱為隨機現象。由於沒有人能夠正確知曉未來事件的演進過程與結果，因此才有「人算不如天算」或「天有不測風雲」等俗語。不過我們也不必完全靠天吃飯，例如結合大氣變化理論與資訊科技運算能力，天氣預報結果已經不是常見的笑梗，又如觀察投擲一顆公正或不公正 20 面體骰子的活動，熟悉機率統計方法的人士也

能計算或估計投擲這顆骰子不同出象發生的機率，只是仍然不能預知會出現哪一個出象。

當組成系統的物件包含隨機現象，使用模擬方法解答問題可能就是最佳的選擇，因為面對包含隨機因子的系統，我們可以應用理論尋找合適的機率分布函數，進而模仿隨機事件的出象。結合一個忠實描述系統運作邏輯或真實情境過程的抽象模式，以及資訊科技的高速計算與大量儲存資料等能力，模擬各種假想場景可能的隨機演化，再利用統計方法彙整輸出數據以形成能夠輔助決策的資訊，這個機制就稱為系統模式模擬或電腦模擬。

到廟裡祈求神明指示的人們，也許不在乎手上的筊杯是否公正，或某一面出現的機率吧！但從求知的角度我們可以一枚一枚地測定，只要將一枚筊杯投擲很多次，就能計算任何一面出現的經驗機率，然後依據統計理論尋找適合代表擲筊出象的隨機變數。同理，收集系統隨機因子出象的記錄，發展對應的機率分布函數，就能模仿隨機因子生成隨機出象。應用理論分布函數生成隨機數值的解題模式，常被稱為蒙地卡羅方法。有趣的是除了包含隨機因子的系統，這個方法也可以處理沒有包含隨機因子，例如函數積分等數學問題。

如果已知一個函數的反函數，這個函數積分只是一個容易求解的數學問題，如果反函數太複雜或不存在，除了數值方法，模擬方法也可以派上用場。首先隨機產生積分範圍數值軸上的一個位置，計算這個點的函數反應值，重複執行這個試驗許多次，可以獲得一組函數反應值的平均值。讓函數積分範圍類比於一個理論矩形的底，平均函數反應值就是這個矩形高度的一個估計值，如此利用機率分布生成隨機數值，可以獲得函數積分的一個估計值。雖然這個方法也許沒有效率，但是可能提供思考解答某些問題的一個方向。

以第一階微分式子表示單位時間物件移動的距離，是大家熟知的速度定義。同此我們可以使用第一階微分式子表示某一族群隨著時間的消長，以及第二階微分式子表示族群演變的速度隨著時間的變化。假設學者專家能夠發展一組混合代數與微分方程的數學式子，代表一個多種生物族群、抽象或實體物件互動的生態系統的抽象模式，應用已知求解聯立微分方程式的方法，我們就能模擬組成這個生態系統的物件或族群隨著時空的消長過程。

用來敘述系統狀態的資料項目名稱，簡稱為系統變數，當系統變數隨著時間不斷演變者，稱為連續系統。不同於連續系統，當系統變數僅僅在出現於某些事件時才會變化者，就稱為離散系統。考慮一個只有一位工作人員的簡易客戶服務櫃檯，假設顧客隨機到達，如果服務者空閒，就立即處理顧客需求，反之，顧客則需加入櫃檯前的等待隊伍；完成服務的顧客便立即離開系統，然後工作人員再從等待群眾中選取下一個服務對象；如果沒有等待服務的顧客，服務人員就處於空閒狀態。假設進行這個客服系統的計畫，就是為了了解服務人員的忙碌狀態、估計顧客等待時間與等待線長度等，那麼研究必要關切的只有到達與離開這兩個事件。同此，某些類似或較為複雜情境的離散系統，可能包括一或一連串成對的到達與離開事件，而這些事件發生的當下，系統狀態才有異動。

因為只有在改變系統狀態的事件發生，描述系統狀態的變數，以及彙整等待線人數與累積完成服務顧客人數等研究關切的統計變數，才有必要更新。因此表示一個離散系統，直覺的方式是在假想時間軸依據事件發生的先後次序進行模擬，依此建立的模式稱為事件導向模式。由於事件導向模式同於電腦運作邏輯，都是因循時間先後次序進行，因此轉換事件導向模式成為可在資訊平台執行的電腦軟體，是一件相當結構化的工作。

離散系統不但是工商企業，也是政府行政常見的活動，譬如規劃交通號誌變化、集會場所疏散動線、物流中心鋪貨、設備維修派遣、商品製造流程、機場飛機起降時程、海港船艦進出作業等等，都是模擬方法的主流應用。因為物件處於等待狀態的延時長短，反映了是否形成瓶頸或工作流能否順暢的關鍵因素，所以研究這些系統的技術與方法就被歸類為等待線理論。

將事件導向模式轉換成為電腦程式的能力，可能不是大多數模擬使用者的強項，更由

於應用廣泛，因此自從 1960 年代隨著電腦普及程度大大增加，就有許多模擬語言陸續開發上市。其中大多數模擬軟體，使用過程導向方式的概念，建立代表系統的模式。發展過程導向模式的方式不同於依據時間軸的事件導向方式，它是聚焦於在系統流動的物件或稱為個體，歷經不同活動的過程。

使用市售過程導向模擬軟體非常便利，只要在電腦螢幕安置軟體預設的圖案表示個體、等待線、伺服器與個體流動路徑，並在預設的表格填入個體到達系統的時間隨機函數、伺服器處理時間的分布函數，以及活動流向的條件與目的地，輸入模擬次數、時鐘單位與期間等，就能輕易地執行模擬並獲得輸出數據。有些模擬語言更是同時考慮連續與離散模式，且有生動展示各項過程的動畫，使得模擬方法成為易用實用解決問題的利器。

過程導向方式表示離散系統的方式，比較類似人們直覺式或是一種高階抽象化的思考方式，雖然方便表示系統運作流程，使用者也許能夠輕鬆完成模擬研究，但是許多上市模擬軟體的內建功能未必可以滿足某些模擬計畫的需求，因此進階使用者還是需要具備建立事件導向模式與設計電腦程式的能力。

模擬結果是否有用，取決於模式是否忠實代表系統運作行為、電腦程式是否正確沒有瑕疵、各項變數的理論分布函數是否符合實際條件，以及是否應用機率統計理論分析與彙整輸出資料。又由於一次模擬的輸出相當於記錄隨機現象的一個例子，不該當成事實真相，因此必須執行多次模擬以求得研究關切的系統參數的估計值，才是符合科學精神的研究。

完整模擬計畫需要許多不同領域的成員，包括分析系統運作邏輯、設計模擬模式、撰寫程式、操作電腦軟體以及機率統計等專業人士，唯有具備這些條件的團隊才能發揮模擬技術的功能，也才能產生輔助決策的有效資訊。

誌謝

感謝發行者五南圖書出版公司、副總編輯張毓芬小姐多年來的支持與鼓勵，以及責任編輯、文字校對、美工設計、封面設計，衷心感謝各位在編輯本書過程的辛勞與付出。

目錄

Chapter 1

模擬方法概述

1-1 預測鰻魚價格起伏

從事鰻魚養殖的父親問起就讀大學的孩子唯真：「這學期快結束了，哪一門課較有學習心得？」孩子回說：「系統模式與模擬。也許日後我可以幫忙模擬未來鰻魚價格的波動。」他的爸爸淡淡地說：「我養殖鰻魚一輩子，對價格隨著季節與其他因素的變化了然於心，哪需要什麼模擬方法？」回到學校，唯真請教任課老師對於他爸爸的看法。教授說：「你父親根據多年經驗，他的決策也許每次都對，或者也許每次都錯，而應用模擬輸出數據與統計推論形成的結論也不見得每次都對，但是可以計算獲得正確結論的機率，因此較為符合科學精神。」

1-2 摘要

面對不可預知未來事件的出象 (Outcome)，人們經常未雨綢繆，例如旅遊行程路徑規劃、預期約會對話場景、應對商業交易發展過程。對於比較複雜的問題，或腦力推演不足以勝任，人們可以依據目的、可用資源、假設條件與敘述問題的詳細程度等，建立一個代表系統行為的模式，據以進行模擬產生輔助決策的資訊。例如推銷房子的房仲人士展示模型屋，對著潛在顧客說明地理環境、隔間與採光等優點的實體模式模擬。又如氣象專家依據理論與經驗建立的抽象模式，加上即時天氣偵測數據，模擬颱風路徑移動速度與夾帶雨量等訊息。假設模擬研究結論導致眾人生活或工作與環境變化，例如國家制定政策的依據，模擬方法的規劃者與管理者必須具備建立模式、模擬軟體、輸入數據、執行模擬與彙整模擬輸出等背景知識。

1-3 機率、統計與模擬

勾勒未來情境，除了依賴先知的預言之外，也許易經大師依據卦爻的時與位等形勢變異，或塔羅牌大師分派紙牌的布局，也能夠説明事件起始、發展過程與結果。姑且不論各類占卜或預言行為是否合乎科學精神，至少不是一般人能夠執行與解釋的吧！不僅如此，不同先知們所謂的神諭或大師們解釋同一卦象與爻辭的意義，也不過是一種主觀的意見，通常不會出現一致性的結論，那我們又如何判斷哪一個才是正確答案？如此，明知世事難料，人們還是永不放棄思考想像未來的情景。

從能夠使用數據表示未來情境或問題內涵的角度來説，排除無解或不知解法的部分，有效解法的問題大致可以分為確定性與牽涉不確定因子兩大類。例如使用代數函數表示鐘擺的長度、週期與重力加速度，或光速、質量與能量，以及貸款、利率與攤還期間等關聯，微分方程式表示數量隨著時間或速度隨著時間等變化，這類不含不確定因子的問題，應用解析法也就是傳統數學方法，或許能夠獲得答案。

對於包含不確定性因子的問題，符合科學精神的解法必須立足於機率、統計或模擬等理論與方法。

考慮投擲骰子的活動，如果骰子或投擲條件經過特殊設計打造，執行者可以依據意願決定出現組合，這就不是一個不可預知結果的試驗。如果我們投擲一顆公正的 6 面體骰子，任何一面出現的機會皆相等，那麼機率理論告訴我們：出現任何一面的機率都相同，等於 1/6。不過，沒有人能夠事先斷言會出現哪一面吧！

假設投擲一顆無法確實知道是否公正的 6 面體骰子，我們如何知道任何一面或點數出現的機率？一個可行的辦法如下：

1. 投擲並記錄這顆骰子出現的點數。
2. 重複上個步驟許多次，例如 n 次。
3. 計算每一點數出現的次數 c_i，相對次數 $p_i = c_i/n$，$i = 1,..., 6$。

這些相對次數就是這顆骰子，每次投擲獲得各個點數的經驗機率。

如果進一步進行統計推論，定義一顆骰子的分布函數，使成為一個隨機變數產生器，人們可以使用它生成任何長度介於 1 至 6 的隨機數字序列。如此代表投擲骰子活動的機率函數就稱為模式，演算這個機率函數的過程就是執行模擬。因此簡單來說，模擬方法主要包括兩個步驟：

1. 建立一個代表問題情境的模式。
2. 依據模式逐步推演問題情境的變化。

面對問題怎麼辦？

- 運用知識與經驗自行尋找解答。
- 尋求他人的協助。
- 如果沒有他人可以幫忙，只好擱置。

累積說寫外文能力的演進

- 模仿：複製真實世界的過程，人類累積解決問題的能力從模仿開始，譬如學習外國語文的過程，認識字母與音標、書寫字母與字詞，以及背誦單字等模仿活動。
- 建立解題模式：累積經驗，熟悉音標音節的發音與詞類變化規則，以及基本句型結構與格式，建立書寫與說話的模式。
- 模擬：運用已經建立的書寫與說話模式，在不同場景模擬合適的應對方式，並由結果檢視模式，針對缺失與不斷嘗試，以利提升聽說讀寫外文的能力。

解析方法：可使用數學函數表示的問題

透過傳統數學方法，例如代數、微分與積分等，演算求解的方法，例如在銀行貸款 X 元，年利率 r%，還款期間 n 年，計算複利條件下每月固定還款 k 元。這只是簡單的代數運算。

統計方法：定義隨機變數的理論分布

- 收集某一隨機事件的觀察值，獲得一組隨機樣本。
- 使用敘述統計方法，彙整樣本特徵值與具有視覺效應的圖表。
- 使用統計推論定義代表這個包含不確定因子事件的出象，統計術語稱為隨機變數的理論分布函數，然後藉以估計某事件發生的機率。

模式與模擬

- 模式：依據研究目的、可用資源、假設條件與詳細程度等，表示系統行為或問題情境的代表物。
- 模擬：依據模式，在不同時空條件推演系統物件交互運作過程的機制。

1-4 日常的模擬場景

嚴格來說，人們應用模擬技術本是與生俱來的本能。當新生嬰兒意識慢慢增長，累積經驗模擬對應環境變化的情景，建立的第一個模式就是哭，而父母只能模擬嬰兒需求以進行回應，如果雙方沒有溝通的基礎，回應無方則需求不會被滿足。如此嬰兒與父母雙方各自建立模式，並在適當時機使用模擬方法，漸進地發展有效溝通平台。慢慢長大的孩子，不斷模仿父母的言行，時常模擬預期場景與可能應對之方式的效果，建立生活習慣的模式。

假設某班任課老師要求學童隨意從家裡取來一個物件，可以是玩具或器具，然後在課堂展示說明物件的用途及優缺點，並回答同學們的問題。為了達成這項作業的小朋友，除了選擇物件外還必須考慮同學們可能提出的問題，以及如何周詳回答問題的情境，有些求好心切的學童更會在父母家人面前進行預演。

回想就學期間，尤其是大型升學考試之前，任課老師們會模擬出題老師可能的命題範圍、方向、題型與試題，以及考卷編排與密封作業，進行測試、閱卷與計分。應考的學生們準備大大小小的考試時，會猜想可能的考試題目，然後去閱讀與記憶最好的答題內容。這些模擬考試活動也是我們成長過程的共同記憶吧！

已知許多人在晚上就寢之前會在心裡模擬隔天行程，出門上班、上課、辦事或約會之前，事先思考當天活動情境的應對方式、選配恰當領帶或首飾的樣式、模擬選用交通工具並估計到達指定場所的時間等。

許多人在購買衣物鞋帽的過程，會對著鏡子搔首弄姿模擬穿著效果。添購家具時也會使用紙筆研究顏色、樣式、擺設位置。綜觀這些有趣的例子，人們日常生活處處不離模擬活動的範疇。上述這些例子足以說明，家庭教育與學校

課程養成我們日後使用模擬的習慣。

模擬 (Simulation) 與模仿 (Imitation) 有些異同，模仿的意義較為單純，通常用來表示按照某一物的形象製造另一物。人們也許會聯想到仿冒或偽造等名詞的負面用法，但也有許多正面的意義。模擬就較有豐富的意涵，包括兩個階段的活動，建立一個模仿真實 (Real World) 系統運作邏輯的代表物稱為模式，然後利用模式推演可能出現的應對場景。如何進行呢？針對一個沒有包括隨機因子的系統，那麼模擬與模仿只不過就是依樣畫葫蘆罷了。然而，大多數真實系統多少包含些許隨機因子，因此建立模式與執行模擬的過程，必須借用機率統計理論辨識，並能夠生成所代表的隨機因子的隨機現象 (Random Phenomena)。

模擬不只是模仿

回想學習許多技能的過程，我們都是從模仿前輩或專家的言行開始，慢慢地我們會尋求創新或改善機會，在實際行動之前，不斷地發展各種可行方案，然後選擇最佳方案，這個過程符合模擬方法的本質。如此，模擬不是單純的依樣畫葫蘆，而是預先建立一個模仿問題行為的模式，據以推演某些情境中物件互動的變化，藉以輔助制定最佳決策。

高爾夫擊球落點模擬

高爾夫球名將尼克勞斯在他的著作裡以自己為例，說明他擊出好球的心理建設，如在揮桿擊球之前，會依據天候、風速與方向、地面坡度、距離、植生、桿頭角度、揮桿平面、揮擊強度等條件，在腦海中模擬小白球的飛行軌跡、落點與彈跳情形。

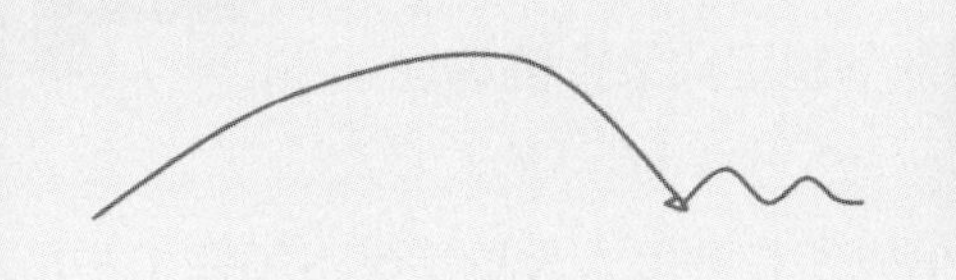

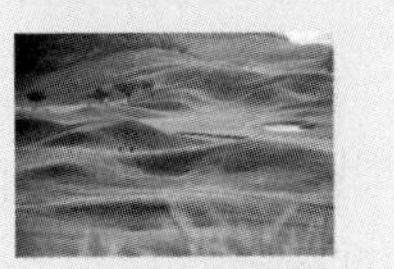

模擬約會對話場景

好不容易，春嬌答應了志明提出見面的建議，設想當志明說 A，春嬌回應 AR1，志明回應 A2，春嬌回應 AR2，……，志明回應 AK，春嬌回應 ARK，……，如果志明說 B，……，腦海裡不斷湧出如下對話場景：

志明說 A	春嬌回應 AR1	
	志明回應 A2	春嬌回應 AR2

	志明回應 AK	春嬌回應 ARK

志明說 B	春嬌回應 BR1	

志明說 N		

模擬可能的對話場景與過程，讓志明又興奮又緊張，幾回模擬下來，志明就信心滿滿，期待有一段愉快的約會時光。

1-5 模擬與決策

人生旅程確實無可避免地必會遭遇許多無常或隨機事件，如《舊約聖經．傳道書》第八章第七節：「他不知道將來的事，因為將來如何，誰能告訴他呢？」怎麼辦？人們總是必須在不確定因素下制定決策！儒家建議「盡人事聽天命」。

為什麼許多人相信先知或神職人員祈禱獲得的異相、易經大師進行占卜出現的卦象、塔羅牌大師解說紙牌排列、命相大師根據出生日期與時辰製作敘述一生重大事件的命帖、特異人士觀察自然現象或動植物狀態的預言？因為大多數的人們害怕甚至恐懼未來內在與外部環境的變遷，期望能夠盡早擬定應變之道吧！

假設事件發展的後果只有個人去承擔，進行模擬的方法與應用成敗並不關他人的事，但是攸關多數人生活與工作的公共事務或政策的模擬作業就必須符合科學精神。如果沒有事先進行模擬、妥善規劃應變計畫，除了可能引起百姓生活作息的不便，也可能造成人民生命財產的損失甚至發生社會動亂。如此，政府、組織與企業主管們，就算不懂模擬技術，至少也應該了解它的重要性！

舉辦大型宴會時，擬定邀請對象、模擬座次安排與引導來賓入座等活動，以及餐廳擬定菜單時，準備食材、烹調時程與上菜流程等作業，每一項都會影

響餐會的成敗。面對顧客的售貨員，會使用實體物件或模型模擬商品使用方式。例如房仲業者依據模型屋模擬建物地理位置、隔間與動線的優點。旅行社與旅遊達人規劃行程、預算、地點、住宿與交通工具。物流業者依據各鋪貨站需求，規劃分配數量與運行路徑。公共運輸業者爭取營運路線、制定班次、車輛與人員調派計畫。投資理財專員觀察景氣升降，以及當前國內外大事如天災與恐怖攻擊等因素，模擬未來情勢發展，建議投入成本與時機，提供股民投資資訊。以上這些工商企業的營運模式，如能善用模擬技術，必定能夠增進內部流程效率與顧客滿意度。

氣象專家依據理論與經驗，運用可獲得的工具觀測與收集溫度、溼度、風向、風速還有太陽、月亮與地球相對位置等，以及天氣變化模擬軟體，制定建立氣象演變模式形成各種預報。設想在氣候劇烈變化的時節，如果氣象團隊沒有根據科學方法製作預報，天災當然不能避免。要是沒有使用確實有效的系統模擬技術，使得國家社會沒有及時規劃應變措施，可能導致人民生命財產重大損失的後果。

確保用路人安全與往來車流暢通，應該就是制定道路交通燈號轉換規則的主要考量因素吧！當然上下班時段或經常出現人車擁擠狀況的路段，現場執行人員可能需及時調整規則。考慮一個幹道與普通道路的交叉路口，行人橫跨幹道路口的時間常顯不足，因此同時考慮安全與暢通，面臨兩難的困境，無論是常設或及時規則都必須事先模擬，以形成符合需求的策略。

人類的宿命：不能預知未來

- 面對無可避免的無常事件，憂慮或恐懼，人類幾乎束手無策。
- 不斷追求預知未來的工具與方法，祈求趨吉避凶。

模擬與決策過程示意圖

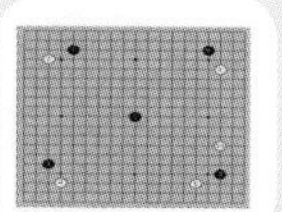
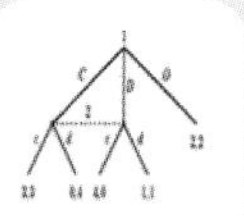

發掘問題 ——→ 腦海思考 ——→ 建立模式 ——→ 進行模擬 ——→ 形成決策

模擬場景輔助決策

- 民意高漲，公權力不夠彰顯的社會，與民眾生活相關的主管單位無不戰戰兢兢地工作，但是哪能滿足所有可能的需求呢？例如連假期間，主管當局使用模擬技術，規劃通行費減價時段、估計壅塞路段與平均行車速度、建議替代道路等措施，但是只要某些路段出現交通打結仍會遭受抱怨。
- 民主國家的民意代表與政務性質的首長都是透過選舉產生，為了避免形成某些集團長期壟斷政商利益，大都採用任期制加以制衡，因而選舉活動變成例行的公共事務。除了關切自己支持對象的選情，投票當天一般民眾問候的話題往往是：「你去投票花了多少時間？」為了降低社會成本或避免導致民怨，選委會應該使用模擬技術輔助決策，如規劃投票流程、動線與投票所人力及設備配置，估計所有在投票期間內進入的選民完成投票時間與所需開票計票時間等。
- 當兵入伍基礎訓練結訓前，模擬戰場的單兵作戰科目，那種緊張興奮刺激的情景，對於大多數男生不只是永生難忘的記憶，一旦爆發戰爭，這可是保家衛國、更是保護自己的技能。除了單兵，也必須培養不同規模團隊的作戰能力。不過實體模擬必須耗費大量資源，因此抽象模式的模擬就成為另類選擇。請回顧一場千古流傳的歷史故事：墨翟以腰帶守護城牆，魯班以代表雲梯的物件為攻，魯班發動數次攻擊，墨翟次次成功抵擋。如果使用不同變數名稱或變數，抽象化戰場上種種武器、設備與軍隊，戰略、戰術與規模，以及勝敗機率等，那就可以在資訊科技平台進行沙盤推演，模擬戰事發展過程。

1-6 模擬方法使用時機

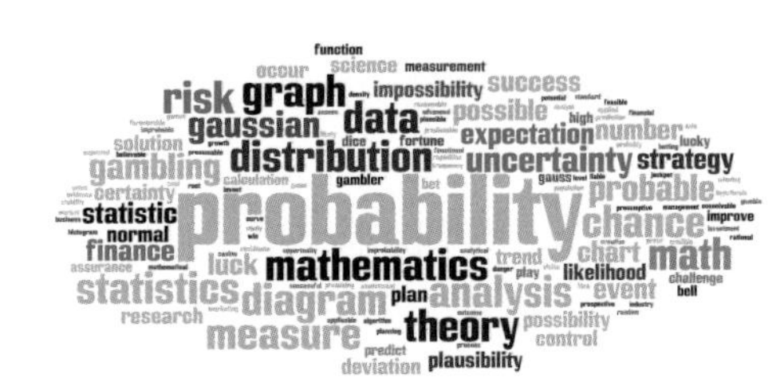

解答問題的方法很多，針對結構化的問題，我們可以使用數學方法，例如單位轉換的算術運算、銀行利息複利的代數計算、計算速度與加速度等微積分的運算等等。如果問題本身包含不確定性或不可預測性等隨機變化的因素，常用的技術大多植基於機率與統計理論。

機率是一種演繹的方法，從已知的定義、假設條件與理論逐步推導問題的解答。例如計算投擲數顆骰子出現某些事件的機率，必須預先定義同時投擲骰子的數量 N，假設每一顆骰子都是公正，每一個點數出現的機率相等，皆同等於 1/6，然後應用機率理論事件 E 出現的機率等於 X/S，X 與 S 分別等於投擲 N 顆骰子發生事件與所有可能出現的事件數目。讓 N = 2，E = 兩顆骰子點數和等於 7 的事件，如此 E 包括 {1, 6}, {2, 5}, {3, 4}, {4, 3}, {5, 2}, {6, 1} 等 6 種組合，S 共有 36 種組合，所以事件 E 發生的機率 Pr(E) = 6/36 = 1/6。同理，我們也可以計算彩券任何一個中獎數字組合出現的機率。

統計則是一種歸納方法，從一組觀察值推論事件發生某一出象的機率。例如不能確定投擲的骰子是否公正，我們可以投擲這顆骰子很多 (N) 次，記錄出現點數 i 的次數 K_i 除以 N，獲得每一點數出現的經驗機率 $Pr(K_i) = K_i/N$。同理，我們可以建立其他隨機現象出現的經驗機率函數，如果可獲得足夠觀察值，或許能夠建立適當的理論分布函數，藉以生成隨機因子的出象序列，當作模擬研究的輸入數據。

當問題本身屬於非結構化，如包含隨機因子或隨著時間變化的系統，或沒有已知數學、機率或統計等解析方法，模擬方法可就如同一顆救命丹。例如研究生物族群各自與相互競爭的過程、訂定商店安全庫存量、研究客服中心的運作、了

解產品製作或裝配線的瓶頸或效率。

如上例子，除了問題的複雜度較高或不易使用數學方法之外，若需要長期觀察系統運行，以及不會影響、破壞目前系統運作，或了解某些假設系統的行為等，都是系統模擬方法的使用時機。因此模擬方法非常適合當成系統設計與作業 (Operation) 決策支援的工具，尤其在製造業與服務業的規劃與改善流程方面，如工作流、人力與其他資源規劃與最佳化、瓶頸分析、降低庫存量與控制系統設計等。

一般來說使用模擬方法的時機如下：真實系統物件或變數之間具有交互作用與變異性，作業過程必須明確定義並具有重複性，模擬成本必須低於真實系統的試驗費用，不要浪費模擬成本於決策結果的效益不顯著的問題。

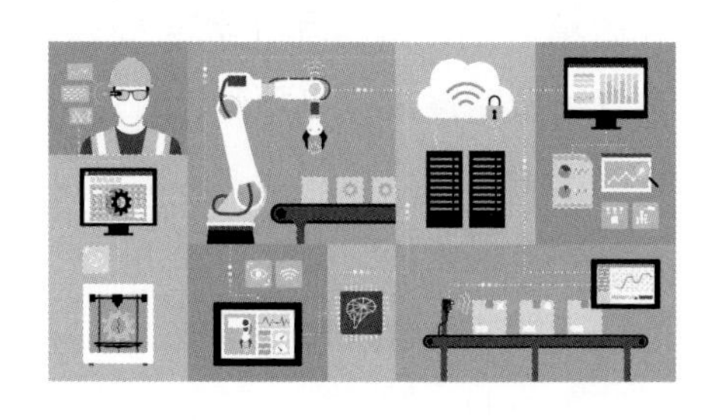

模擬隨機因子的出象

研究某收銀櫃檯運作系統，假設對應模式的輸入項目包括顧客到達時間與購買數量，已知之前收集 30 位顧客結帳商品數量 X 件的記錄，購買一件有 12 人，兩件 6 人，三件 9 人，四件 3 人。在此使用相對次數方法建立一個如下經驗機率函數，當成未來模擬購買商品數量的規則：

P(X = x)	生成隨機值規則	使用 Excel 生成 U(0, 9) 均等分布如下隨機序列 201709286543，根據左方的經驗機率函數，模擬顧客結帳商品數量 x 件的序列如下：
= 0.4, x = 1	x = 1，當 0 <= u< 4	1 1 1 3 1 4 1 3 3 2 2 1
= 0.2, x = 2	x = 2，當 4 <= u< 6	
= 0.3, x = 3	x = 3，當 6 <= u< 9	
= 0.1, x = 4	x = 4，當 u >= 9	

模擬隨機因子的分布函數

除了模式是否真實代表系統隨機行為之外，模擬結果的品質也是植基於產生隨機值的分布函數。經驗機率函數容易建立也容易使用，不過終究它只是手上樣本的特徵，不同樣本就有不同的經驗機率函數。我們不可能收集完整隨機因子的觀察值，解決的辦法只好是收集一個隨機樣本，再以統計推論技術發展一個理論母體。理論上符合機率函數定義的數學函數都是潛在候選者，統計學家常用的理論分布必須符合容易了解與計算的函數，例如使用指數分布模擬顧客到達結帳櫃檯的間隔時間、常態分布模擬收銀員的服務時間等。如果數個理論機率函數通過適合度檢定，使用者可以自由選擇其中任何一個。

模擬方法使用時機

- 沒有可用解析法。
- 模式包含隨機因子，變數或物件之間具有交互作用與變異性。
- 模式運作邏輯必須明確定義。
- 為重複發生的問題。不必為了一次性用途建立模式進行模擬。
- 考量經濟效益，模擬成本必須低於真實系統的試驗費用。
- 不要浪費模擬成本於決策結果的效益不顯著的問題。
- 需要長期觀察或大量計算。
- 系統規劃、發覺瓶頸、改善流程。
- 比較假設或目前上線系統的運作效能。

1-7 建立模式的緣由與原則

電腦模擬顧名思義必須使用資訊科技平台進行模擬，因此如果系統運作行為或物件狀態等無法抽象化，例如需使用實體模型代表真實系統，以培養臨場感的演唱會預演、救災演習、軍事實兵演習與公共設施試營運等，這類計畫的建立模式與執行模擬的方式與細節，請參考其他相關著作。

我們建立的抽象模式能否代表組成系統的種種物件之間的交互運作行為？模擬成果是否有用有效？獲得正面答案的前提是有一個明確定義的研究目的。

觀察某十字路口來往人車，如果交通燈號轉換頻率不會造成道路壅塞，如果所有用路人都會遵守規則不急不緩依序等候或通行，當然不會引起主管單位與民眾的關心。反之一個路口常常發生交通打結情形，漸漸地就會形成一個急迫待解問題，隨後交通局可能會著手進行一項模擬研究，預期獲得一個可行的解決方案。

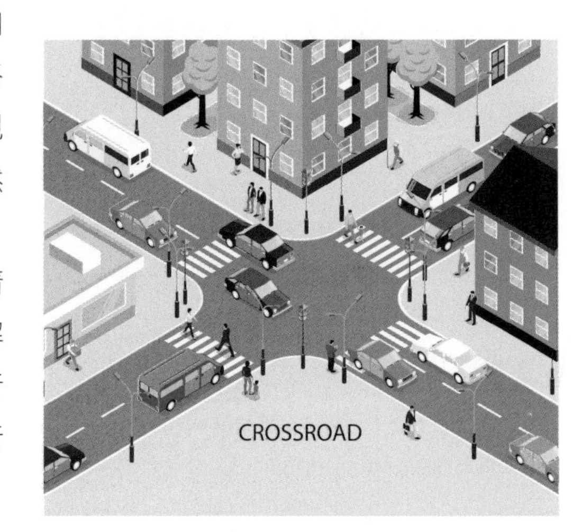

研究成果是否符合研究目的，絕對是評估一個模擬計畫的成敗關鍵，因此研究團隊第一個任務就是明定研究目的，以利建立一個適合的模擬模式。例如改善十字路口交通壅塞的計畫，主要考量是為了徒步穿過馬路行人的安全，或是為了暢通車流？當交叉的道路交通流量差異較大，安全與暢通往往無法兼顧，為了暢通車流，幹道或大馬路的綠燈時間較長，而支線的綠燈時間則較短，如此導致行人橫跨幹道的綠燈時間較短，而橫跨支線者反而更有充裕的通行時間，如此造成兩難的局面。

擬定的計畫目的是否可行，牽涉許多因素，包括人力、時程與金錢等資源與條件，另外建立模式的重要因素還有研究範圍、假設條件與表示系統的詳細程度等。除了十分繁忙的區域，通常只有在上下班時段、附近商家週年慶或假日等，某些十字路口才會出現壅塞的狀況，因此一個模式不可能適合表示所有不同時間或空間與範圍的系統。同一問題在不同研究目的與可用資源的限制下，敘述系統的詳細程度可有很大的差別。例如關切從甲地出發到達乙地的行車時間問題，從簡到繁的模式依次有忽略路徑與路口、考慮不同路徑、考慮每條路徑的所有路口等。

理論上任何決策都是植基於某些假設條件之下，在單純建立模式的前提，模擬團隊關切的是系統物件中隨機因子的假設。針對一個十字路口的簡易模式，假設交通燈號轉換頻率固定，隨機因子包括在紅燈時段到達各個路口的車輛數量、等待穿過道路的行人數量、平均車行與步行速度等。比較詳盡的模式當然可以加上腳踏車與機車數量，以及行進速度或車輛通過路口所需時間等。

建立模擬模式的緣由

- 系統泛指一組人、事與物的集合，這組真實或假想物件各自或交互運作，過程中可能出現不如預期效能的問題，當問題不能依賴已知的解析方法求解，模擬方法就是最佳替代方案。
- 系統是一個抽象的名詞，往往沒有明確的開始或結束事件，可能沒有疆界或沒有意識地運行。因此進行模擬的第一要務，必須建立一個適合代表研究關切的系統活動或行為的模式。
- 尋求問題解答的過程，研究人員可以依據可用資源與可行條件，建立一個合適的實體或抽象的系統代表物稱為模式，然後在不同輸入場景，模擬系統運作過程並檢視結果，藉以發掘解決問題的可行方案。

建立模式的原則

1. 一項研究計畫當然有一個預期成果或目的，建立模擬模式的目的，至少包括日後應用的可行性。
2. 如果系統某些活動之間關聯性較低或交互運作邏輯近乎獨立，模式可以適當分類或分割使成為數個子模式。
3. 發展模式必須依據計畫規模與複雜程度、研究目的、時空範圍、可用資源、假設條件、敘述系統的詳細程度等需求與條件。
4. 觀察從起始狀態，逐步演化或運算直到預設結束條件的系統運作過程，模擬模式可能合併一些瑣碎的序列或平行活動，或忽略細節使成為一個黑盒子，藉以降低模式的複雜度。

處理隨機因子

考慮一個工作流，被處理的物件可通稱為個體，例如進入郵局辦事的民眾，而負責處理物件需求的物件則通稱為伺服器，例如負責寄收郵件或匯兌的行員。假設為了估計個體停留在系統的平均時間，模仿真實系統行為的模式，至少個體進入系統與各類伺服器滿足個體處理需求的時間必須歸類為隨機因子。

建立模式，客觀或主觀？

模式化一個系統當然必須符合研究目的，然而許多細節往往取決於模擬計畫管理者與實際執行者的主觀偏好。

1-8 表示模式運作的演算法

演算法 (Algorithm) 是一組明確不模糊 (Unambiguous) 的循序有限 (Finite) 步驟，敘述一個模式從初始 (Initial) 狀態與／或 (And/Or) 輸入開始，逐步演化最終產生輸出的運作過程，簡單說就是解決問題的逐步過程 (Step by Step Process)。

觀察人們日常生活可以隨處發現類比演算法的例子，因為每一個人每天多少都會遇上問題，還好大多數人可以面對問題與解決問題。例如在 iPhone 新增鬧鐘設定，首先點選 (Tap) 時鐘圖示 (Icon)，進入時鐘畫面後點選鬧鐘 (Alarm) 圖示，再點按新增 (Add) 圖示 (+)，選取鬧鐘時間與喚醒音樂等選項，最後點選儲存 (Save) 完成設定。又如一篇新聞報導，記者撰寫一串相關句子 (Sentence) 與附加圖案，說明某事件的始末與過程。

已知電腦硬體是由電子電路 (Electronic Circuit) 與閘門 (Gate) 集合組成。其中每條傳輸信號的電路只有兩種狀態，開或關，或磁極的正反兩方向；控制閘門則有三種，翻轉一條電流狀態的反閘 (Not Gate)，輸入的兩條電流狀態只要其中之一為正時輸出為正，否則為反的稱為或閘 (Or Gate)，以及輸入的兩條電流狀態都為正時輸出為正，否則為反的稱為和閘 (And Gate)。電腦科學家利用電路狀態與閘門代表人們常用的字母、數字與加法計算、比對以及傳輸，所以無論功能多麼強大的電腦，它的運作基本功能只有這三種。為了提升處理資料的能力，科學家們不斷發展複雜的閘門與電路組合成一片片的晶片，構成功能超強的電腦硬體元件。

個別廠牌的電腦硬體，提供指揮 (Drive) 電腦運作的基本指令集 (Instruction Set) 或有不同，因此不同硬體發行者各有各的程式語言 (Programming Language) 版本，只是從程式設計師 (Programmer) 角度來看幾乎沒有差異。常用程式語言表示模式運作邏輯的指令集大致可分為輸

入、運算與輸出，運算又可分為宣告、指定、計算、更新等。為了增加可讀性與可維護性等，設計師往往將整個模式演算法或程式分割為主導整體運作與流程管理的主演算法 (Main Routine)，也稱為主程式 (Main Program) 或驅動模組 (Driver)，以及邏輯獨立或重複步驟指令集合的副演算法或副程式 (Subroutine) 與單一功能的函數 (Function)。

當人們需要借用電腦幫忙資料處理 (Data Processing) 活動，必須了解人與電腦在認知、思考、推理與解決問題等能力的差異。換句話說，使用者必須在可用平台撰寫程式，執行程式語言編譯器 (Compiler) 使其成為可被硬體理解與執行的機器語言，如此才能進行電腦模擬。然而使用程式語言直接撰寫程式的方式並非都是可行，尤其針對某些複雜繁瑣的運算過程。科學家因而發展一些圖形或文字工具表示模式運作邏輯，作為人們思考認知與程式語言的介面 (Interface)。

演算法基本結構

演算法的基本結構 (Structure) 有循序、選擇與迴圈等三種，它們不可交互重疊。一個結構化的演算法，所有步驟都是循序進行，需要時就呼叫 (Call) 必要模組並將執行序轉移至被呼叫模組，執行完畢再將執行序返回 (Return) 原呼叫模組那一個指令的下一個指令繼續進行演算。

人與電腦之間的溝通介面

1. 背景知識同質性越相近的個體，往來介面的抽象化程度 (Degree of Abstraction) 越高。例如同學或同行之間的交談，或是撰寫文章的句子與使用字詞，往往包含模糊不清的語法與語意，但卻溝通順暢。
2. 電腦是一部低階抽象化機器，只能理解數量有限的指令集，比起使用者認知能力相差甚大。因此必須綜合程式語言、系統軟體與作業軟體等介面，逐步減少人與機器抽象化程度的差異。
3. 雖然常用程式語言的指令與格式相當類似代數用法，但一邊思考運算邏輯一邊鍵入程式，確實容易遺漏細節也沒有效率。
4. 為了因應直接在電腦書寫模擬程式的缺點，常用表示模式運作過程的機制包括使用數個幾何圖形代表演算邏輯與執行程序的程式流程圖 (Program Flowchart)，以及使用簡易句型與字詞的虛擬碼 (Pseudo Code)。流程圖與虛擬碼獨立於各種程式語言，使用者可以自由轉換成為符合可用語言的格式、語法與語意，建立模擬軟體。

邏輯獨立演算法模組

1. 為了增進可移植性 (Portability)、可維護性與可讀性等特質，表示模式運作的演算法或電腦程式可以適當分割成為數個邏輯完整的模組 (Module)，如指揮整體程式運作流程的主模組，邏輯獨立或重複步驟指令集合的副程式與函數等子模組。
2. 主模組：控制與管理資料處理或運算流程的行進方向與次序。好比一項活動的主辦人，必須分別指派某些人、什麼時候進行哪件工作，在過程中提供支援以確保整體活動順利完成。
3. 副演算法：資料處理過程如果需要重複執行某個動作，例如每一次個體完成服務後離開系統，必須更新系統變數（如模擬時鐘）與統計變數（如完成處理人數），可將個體完成服務後離開系統的演算步驟獨立成為一個副演算法，以增加演算清晰度。
4. 函數：處理過程較為單純的副演算法，如隨機亂數產生器。

1-9 表示演算法的流程圖

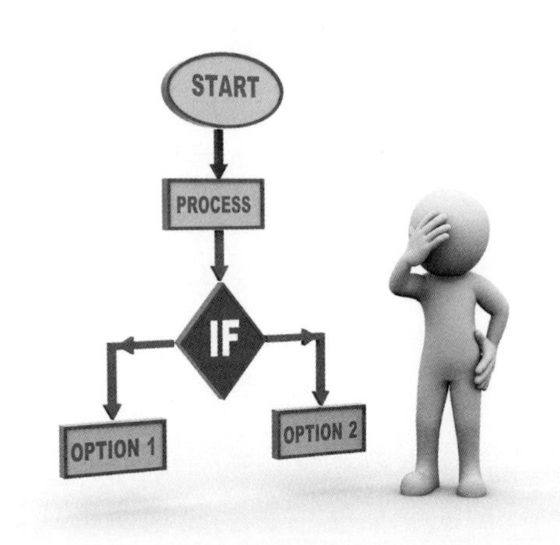

最初電腦主要用來處理繁複的數學計算，為了清楚運算過程，如同俗語說一張圖勝過千言萬語的敘述，科學家因應需求著手發展稱為程式流程圖的機制，結合數種幾何圖形代表運算方式，與帶箭頭線段表示執行程序。這個表示演算過程的利器，從 1950 年代開始流行，直到今天仍是設計系統與程式的重要工具。

常見流程圖符號包括：表示模組開始或結束的橢圓形，許多使用者也可能在開始的圖形內加上模組名稱，圓形連結演算片段結構，平行四邊形代表輸入或輸出，邏輯比對的菱形，帶箭頭的線段指導流程執行方向，矩形表示包括宣告、運算、更新與指定變數儲存內容等活動。

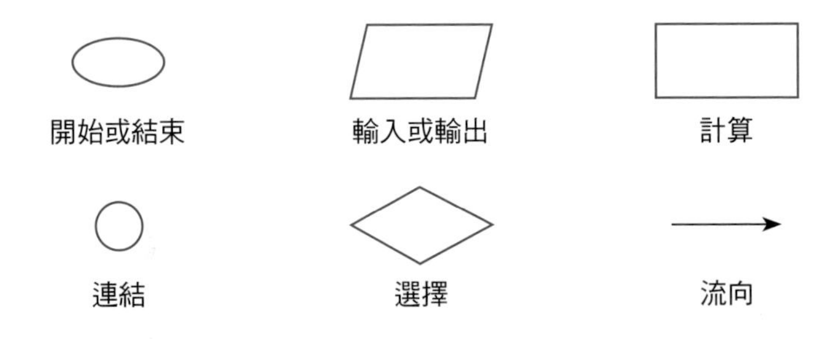

表示演算法的三種基本結構

循序結構

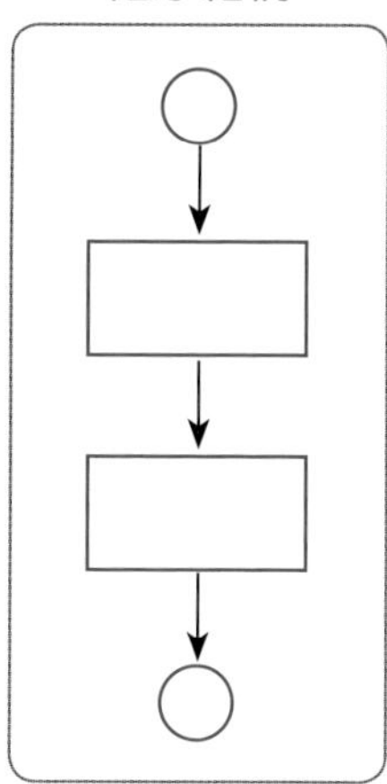

選擇結構

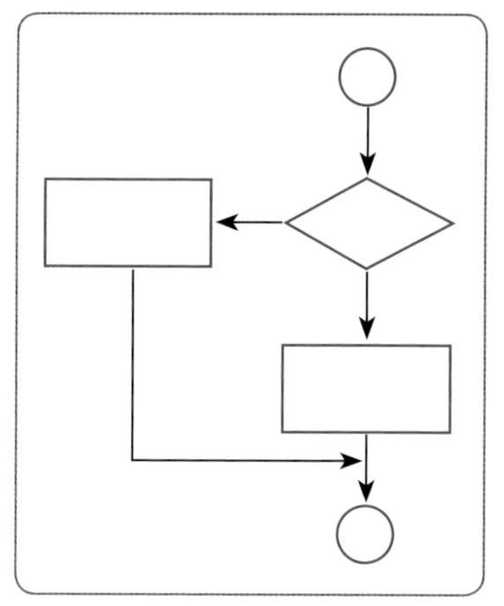

迭代結構

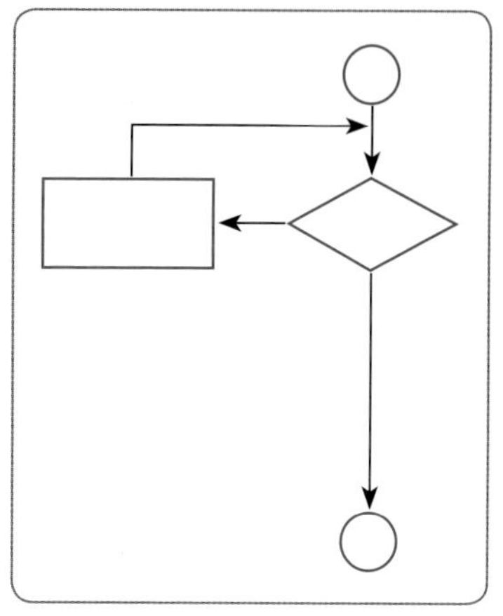

上圖各種結構之內的矩形，除了表示單純的運算外，可以代表一個結構區塊，區塊內容可以是循序 (Sequential)、選擇 (Selection) 或迭代 (Iteration) 等三種結構其中之一。選擇結構依據菱形之內的邏輯運算式執行結果真偽，決定行進方向，而迭代結構則根據菱形之內的邏輯運算式執行結果，判定繼續或離開。

多樣化的選擇與迭代結構

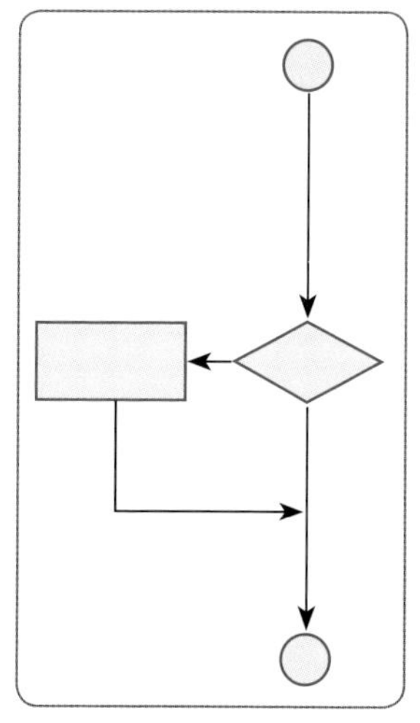

單向選擇結構

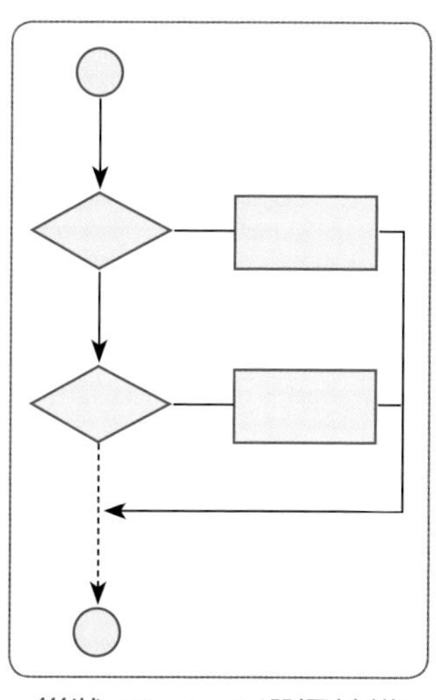

巢狀 (Nested) 選擇結構

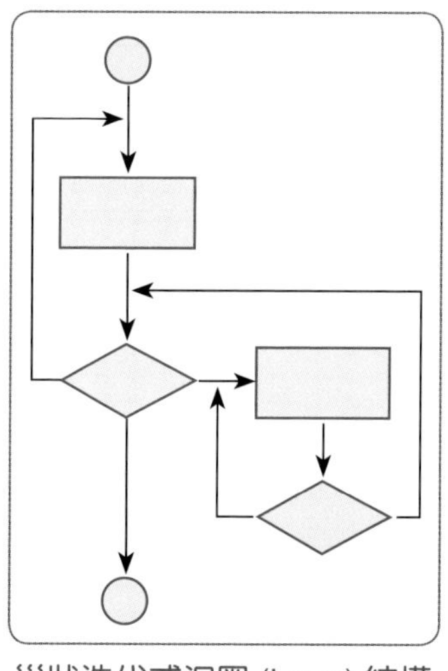

巢狀迭代或迴圈 (Loop) 結構

計算 n 位學生及格人數片段流程圖

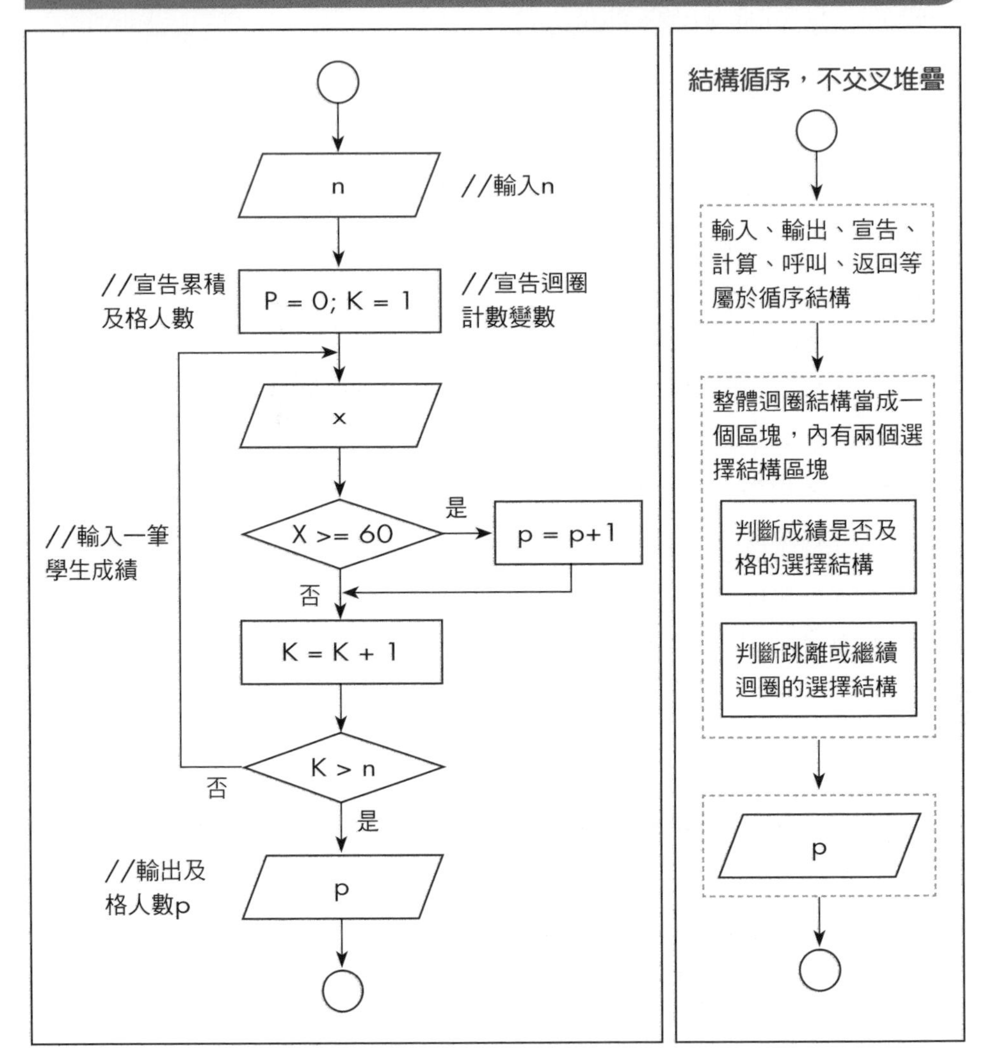

1-10 表示演算法的虛擬碼

程式流程圖使用數個簡單幾何圖形就能用來釐清、溝通與呈現，從輸入或初始數據、經過逐步演算最終獲得輸出的過程，長久以來都是輔助程式設計的重要工具。不過由於表示資料處理邏輯的流程圖，可以不是依序執行，而電腦則是一部一個指令接一個指令依序處理資料的機器，因此轉換流程圖成為電腦程式，往往成為程式設計師的額外負擔。

已知電腦功能強大，能夠進行收集、儲存、擷取 (Retrieve)、輸出、算術與邏輯運算等資料處理活動，但不同行業或有不同資料處理需求，以致於多種程式語言因而產生。又直接使用程式語言撰寫資料處理細節，就好比沒有設計藍圖就直接建築房舍，可能產生瑕疵 (Bug) 或造成疏漏而不可行，因此專家們發展一個通用且方便轉換成為各種程式語言，適合表示模式演算過程的虛擬碼。

使用簡易英文字詞表示系統運作邏輯的虛擬碼，每一演算步驟稱為一個陳述 (Statement)，一個陳述通常由動作關鍵字與表示動作細節的字詞或運算符號組成。類比流程圖陳述也有循序、選擇與迴圈等三種類別，每一類陳述都具有其特定的語法 (Syntax) 與語意 (Semantic)，它們不可以交叉，而是依序連結組成解答一個問題的演算步驟，是結構化演算法的基石。另外為了增加陳述的可讀性，雙斜線 // 之後附加文詞藉以說明陳述的意義。

循序結構主要有通稱為指定陳述的宣告、計算或更新等動作，以及模組標題、呼叫與返回模組還有輸入與輸出等指令。指定陳述的主要任務是定義變數 (Variable) 儲存內容，也就是將等號右邊的運算式 (Expression) 執行結果儲

存在等號左邊的變數，不同於數學公式，運算式可能含有相同於等號左方的變數名稱。一個運算式可以是一個單純的數值或邏輯值，通稱為常數 (Constant)、一個普通或邏輯變數，或是另一個結合常數、變數與運算符號的運算式。算術 (Arithmetical) 運算結果傳回一個數值，而邏輯 (Logical) 運算只有兩種結果，真 (True) 或偽 (False)。

選擇結構的陳述通常包含兩個區塊陳述，依據 IF 之後小括號內的邏輯運算結果為真，執行 THEN 底下的陳述區塊，如果運算式為偽，執行 ELSE 底下的陳述區塊，並以 END IF 表示完成這個結構陳述。為了減少篇幅，陳述格式可以直接使用空白鍵隔開關鍵字而不獨立分行：如 IF (邏輯運算式) THEN 單一陳述 ELSE 單一陳述。

迴圈結構陳述包括 WHILE 與一個邏輯運算式，當邏輯運算式仍然為真，重複執行 DO 底下的陳述區塊，否則離開陳述，最後以 END WHILE 完成迭代陳述。除了 WHILE DO，常用迴圈結構還有不定次數的 DO 陳述區塊 LOOPUNTIL (邏輯運算式)，以及固定迴圈次數的 FOR 計數器陳述區塊 NEXT 等陳述。

選擇陳述的格式

```
//典型選擇陳述
IF (邏輯運算式) THEN
  一或多個陳述區塊
ELSE
    一或多個陳述區塊
END IF
```

```
//單一條件選擇陳述
IF (邏輯運算式) THEN
  一或多個陳述區塊
END IF
```

```
//多重巢狀選擇陳述
IF (expr 1) THEN
  一或多個陳述區塊
ELSE IF (expr 2) THEN
  一或多個陳述區塊
ELSE IF...
    ......
ELSE
    ......
END IF
```

```
//一對大括號外圍
//每一個陳述區塊
IF (expr 1) THEN
  {IF (expr 2) THEN
    {陳述區塊}
  ELSE
    {陳述區塊}}
ELSE
    {陳述區塊}
END IF
```

兩種不定次數迴圈陳述

```
宣告  迭代條件或計數器
WHILE (條件為真) DO
{
    包含改變條件的陳述區塊
}
//使用大括號省略END WHILE
```

```
DO
    {
    包含改變迴圈條件的陳述區塊
    }
LOOP UNTIL(迴圈條件為真)
//先執行陳述再判斷是否繼續迴圈
```

比較執行次數不定與已知的迴圈陳述

```
FUNCTION sum( n )
k = 1; total = 0.0  //宣告
WHILE (k <= n) DO
 {total = total + k  //更新
 k = k + 1}
RETURN total
```

```
FUNCTION sum( n ) //適用迴圈次數已知
total = 0.0
FOR k = 1, n       //k依次等於1, 2, ..., n
 total = total + k
NEXT k
RETURN total       //傳回計算結果
```

註：函數 sum 接收呼叫 (calling) 程式傳送的參數 n，
陳述 total = total + k，在迴圈區塊累加直到 k = n，
WHILE DO 適用於不定次數的迴圈陳述。

1-11 陳述的字彙與格式

虛擬碼不是一種嚴謹的語言，陳述的字彙與格式也沒有統一規範。大略來說，一個陳述由表示活動項目的關鍵字 (Key Word) 與活動細節組成。常見關鍵字有指定變數儲存內容的 LET、選擇 IF THEN ELSE、迴圈 WHILE DO 與 FOR NEXT、輸入與輸出的 INPUT 與 OUTPUT、驅動程式或主演算法的 MAIN、表示子演算法如副程式的 SUBROUTINE 與函數的 FUNCTION、呼叫副程式的 CALL 與返回 RETURN 等。本書使用大寫字母表示關鍵字，變數名稱 (Variable Name)，以及主程式、副程式與函數名稱，由單一或接續數個英文小寫字母或數字組成。

指定陳述用來指定 (Assign) 變數儲存內容，功能明確，所以 LET 常被省略。為了增加可讀性，本書使用處理項目名稱的中文字詞取代 LET，說明文詞附加在雙斜線之後。

```
宣告 var = constant          // 宣告 (Declare) var 的初始值，一個常數
                              constant
計算 var = expression        // 指定 expression 運算結果儲存在變數名
                              稱 var
指定 var = fname(var list)   // 指定 (Assign) var 儲存函數 fname 回傳
                              值
更新 var = expression        // 更新 (Update) expression 內含 var
```

當宣告陳述的 constant 是一個數值，var 就是一個數值變數或簡稱為變數，若 constant 是一個邏輯值，True 或 False，var 就是一個邏輯變數。包含數值常數、變數與算術運算符號組成的 expression 稱為算術運算式，而由邏輯常數、變數與數學關係運算符號 (=, ≠ ,> ,>=, <, <=) 組成的稱為邏輯運算式 (Logical Expression)，如：

(var1 = expression), (var2 > var 1), (var1 ≠ var2) , ...

選擇與迴圈陳述都是依據邏輯運算式執行結果為真或偽，判定後續演算步驟。進階邏輯運算式由邏輯運算符號 (not, and, or) 結合二個邏輯運算式組成，如：

((varx < vary) or (varz > b)), ...

輸入與輸出陳述，相關變數或運算式依序附加在關鍵字之後，如：

```
INPUT var1, var2, ...          // 輸入項目的變數名稱序列
OUTPUT expr1, expr2, ...       // 輸出執行運算式結果的資料序列
```

副程式名稱與一對小括號內的變數序列，附加在呼叫關鍵字之後，如：

```
CALL subname(var list)    //var list 為程式模組之間溝通的引數
```

關鍵字 CALL 使得演算執行序轉移到被呼叫的副程式或函數，雖然函數呼叫過程隱藏在指定陳述之內而沒有使用關鍵字。RETURN 使得演算執行序返回 CALL 之後的陳述，而函數則同時傳送 RETURN 附加的 expression 至呼叫它的指定陳述。

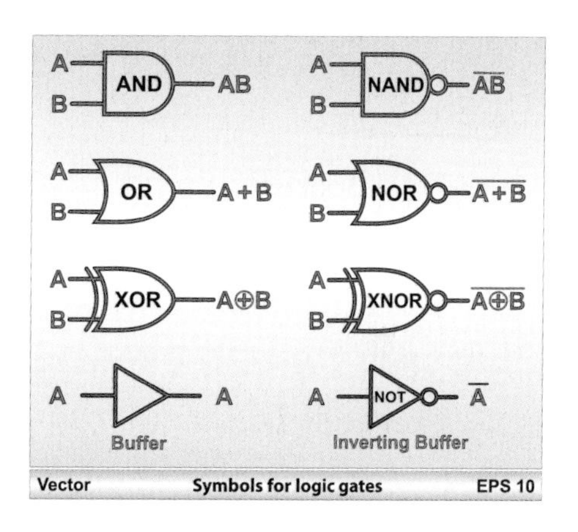

常用陳述的語法與語意

本書將指定陳述 LET、輸入 INPUT 與輸出 OUTPUT 陳述、呼叫副模組陳述 CALL、副模組回傳執行序的 RETURN，以及表示主演算法與子演算法的標題 MAIN、SUBROUTINE 與 FUNCTION 等，歸類為循序結構的陳述。

指定陳述的 LET 常被省略，它由一個不同於常見數學定義的等號符號，=，連結一個簡稱為變數的變數名稱與一個運算式。虛擬碼與電腦語言大多使用等號，用來讓等號左邊的變數儲存等號右邊運算式的運算結果，以及宣告預設變數的起始值，更新變數與儲存函數回傳值。

一個解答問題的演算過程，往往需要重複演算的 WHILE DO、DO LOOPUNTIL，與 FOR NEXT 等迴圈陳述以及處理不同情況或例外活動的選擇陳述，若某選擇陳述如 IF THEN ELSE 需要處理真或偽其中一種，就忽略 ELSE 區塊。

CALL subname (var1, var2, ...)，或 var = functname (var1, var2, ...)，使得演算程序分別轉移到名稱為 subname 的副程式或 functname 的函數等副演算模組，小括號之內的常數或變數列稱為引數列 (Argument List)，將會複製或儲存變數的位址至子演算法。

許多使用者以 MAIN mainname、SUBROUTINE subname (var1, var2, ...)、FUNCTION functname (var1, var2, ...) 等表示模組型態、模組名稱與參數列 (Parameter List)。函數的 RETURN expression 陳述回傳 expression 運算結果至呼叫它的陳述，副程式直接回傳參數列的位址，因此只需單純的關鍵字 RETURN。

構成陳述的文詞

- 常數：在運算過程不會改變內容的資料，可分為算術與邏輯常數兩種。例如攝氏溫度每增加 1 度，華氏溫度增加 1.8 度，1.8 是一個溫度尺規轉換的算數常數。又如一個為真 True 或為偽 False 的邏輯常數。
- 變數：在運算過程可以改變內容的資料項目名稱，是變數名稱的簡稱，也可分為算術與邏輯變數兩種。例如溫度是一個算術變數，可以在不同時空儲存不同數值 20、25 或 30。讓狀態是一個邏輯變數，它可以記錄模擬過程物件狀態的改變，儲存 True 或 False。
- 算術運算式：可以是一個數值常數、一個數值變數，或結合數值常數與變數和算術運算符號構成的另一個運算公式。
- 邏輯運算式：可以是一個邏輯常數、一個邏輯變數，或結合邏輯常數與變數和邏輯或關聯運算符號構成的另一個運算式子。

1-12 模擬計畫流程

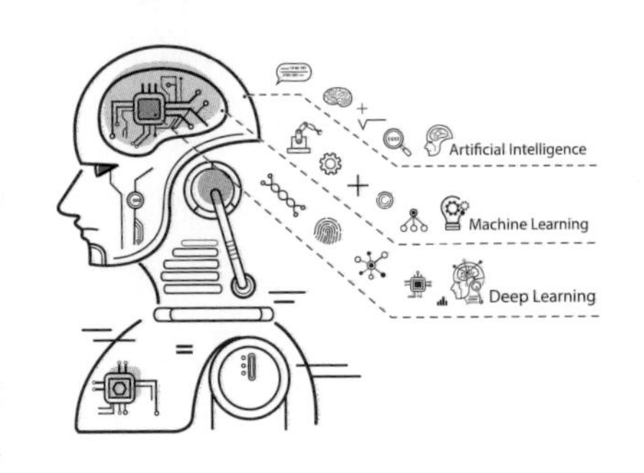

進行嚴謹的研究計畫應該依據一個標準作業程序，每一步驟必須符合邏輯規範，沒有遺漏重要系統因子、違反假設條件或科學精神，如此才能形成可信賴的結論。系統模擬的重要步驟包括擬定模擬計畫、建立模式、進行模擬、彙整結果與製作結論等。研究由列出模擬計畫目的開始，可以提出哪些問題的答案、敘述系統變數的詳細程度、度量研究成敗的標準、可用時間與金錢資源的限制、自行開發電腦程式或使用模擬軟體等活動。

在民主社會投票是一個例行活動，如進行步驟、安置設備與工作人員的職責等幾乎都有一套標準作業準則，因此模擬某些特殊投票動線可能造成瓶頸的研究，既有的電腦程式或軟體常常只要稍微修改，不需耗費額外時間與金錢等資源，詳細程度與度量標準也沒有什麼爭議。如果是一項沒有先例的模擬作業，研究人員必須了解假設或現行系統運作方式，建立代表系統行為的模式，再將腦海中或紙筆勾畫的觀念或心理模式轉換成可以被執行的模擬模式。

模擬模式必須詳細設計輸入變數，處理邏輯或演算法與輸出變數。變數涵蓋模仿系統狀態或運作的變數與常數，例如個體進入系統的時間或間隔時間，物件接受處理的時間延時。為了減少儲存空間與保持隨機性質，大多採用機率分布表示物件進入系統或處理時間。建立代表隨機因子的理論分布函數，必須根基於相關隨機現象的記錄構成的隨機樣本，如此才能符合科學精神的規範。

正式模擬之前必要進行前導模擬與模式驗證、模式因素敏感分析以及試驗設計場景。先期模式模擬結果，可以發現模式是否真實代表系統的行為、是否可以解答預期的問題，以及輸出數據的可靠性與有用性。然後研究者著手訂定模擬場景、時程與獨立隨機數字的重複模擬次數，進行模擬並收集輸出數據。

模式模擬可能輸出大量數據，使用敘述統計方法可以初步彙整輸出數據，不過它們只是模擬隨機現象的觀察值，不是系統真實的反應。運用統計推論的方法，收集數次獨立模擬輸出數據，統計人員可以估計標的系統的變數或參數的信賴區間，以及後續代表系統隨機行為的機率函數與參數的假設檢定等作業，如比較假設系統與現行系統，以及比較不同系統變數組合的預期效能。

製作研究結論包括文件化假設條件、模式化系統的過程、選用電腦軟體的關鍵考量與摘要模擬結果，這些驗證與討論活動可以增強使用模擬成果者的信心，並提供後續研究的方向。

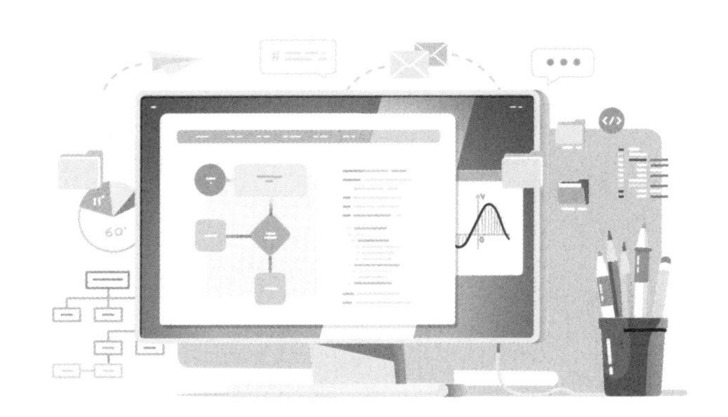

模擬計畫流程圖

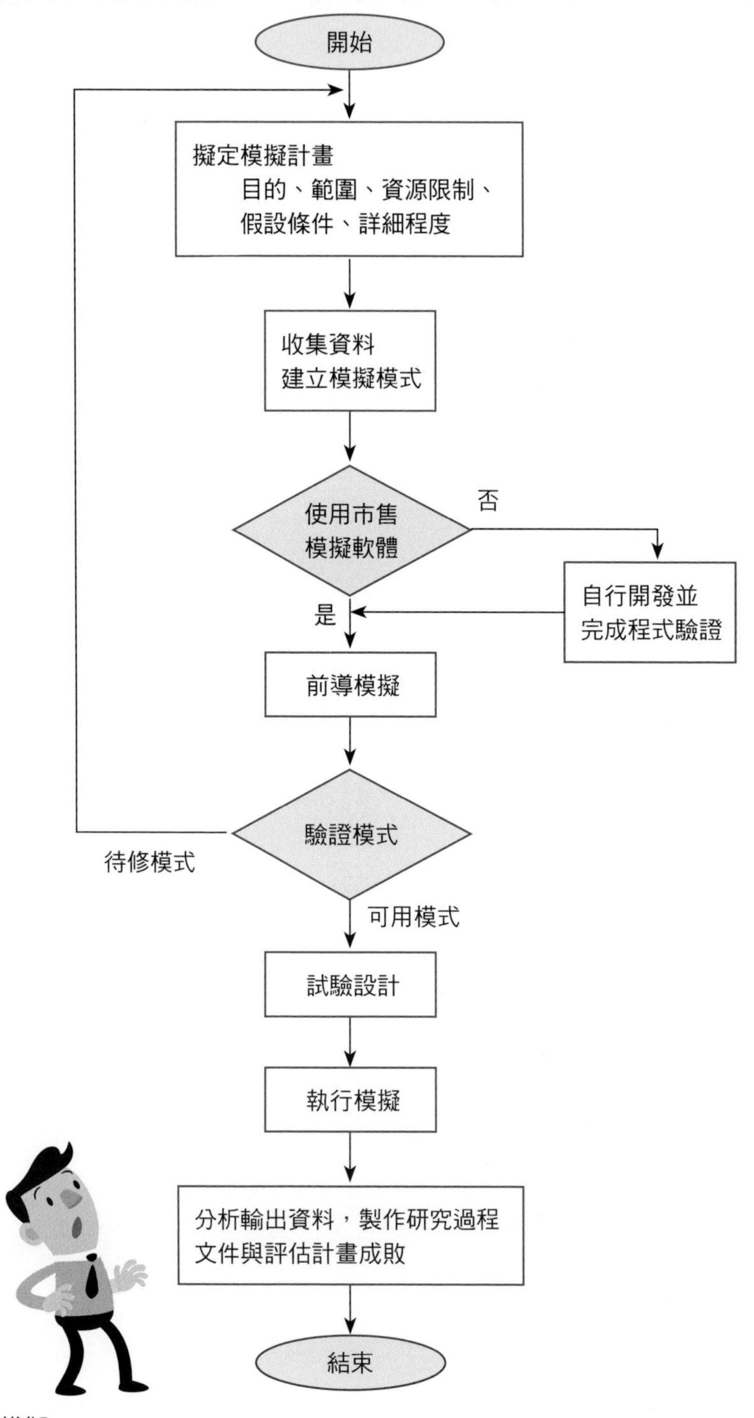

開始
擬定模擬計畫
目的、範圍、資源限制、
假設條件、詳細程度
收集資料
建立模擬模式
使用市售
模擬軟體
否
自行開發並
完成程式驗證
是
前導模擬
驗證模式
待修模式
可用模式
試驗設計
執行模擬
分析輸出資料，製作研究過程
文件與評估計畫成敗
結束

1-13 模式輸入與模擬輸出

為了研究系統運作行為，管理者建立模式並進行模擬，然後彙整模擬結果以輔助決策。無論是實體或抽象模擬模式都需要被有意義地啟動以進行模擬，這些執行者預先設定啟動模擬的假設場景與條件組合等通稱為模式輸入(Input)。而表示過程的動畫、模擬結果的數據與各種圖表，則合稱為模式輸出 (Output)。

一個生成隨機亂數序列的模式，其輸入數據只有包括亂數產生器的種子(Seed) 或起始值 (Initial Value) 以及長度等。使用微分方程式表示連續系統的模擬模式，變數的起始值與系統演進的時間單位等構成主要的輸入項目。一般離散系統或等待線系統大多沒有明確的開始運作或結束條件，但是代表系統運作行為的模擬模式則必須明定組成系統物件交互運作的起始狀態、物件進入系統時間、伺服器處理物件時間、逐步演算的時間或空間單位、模擬時程與次數等細節的輸入數據。例如模擬某單一等待線佇列服務櫃檯運作系統，輸入項目包括模擬期間總共 8 小時、時間演進單位 1 分鐘、可用櫃檯員數量 5、開始模擬之前所有櫃檯員狀態空閒、初始等待線長度為 0、顧客進入系統間隔時間符合平均數 5 分鐘的指數分布，以及櫃檯員處理一筆交易的時間符合最少 3 分鐘、最多 30 分鐘、最有可能 8 分鐘的三角形分布等起始狀態、假設條件與場景的數據。

等待線模擬輸出主要包括各個伺服器使用率，各個等待線平均等候處理的物件數量 (Number of Entities in Queue)，接受處理物件在各個等待線平均停留時間 (Waiting Time)，又物件進入系統到完成必要過程離開系統的平均整體時間 (Time in System) 也是一項常見的輸出項目。

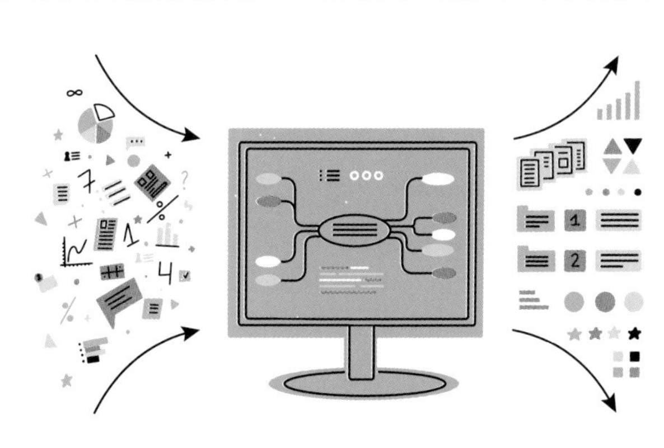

許多模擬輸出可能只有一個數據或一條線圖表示不同階段變數的數值，例如計算圓周率等積分問題，除了圓周率的近似值也可能包含一條線圖顯示逐步增加模擬次數的演變。以多元聯立微分方程式表示生態系統的演進，例如兩種族群數量隨著時間變化的模擬模式，假設其中一種以另外一種為唯一食物來源，又假設被當成食物的物種其維生食物永不缺乏，模擬輸出通常以報表列出兩族群數量隨著時間演進，以及多元的線圖，更有可能在模擬過程使用動畫顯示族群在各個模擬時間的數量。

藉著資訊科技高速運算與影像處理能力，目前大多數的模擬軟體在進行過程中必然加上動畫，以及在結束模擬後產生各類報表與圖形，無論是數量或格式的多樣化往往造成使用者的誤解，認為模擬結果完美無瑕。然而一次模擬輸出只是研究關切的隨機變數的一個例子，因此我們必須使用不同的隨機亂數序列，執行至少 30 次模擬，再根據這些數據進行統計推論求得研究關切的系統參數的近似值。

預先設定啟動模擬的假設場景與條件組合等資料集合。

表示過程的動畫，以及模擬結果的數據與各種圖表。

亂數產生器的輸入與輸出

已知一個迭代法整數亂數產生器模式：$x_{n+1} = a X_n \bmod m$

// mod 表示餘數除法運算符號

// 乘數 a 與 基數 m 是整數常數

輸入：預定產生隨機序列的長度 k，種子 X_n。

輸出：介於 (0, m-1) 長度 k 的隨機數列。

連續或微分方程式模式

假設一個族群數量 x 隨著時間變化的模式：$dx/dt = f(x(t), t), x(t_0) = x_0$。

INPUT 模擬期間 T 與模擬開始族群數量 x_0。

OUTPUT 報表列出或線圖顯示模擬期間族群數量 x。

等待線模式

考慮單一伺服器系統，無論是物件導向、事件導向或活動導向。

INPUT 模擬時間長度、累進時間單位、個體進入系統與伺服器處理交易時間的分布函數、伺服器與等待線起始狀態。

OUTPUT 伺服器忙碌程度、平均等待線長度與等待時間等相關數據。

大量模擬輸出的陷阱

- 模擬團隊必須確實執行程式與模式驗證。
- 資訊科技的高速運算，以及顯示大量且內容多樣化的表格與圖形，甚或動畫的功能，使用者往往過度信賴輸出數據的正確性。
- 一次模擬結果只是研究關切的隨機變數的一個例子。
- 使用者必須使用不同亂數序列重複模擬至少 30 次，然後進行統計推論以獲得必要的參數的估計值。

1-14 十字路口車流模式演算法

考慮一個十字路口，東西向為四線道，南北向為兩線道，請參考下方示意圖。

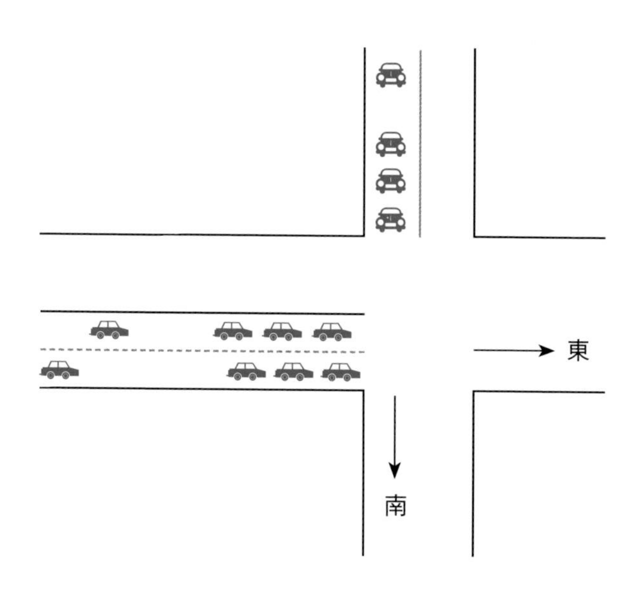

計畫目的：研究不同車流密度與路口燈號轉換時程的關聯，計算一回綠燈期間未能通過路口的平均殘留車輛數目。模式假設、主程式與函數的虛擬碼如下：

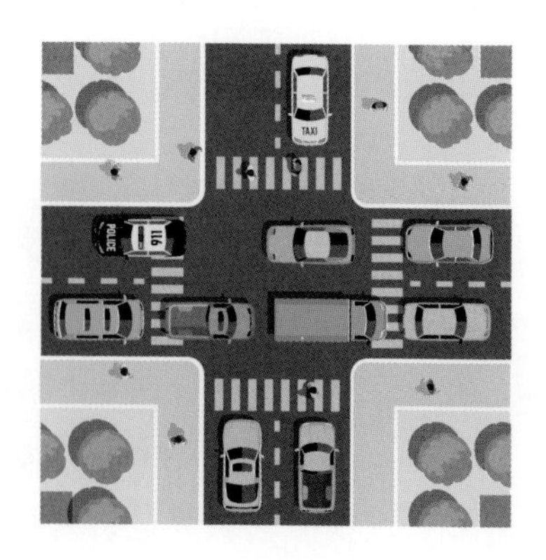

1. 東行方向車流經常壅塞，南向偶而多車，其他方向暢通
2. 東行與往南方向車輛到達路口的間隔時間互相獨立，符合平均間隔時間分別為 e 與 f 秒的指數分布 EXPON 機率法則。綠燈期間通過路口車輛數量，東向與南向分別符合 (a, b) 與 (c, d) 之間的均等分布。
3. 東向路口綠燈與紅燈期間分別為 x 與 y 秒，忽略黃燈時間。

```
FUNCTION traffic(p, w)  // 回傳指數分布參數 p 在 w 期間發生次數 n
宣告 n = 0  // 累積紅燈期間到達路口的車輛數量
宣告 time = 0  // 累積間隔時間
WHILE (time < w)  DO {
  指定 r = RAND()   // r 儲存一個 0 至 1 均值分布隨機數值
  計算 s = - p * LN(r)  // s 儲存 p 乘以自然對數 LN(r) 的積
  更新 time = time + s  // 累積間隔時間
  更新 n = n + 1 }  // 累積發生次數
RETURN n

FUNCTION rdnum(x1, y1)  // 回傳綠燈期間通過路口的車輛數量
指定 r = RAND()  // r 儲存一個 0 至 1 均值分布的隨機數值
計算 m = ROUND(x1 + r*(y1 - x1))  // 四捨五入函數 ROUND( )
RETURN m
```


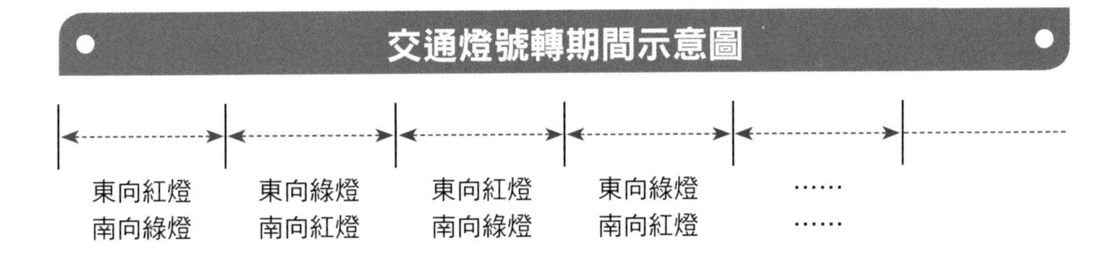

燈號轉換系統建立模式過程註記

- 使用程式語言或軟體函數 RAND()，生成 0 與 1 之間的隨機實數。
- 可以輸入不同紅綠燈週期與生成隨機來車數量的分布函數。
- 在演算法迴圈內增加輸出陳述，就能獲得路口車輛的時間序列。

```
INPUT total  // 總共預定模擬燈號轉換次數
INPUT e, f  // 東行與南行方向間隔時間的指數分布參數
INPUT x, y  // 東向路口紅燈與綠燈期間
INPUT a, b, c, d  // 東向與南向隨機通過路口車輛的均等分布參數
宣告 t = 0  // 累積燈號轉換次數
宣告 r1 = r2 = 0  // 南向與東向上次燈號未能通行的殘留車輛數量
宣告 cr1 = cr2 = 0  // 累積東向與南向殘留
WHILE (t < total)  DO   // 執行 迴圈步驟 9 至 21
 {指定 n1 = traffic(e, x) // 函數 traffic 傳回新增東向到達路口車輛
 指定 n2 = traffic(f, y)  // 函數 traffic 傳回新增南向到達車輛數量
 計算 w1 = r1 + n1  // 東向等待通行車輛
 計算 w2 = r2 + n2  // 南向等待通行車輛
 指定 m1 = rdnum(a, b)  // 函數 rdnum 傳回東向本次通行數量
 指定 m2 = rdnum(c, d)  // 函數 rdnum 傳回南向本次通行數量
 更新 r1 = w1 - m1  // 東向殘留車輛數量
 IF (r1 < 0) THEN  r1 = 0  // 節省篇幅，指定陳述 r1 附加在 THEN 之後
 更新 r2 = w2 - m2  // 南向殘留車輛數
 IF (r2 < 0) THEN  r2 = 0  // 節省篇幅，指定陳述 r2 附加在 THEN 之後
 更新 cr1 = cr1 + r1  // 殘留在東向路口車輛數量
 更新 cr2 = cr2 + r2  // 殘留在南向路口車輛數量
 更新 t = t + 1 }     // 燈號轉換次數
OUTPUT cr1/t, cr2/t   // 東向與南向路口平均殘留數量
```

1-15 模擬計畫的驗證與信譽

模擬模式與執行結果可否被顧客或管理者接受並用來輔助決策，是否達成預期的有用性 (Usefulness)、有效性 (Effectiveness) 與效率性 (Efficiency) 等信譽 (Credibility)，一直以來都是評估一項模擬計畫成敗的準則。滿足需求的模擬研究在過程中必須考慮，建立觀念模式的假設條件是否忠實代表系統行為、是否正確轉換觀念模式成為模擬模式、是否正確設計試驗場景與執行模擬等問題，也就是管理實務流行的話語，做正確的事 (Do the Right Thing)，以及正確做好工作 (Do the Thing Right)。

模擬計畫初期，分析師依據研究目的收集與記錄系統人事物等物件交互作用的行為，在時間與預算、假設與詳細程度等條件之下發展一個抽象模式，確保它是一個表示研究關切的系統運作之觀念模式的過程稱為模式驗證，或判斷是否做了正確的事。另外從執行模擬測試的結果依據經驗與學理評估模擬計畫是否可行，也是一項模式驗證工作。而是否正確轉換觀念模式成為模擬模式，或是否將事情正確做好，則稱為程式驗證，執行模擬結果是否有用的過程可稱為計畫的信譽。驗證與信譽等的活動項目與時機，以及整理製作文件等過程如下式：

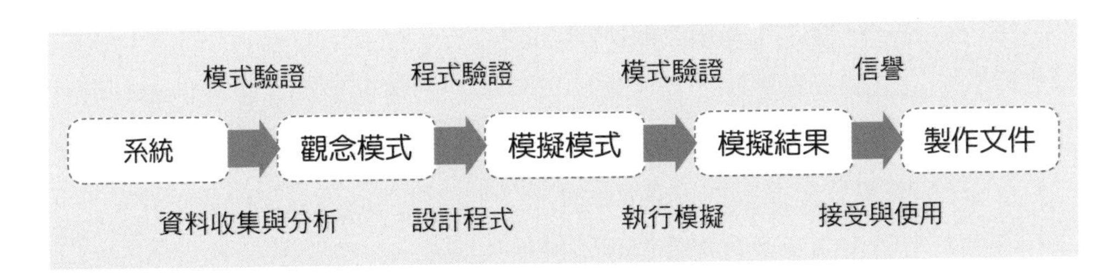

一個具備信譽的模擬計畫，系統分析師的工作非常吃重，他們必須熟悉系統運作細節與可用資訊科技的功能，能夠在達成研究目的前提下發展代表系統

的觀念模式與模擬模式。排除無法掌控的人力與經費，他們必須關切度量信譽的標準，敘述系統的詳細程度與假設條件的合理性。如果分析師提交的規格完善，開發程式就不會太複雜或困難，撰寫程式往往只是一個例行的工作，以致於太過自信而造成程式的瑕疵。

評估計畫成敗的驗證工作常常被忽略，其原因大多屬於人為因素。從管理者角度，支持一項計畫必有其應用重要性，不過他們未必了解開發過程的複雜程度，而期望能以最少經費並能立即上線，這些時間與預算等資源限制對開發團隊造成極重的壓力。因此能夠如期達成模擬計畫目標的團隊，必須包括數種學科，如專案規劃、軟體工程、系統分析、程式設計、統計與美工等專業人士。

在時間與預算壓力下，團隊成員是否具備足夠經驗與能力，專家或資深工程師是否太過自負甚至偷懶，受其影響，模式與程式驗證步驟就可能被忽略了。

驗證與信譽

- 模式驗證：確保觀念模式與模擬模式忠實表示組成系統的人事物交互作用的行為，一種做正確事的原則與技術。
- 程式驗證：確保電腦程式正確轉換模擬模式的運算過程，一種把事做好的原則與技術。
- 信譽：模擬模式與模擬結果滿足有用性、有效性與兼具效率等評估準則，確保可被顧客或管理者接受並用以輔助決策。

模式忠實表示系統行為的原則

- 模式發展有其特定目的，不是只有考慮研究關切的隨機因子。
- 複雜系統僅能接近事實，不必過度注意細節，分段增加詳細程度。
- 合理假設時程預算，關注整體計畫預算與驗證費用平衡。
- 模式發展與驗證作業同時進行。
- 邀請熟悉系統的專家，根據理論與經驗進行評估。
- 記錄模式假設，方便結構化追蹤。
- 比對現行系統或模擬系統。

程式正確轉換模式的原則

- 選用適當模擬軟體，經過多人使用的上市模擬軟體，出現嚴重瑕疵的機率較低。
- 謹慎自行開發電腦程式，因為模擬團隊未必具備程式分析與系統設計等專業能力。
- 使用歷史數據，檢驗輸入機率函數的合適性。
- 多人分別檢視自行開發的模擬程式、觀察動畫、檢查輸出。
- 不同輸入因子組合，追蹤事件序列、系統變數與統計變數。

忽略驗證的主要原因

- 不被使用者或管理者重視。
- 時間與預算壓力。
- 團隊成員沒有具備足夠經驗與能力。
- 專家或資深工程師太過自負甚至偷懶。

Chapter 2

模擬模式

2-1 還要多久才能到達景點？

話說一處偏鄉裡的民間團體最近在規劃一個新奇景點，一位慕名而來的遊客往目標走著走著，正在納悶還要走多久才能到達目的地時，遇到一位迎面而來的當地農夫，趕緊向他請教指點，沒想到獲得一個「不知道」的答案。無奈地便繼續往前邁步，走了數十公尺後農夫突然呼叫他說：「先生，大約 15 分鐘左右就可到達那個景點了。」遊客覺得很奇怪，回說：「剛剛不說，怎麼現在才說。」農夫說：「之前我不知道你的步行速度，現在回頭估計，在這 30 秒之間你走了 30 公尺左右，因為還有大約 1,000 公尺的路程，所以保持這個移動速度，到達目的地大約需要 17 分鐘。」這位農夫觀察並建立遊客步行速度的模式，然後模擬這位遊客的旅行步調。雖然這只是一個許多人熟悉的小故事，卻也足以說明模擬方法的要旨。

2-2 摘要

資訊科技具備高速運算、極大儲存容量與輕易輸出的優勢，使得電腦模擬方法成為人們研究系統隨機行為、規劃系統流程與評估系統效能等活動的重要利器。模擬過程的起始步驟，依據計畫目的與相關條件建立代表系統運作的模式，可獲得有效模擬成果的基礎。當組成系統的人事物、研究範圍不明確或系統行為複雜繁多，研究人員先將系統分割成為數個可以處理的模組或稱為子系統，或者依據詳細程度的需求，將系統逐步抽象化以去除不必要的細節。除了上述子題，本章內容還涵蓋發展模擬模式過程、模式種類、抽象模式、應用隨機變數表示隨機因子的蒙地卡羅模式、以微分方程式表示系統物件隨著時間演變的互動等連續模式，以及敘述系統狀態的變數只有在不連續時間軸位置發生變化的離散模式。

2-3 打造模式過程

一個能夠在資訊平台執行的模擬模式，不是一個實體模式，而是一組足以代表標的系統研究關切的物件及它們交互活動邏輯的電腦程式，是一種抽象模式。

打造模擬模式（簡稱造模，Modeling）的緣起，不外乎為了有效解答一個系統已發生或未來可能發生的問題。一般人可能由於好奇或生活所需，如想換個造型、設計家具擺設位置、規劃旅遊行程、應對同事或顧客等具體事務而察覺問題；管理者也許因為自己本人、上司交辦、下屬建議、顧客或使用者抱怨而察覺問題。解決私人問題本來就是大眾無須關心的事，不同層級的管理者就有不同層面的做法。當組織運作出現工作流程不順暢或某些環節造成瓶頸，就會產生提升內部管理效率與效果的需求，例如某商場急於訂定某些貨品的安全庫存量。各級政府對於發生影響大眾生活的具體事務或稱為事件 (Event) 的發展，必須設法預測事件未來情境，期望滿足國民的資訊需求，例如因應颱風與降雨等災害的疏散計畫或配套措施。

當管理者決定進行模擬 (Simulation) 計畫，接受任務的研究人員們，也許各自在腦海裡形成研究方向與代表系統的心理模式。接著綜合各自想法，著手解析需求、定義研究範圍與釐清可用資源等作業，使用虛擬碼與流程圖等工具，進行系統分割與系統抽象化，使成為可分別處理的子系統，以利打造

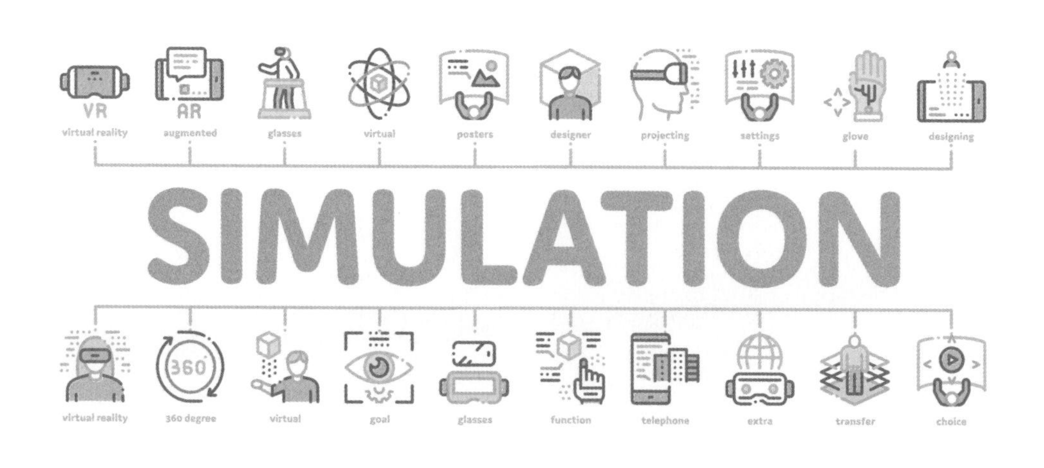

表示各個運作邏輯的模式。一個可行的觀念 (Conceptual) 模式由定義研究關切的每項活動與事件開始。假設在模擬時鐘的一些特定時間點，才會發生某種事件或改變個體流動狀態，表示這類系統運作的型態形成離散 (Discrete) 模式，反之個體狀態隨著時鐘不間斷演變，就稱為連續 (Continuous) 模式。

連續模式通常以算術、代數與微分方程等數學式子，代表組成系統物件的交互活動。雖然自然現象、物理與化學等變化無窮，又不同的團隊對於同類型系統可有不同的數學式子與常數的表示方式，不過如果沒有考慮隨機因子，打造連續模擬模式還是比較屬於結構化的工作。

觀察服務與製造等行業的工作流程，稱為個體 (Entity) 的物件隨機進入系統、依據預定活動路徑接受伺服器 (Server) 處理或進行交易，如果伺服器忙碌則加入一條等待線，直到滿足各項服務後離開系統。如此模式設計師通常使用一或多個「到達→等待→處理→離開」的結構組合，形成代表工作流程的離散模式。

模擬計畫團隊可能重複進行發展數種可行的觀念模式，依據組織規模、人力、費用與時程等因素選擇最佳方案，再使用內部自行開發或購買市售模擬軟體轉換成為模擬模式。

模式發展流程

計畫目的：改善內部活動效率效果，或
　　　　　研究潛在系統的可行性等
計畫團隊：主要包括專案計畫、系統分析、程式設計、
　　　　　統計與美工等專長人士
可用資源：時程、工具、人力、資訊平台等

↓

腦海裡的心理模式

思考組成系統的物件與交互運作的邏輯、孕育代表系統的粗略概念以及發展模式的方向

↓

使用適當工具形成觀念模式

系統分析：定義組織資訊需求
　　　　　明定表示系統的範圍與詳細程度
系統分割：依據相關程度將系統分割成為數個子系統
系統抽象化：逐步去除不必要的細節
　　使用適當變數名稱表示研究關切的物件
　　如果變數只有在特定時間發生變化便稱為離散模式
　　如果變數隨著時間不斷演變就稱為連續模式
　　使用虛擬碼或流程圖表示系統活動與運作邏輯

可行模式

在可用資源可以完整執行的觀念模式就是一個可行模式
計畫團隊可能發展數個可行模式，再經管理者溝通協商確定最終可行方案

↓

模擬模式

自行開發電腦程式，或購買市售模擬軟體

↓

2-4 系統分析

當管理者指示執行一項模擬計畫，接受任務的專案經理 (Project Manager) 必須著手組成團隊、確定計畫內容、指派系統分析師 (System Analyst) 彙整組織資訊需求，暢通溝通管道與爭取外部支持等作業。

觀念上系統往往沒有明確空間或時間的界線，只是一個抽象概念，組成物件之間各自與交互運作方式也只有一個模糊的邏輯完整性，因此模擬真實系統運作的研究計畫，首先必須建立一個明確不模糊、稱為模式的代表物。

雖然沒有一個通用模式能夠代表種種性質的系統，同一系統也會因為研究目的或其他條件不同而發展出來不同模式，但是模式的本質必須能夠代表研究關切的系統活動流程與物件之間的互動邏輯。

例如應對考試、求職或約會等重要活動之前，反覆在腦海湧現各種事件流程與回應細節等情景，應該是所有人的共同經驗吧！這個或許不成熟或不完整代表系統行為的藍圖，可以稱為心理模式。

又如預先布署某種傳染病可能發生快速蔓延的情形，各級政府必會加強宣導人民自我健康管理的準則與法令，啟動淨空道路禁止人車通行等，研究因應措施的施行方式與影響，可能啟動一項模擬計畫，或稱為兵棋推演，藉以祈求疫情嚴峻時期，可能的封城計畫能夠順利運作。大多數的人們雖然無緣參與這類龐大計畫，但是人人都可以在心裡憑空想像進行模擬啊！

在腦海中的心理模式只是一個解決問題的粗糙概念，建立一個實用的模擬模式必須遵行科學規範。例如系統分析師的初期工作應該為：首先訪視使用者，了解資訊需求，辨識與評估資訊平台需求，進行成本與效益分析。

模擬輸出能否滿足使用者資訊需求的因素，包括明確定義模式的輸入項目、模擬過程收集數據的方式，以及呈現輸出與統計推論的方法。如果提供模擬過程的動畫，分析師就要建議與設計必用的資訊平台、模擬程式、資料庫與網路的組合。模擬計畫可能需要大量人力、物力、時間與金錢等資源，一個可行性分析 (Feasibility Study) 必須確保模擬計畫能夠順利結案。

開發模擬或某些資訊系統，分析師除了上述初期任務，也必須參與建置、系統測試與教育訓練等的活動。

計畫團隊的重要性

打造一個模擬模式必有一個明確的研究目的與能夠勝任的計畫團隊，否則沒有評估計畫成敗的準則，當然也不會形成具有科學意義的結論。例如某一都市交通局著手進行一項模擬計畫，研究改善一條幹道壅塞的可行方案，計畫團隊必須根基於人力與經費等可用資源，容許時程與科技成熟程度等條件，包含路段、時段與未來交通流量等假設，敘述系統的詳細程度，考量種種影響因素然後建立一個適當的模擬模式。

專案經理與系統分析師的任務

執行重要模擬計畫的活動大致可分為：初始、規劃、執行、監督控制與結案等五個階段。在發展模式初期，主要參與人員包括專案經理與系統分析師。

計畫團隊的專案經理工作內容繁雜，必須主導從開始到結案各個階段的活動，包括建立計畫藍圖、獲得管理者支持、取得金錢人力物力、招募團隊成員、預估行程、監控計畫等。其中常被忽略但有趣又重要的任務之一是溝通管理，也就是必須能夠説服計畫擁有者繼續支持計畫的順利進行，以及保證計畫能夠達到預期效果。

計畫擁有者主要包括稱為利益相關者 (Stakeholders)、出錢者與使用者等，例如為了解決一個常常發生壅塞的路口，主管單位委託一家公司，進行模擬道路高架、禁行左轉或訂立單行道等方案的可行性分析。政府部門公共建設費用當然來自税收，因此實際出資者與使用者當然是人民。

系統分析師開發系統的初期任務，包括訪視使用者以了解資訊需求、辨識與評估資訊平台需求、進行成本與效益分析、使用適當工具建立觀念模式等。

解析系統行為

以發掘熱門餐廳停車場容量需求系統為例：

定義真實或假設停車場容量與動線

關鍵活動流程：等待進入停車格→用餐→結帳離開

活動細節：共餐人數、點餐過程與內容、用餐時間等

分解複雜系統的過程可能進行：

系統分割：將系統分割成為數個範圍或複雜度較小的子系統

逐步抽象化：將系統逐步去除不重要的物件或活動細節

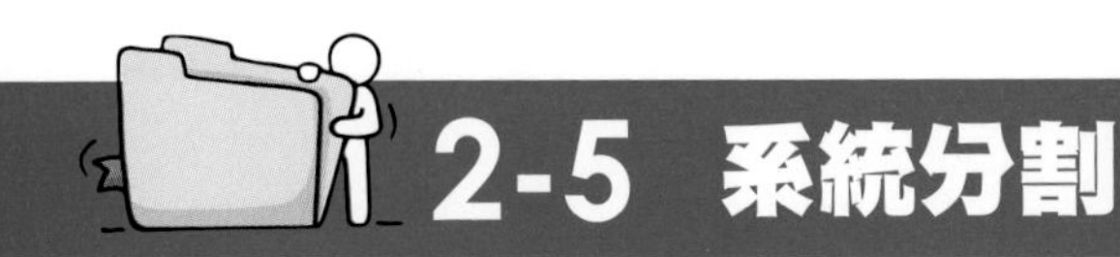

2-5 系統分割

為了清楚說明問題關切事件的起始與演變，我們可以將參與的人事物它們各自與相互運作，以完成某一邏輯完整任務的過程，定義為一個系統 (System)。通常系統是一個開放式的概念，也許沒有範圍、沒有目的、沒有開始、沒有結束，例如地球的自轉與公轉，又如草原上日夜川流不息的各種野生動物族群，也許有它們的目的，但是沒有明確的開始或結束。

尋求一個問題的解答，首先必須辨識組成系統的重要物件、這些物件的交互關係、設定物件起始值等輸入資料，以及預期輸出數據。如果問題的複雜度較高，設計師會將系統分割成更小或更便利處理的子系統 (Subsystem)，再定義每一個子系統處理的次序與組合子系統的方式。

例如各類公職選舉日當天在各投票所發生的活動，可以分割為選民投票系統、開票系統與彙整呈報系統等。觀念上，一組人事物的集合它們交互運作以達成一項任務就構成一個系統，因此計畫執行團隊可以將原系統自由分割成數個各具邏輯完整性的子系統。如此開票子系統大致包括打開票匭、取出選票、讀取選票圈選的支持對象、記錄與歸類等活動。

許多系統往往因為或多或少牽涉一些模糊不清或不確定因素而無從著手，為了分解系統運作邏輯，研究人員可能依據研究目的、涵蓋範圍、假設條件、敘述系統運作的詳細程度，與可能投入的人力、物力等資源限制，進行系統分割 (Decomposition) 或去除不必要活動細節的抽象化 (Abstraction) 作業。

雖然本書主要探討能夠使用數學函數敘述系統行為的模式，不過為了說明發展模式的觀念，模型屋也許是一個好的例子。房地產業者建立模型屋的目的當然是為了房仲人員得以便利推銷產品，因此模型的格式與範圍僅僅包含正面的訊息，如房間採光特色、附近社區的公園綠地或學校等，不會特別指出附近工廠或其他可能造成汙染或不雅的設施，也可能忽略建地周遭的未來發展。至於表示整體建案的詳細程度，當然受限於願意投入打造模型的人力與物力。如此建商推出新案時，都會製作漂亮、吸引潛在顧客目光的實體模型(Physical Model)，用來説明產品的地理位置、四周環境、房屋格局等優勢。

子系統的組合方式在分割系統之初就應該慎重規劃，假設子系統之間的運作互相獨立，問題比較單純，如果某些子系統的輸出數據成為其他子系統的輸入資料，那麼整合這些子系統的輸入、運算邏輯與輸出就是模式設計成敗的重要關鍵。

系統分割

- 一項問題或任務本身可能只是某廣泛問題的其中之一，也可能包含幾項較小規模的任務，因此為了分解系統運作邏輯、發展與選擇可行方案、結構化建置系統與呈現結果，研究人員會將目標系統分割成為各自邏輯完整性的系統，也可能進一步再細分成為更小或單一任務的系統，如此形成一個階層式結構。
- 形成模式過程，可能反覆進行系統分割與組合子系統。
- 建立模式過程的系統分割與日常所見的分門別類大同小異，例如國家行政分成數階層級，每一層級又分割成為大小不等的部門，又如學校課程依據學科與難易度分類分級。

模擬研究的子系統

系統分析師常常使用由上而下分解 (Top Down Decomposition) 技術，考慮組成物件或活動細節將系統分割成為各自具備邏輯完整性的子系統。例如企業資源規劃 (Enterprise Resource Planning) 系統包括供應鏈 (Supply Chain)、庫存 (Inventory)、銷售 (Sale) 與顧客關聯 (Customer Relationship) 等子系統。如果問題還是太複雜，就繼續將子系統分割成為更容易處理的子系統。例如程式設計師使用一個主程式驅動多個單一功能的副程式 (Subroutine) 或函數 (Function)，完成必要的資料處理作業。系統分析與設計師在分割階段必須同時規劃組合子系統的交互介面。

氣象局預報系統分割架構

「預報」是氣象局網站首頁的一個選項，或是氣象局全球資訊網的一個子系統，預報系統包括「縣市預報」、「鄉鎮預報」、「原鄉部落」、「客庄氣象」以及其他多個子系統，而「縣市預報」又包括「今日白天」、「今晚明晨」與「明日白天」等三個選項，如底下示意圖：

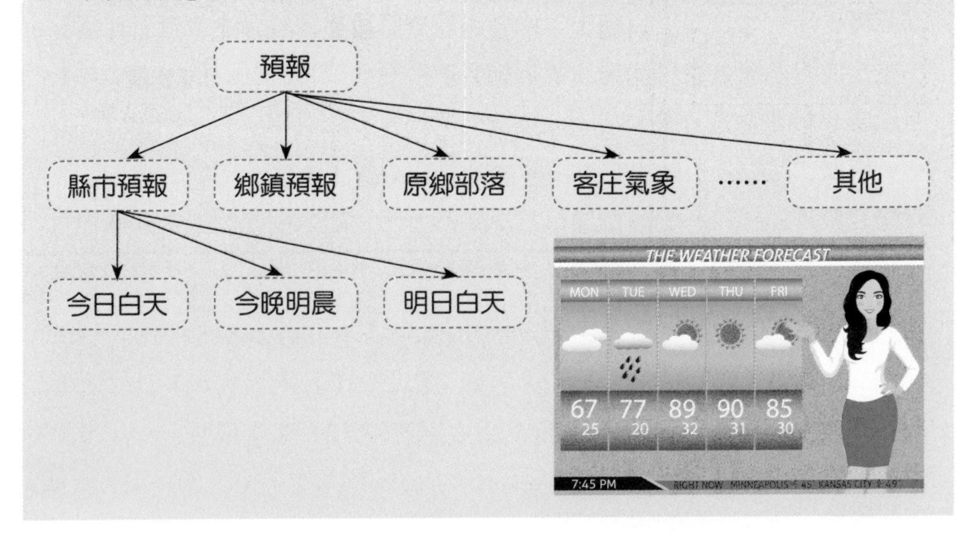

2-6 逐步抽象化

電腦是一部無生命的電子機器，發展初期的專家們使用 0 與 1 符號，代表電腦內部電流或磁極活動的兩種狀態，又定義英文字母、符號與數字轉換成為 0 與 1 序列的規則，使得資訊科技成為增進人類溝通與計算能力的主要工具。

隨著電腦與周邊設備不斷演進，輔助運算不再是電腦的主要功能，科學家們也能使用 0 與 1 符號代表各種人類感官等有形與無形的數據，使得資訊科技產品漸漸成為人類日常生活的必要器具。我們可以說強大功能的電腦系統的核心基礎，是植基於 0 與 1 符號的邏輯運算與表示各類系統實象 (Reality) 的規則，這是一種抽象化 (Abstraction) 過程。

人與人的有效溝通必須建立在共同的背景平台，包括文化、習俗以及有形與無形的語言等共識。例如考慮買個滷肉飯便當，不必詳述各項成分的質或量，或是在餐廳請服務生將水杯加水，也不用特別規範飲用水的品牌或品質，如果雙方已有共識基礎。這個共識基礎植基於買賣雙方各自對於交易過程抽象化的認知。

如果溝通個體之間背景或抽象化能力不對稱，必須使用兩方共通的較低階抽象化程度的語言方能進行有效溝通。例如嬰兒時期的人類，新手父母大約只懂得滿足他們的原始本能吃與睡，由於沒有溝通的基礎，時常因為不能理解嬰兒哭鬧的原因而忙亂不堪。然而隨著時間的演進小孩慢慢長大了，溝通的平台也漸漸加寬加深了，換個術語來說，隨著成長過程，雙方抽象化程度越來越接近了。

電腦科技萌芽時期，專家與電腦互動只

能使用低度抽象化，以 0 與 1 序列為本的機器語言 (Machine Language)。這個抽象化程度並不能滿足多數使用者的需求，專家們不斷逐步發展更符合人類思考與表達方式的模式以利人機互動，如此高階抽象化的平台應運而建立。仔細觀察電腦科技發展過程，科學家們不斷發展指揮電腦運作的程式語言以及集合相關程式解答某種特定問題的套裝軟體，都是為了拉平使用者與電腦之間不同抽象化程度的努力成果。

理論上，一組相關人事物的集合，它們各自與相互運作達成邏輯完整性的系統，大多沒有明確的範圍或目的。為了探究一個系統的運作行為，無論是在腦海中的系統行為概念、紙筆繪製的系統作業流程或電腦模擬程式，都是在不同角度或研究階段形成代表系統的模式，它們都是系統抽象化的成品。

假設能夠將組成系統的人事物，使用數據記錄這些物件屬性隨著時空演變與互動過程，就是一個有效抽象化或數位化系統行為的做法，而描述計畫關切的物件屬性的變數名稱，通常簡稱為變數。

系統抽象化過程與輸出

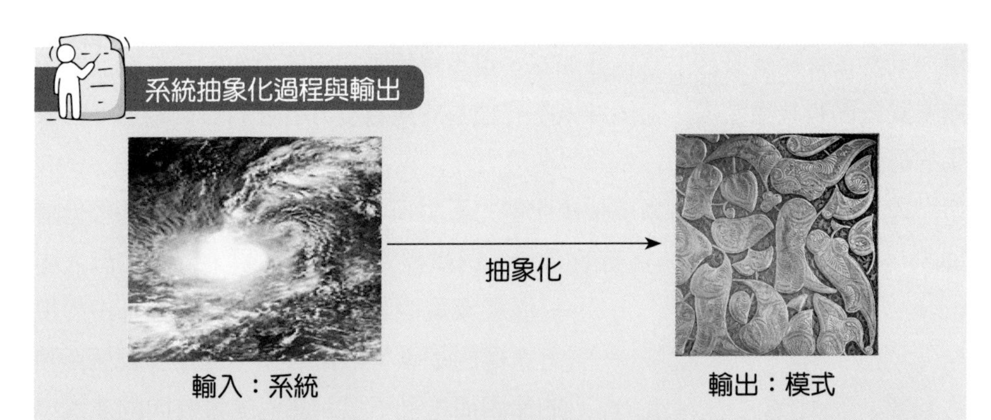

研究一組人事物的集合，它們相互作用以完成一件任務的系統，模式設計師依據目的、詳細程度、資源限制與條件等，隱藏許多研究不需要的細節，使用抽象的文字、符號、數學與機率函數表示實體物件及運作行為，建立模仿整體系統活動的模式，是一種抽象化過程。

逐步抽象化的過程

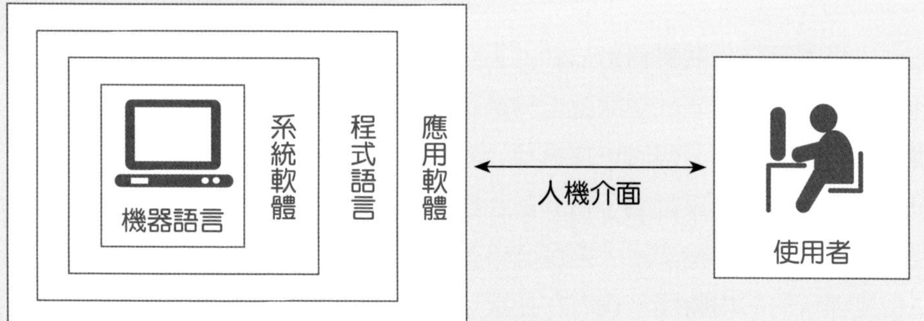

- 電腦使用者與電腦，兩種實體物件進行溝通必須依賴適當的介面，這些介面如洋蔥般層層抽象化，使得不同應用可以在不同電腦執行。
- 雖然電腦運作原理簡單易懂，但是不同廠牌電腦功能各有特色，導致不同模型的電腦內部結構也有不同，因此不同品牌電腦只能提供為它量身訂做的機器語言。
- 系統軟體例如作業系統，可能無法在不同電腦平台執行，但是系統軟體工程師必然會在不同硬體開發相容的系統軟體版本。
- 各種廠牌電腦系統都會提供適用的程式語言版本，因此軟體工程師可在一般資訊平台撰寫應用軟體。
- 透過滑鼠與鍵盤等人機介面，無論是市售或自行開發的應用軟體或模擬軟體，一般使用者不必關心應用軟體植基於哪種系統軟體或程式語言等。

2-7 模式種類

也許因為只是需要粗劣估計，某些計畫可能使用機率統計理論就能夠滿足管理者的資訊需求。假設一項投票活動研究的主要目的，只是為了估計前往投票，從到達至離開投票所，選民們停留在投票場所的平均時間，還有在投票活動截止時間之前進入會場的選民們完成投票活動的時間。如果某次活動的動線與過去相同並存有過往記錄，工作人員可以逕行比對相關數據，估計這次選舉選民停留在投票所的平均時間以及結束投票活動的時間。如此當時間緊迫、人力與經費有限，這也是一個可行模式，這是一種敘述統計 (Descriptive Statistics) 模式。

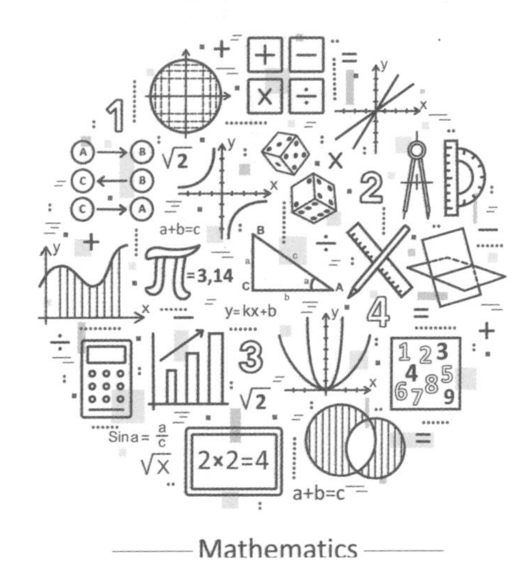

建立一個比較嚴謹符合科學精神的模擬模式，必須依據當次投票動線、選民分別到達會所、等待與查驗證件、等待與領取選票、等待與圈選支持對象、等待選票投入票匭與離開投票所等系統活動，設計一個抽象模式 (Abstract Model)。

針對每一系統或子系統由輸入資料至呈現輸出，這種依循明確、沒有模糊不清的步驟逐步運算以解答問題的過程，就稱為演算法。一個可在資訊科技平台進行模擬的系統，除了將演算法轉換成為對應的電腦程式組成的應用軟體，還包括電腦硬體及必要的周邊裝置，如作業系統等系統軟體、網路與資料庫。

比起實體模型或模式，使用抽象模式代表某些系統，可能較為可行且合乎經濟效益。當我們使用代數符號，

指定不同變數表示系統中個別物件的屬性，並以數學式子與或邏輯運算表示不同物件各自與交互運作的開始、等待、處理與結束，如此代表系統行為的機制，就會形成一個抽象或數學 (Mathematical) 模式。

假想或真實運作的系統，當敘述系統狀態的物件屬性或變數不斷地隨著時間改變，符合連續 (Continuous) 系統的定義，例如生物族群的消長。而有些系統，例如估計顧客購買街頭小吃攤系統的平均等待時間，敘述系統狀態的變數，在序列事件發生之間並不會變化，這類系統變數只會在特定時間點上而不在連續的時間軸上改變，就稱為離散 (Discrete) 系統。雖然系統本身可能是連續或離散，但是隨著模擬目的或詳細程度的不同，連續系統還是可以被數位化成為一個離散模式。

為了預估或改善系統效能，依據代表系統的模式，模仿 (Imitate) 真實系統運作的技術就稱為系統模擬 (System Simulation)。由於模擬過程往往需要借重資訊科技的高速計算與大量資料儲存能力，因此系統模擬方法也常被稱為電腦模擬 (Computer Simulation)。

統計模式

使用機率函數敘述不確定性、不可預測性與變異性等隨機現象，可以應用統計方法建立解題的模式。例如為預測候選人支持率，進行嚴謹的民意調查、收集隨機樣本與應用統計推論模式，或在投票當天直接收集願意表態的民眾提供的資料，使用敘述統計模式形成結論。

實體模式

觀察房仲人員針對潛在顧客，利用各類材質和適當比例打造建築物模型、隔間、家具，藉以說明內部結構與地理環境等優點。常見的實體模型包括小朋友與玩家喜愛的人物公仔、汽車、飛機與船艦等，以及展示用途的大型建物，如水庫與公園等物件。

數學模式

如代表隨機變數生成隨機數值的機率函數，以代數公式表示變數的運算，以一階微分方程式代表物件隨著時間變化的速度或數量，以二階微分方程式代表速度隨著時間的變化，以聯立方程式表示多種物件隨著時空交互運作等抽象模式。

連續模式

考慮系統狀態隨著時空不間斷變異，例如生物族群消長與生態環境變遷，專家們使用代數與微分方程式建立連續模式代表系統運作過程。

離散模式

理論上系統可以沒有間斷地運行，如果基於某特定研究目的，以一組系統變數記錄非連續事件的出象，如此這組變數只有在特定間斷的時空位置才會改變，就會形成一個離散模式。

模擬模式

模仿真實系統活動邏輯，能夠接受各種輸入資料項目組合，可以在適當平台進行推演，產生研究關切的輸出數據或場景的實體或抽象模式。

2-8 抽象模式

模式，一個為了了解系統運作行為建立的代表物件，最初可能只是一個模糊的概念。我們必須明確定義模式的輸入變數或常數，設計變數之間交互運作的邏輯運算過程，利用資訊科技的計算能力，才能在有限的運算步驟一步一步地演繹而獲得輸出。基本上，以數學式子表示系統行為的抽象模式可大略分為蒙地卡羅 (Monte Carlo)、連續、離散，以及進階的離散與連續混合模式等。

蒙地卡羅方法的命名來自二次大戰時期，盟國軍方將某個後勤補給作業的計畫稱為 Monte Carlo Project。後來在一些研究報告或論文中，只要模式或計算過程包含隨機因子，就常常引用這個專有名詞。如此使用隨機亂數計算事件發生的機率或估計積分函數的近似值以及統計方法，都是一種蒙地卡羅模式模擬的應用。同理，研究降雨量變化（系統），透過收集以往（隨機）記錄，利用機率理論，建立（模式）表示降雨量的機率分布 (Probability Distribution)，據以預測（模擬）發生某降雨量的機率，又如觀察到颱風生成之後，預測它未來行進路徑與強度更是一件常見的活動。

單純的連續模式沒有包括任何隨機因子，大都以代數公式、微分方程式或一組聯立微分方程式的數學函數表示相關物件，以及它們各自或交互運作的系統行為。這類模擬主要運用數值分析方法與資訊科技強大的計算能力，適合解答族群消長與競爭，以及溫度傳導、重力與天體軌道等艱深物理現象的問題。

研究工作流系統的效率或瓶頸，離散模式則是最有效描述系統行為的方式，也是發展電腦模擬軟體的主要推動力。例如可以歸類為等待線系統，包括規劃投票動線與開票流程、交通號誌更換規則、人員任務與各類公共運輸工具

班次、商家貨物庫存策略規劃等，都有非常成功的實例。

建立離散模式常用方法 (Approach) 有三種。模仿生物個體或抽象物件在系統流動，從進入系統加入等待線，接受服務或處理，完成服務離開目前的服務站，加入下一個服務站的等待線，接受處理然後離開，循序進行「等待→服務→離開」的步驟直到一個邏輯完結的過程，稱為過程導向模式 (Object Oriented Mode)。

考慮只有在物件進入系統、等待服務與離開伺服器等事件發生時，系統狀態才會改變，設計師的任務包括辨識所有改變系統狀態的事件 (Event) 與各個事件處理或運算細節，如此建立的系統代表稱為事件導向模式 (Event Oriented)。針對某些簡單佇列系統，如果模擬目的只是為了估計物件平均等待時間，伺服器使用率與物件停留系統的時程，設計師定義模擬期間相關物件的屬性在每一活動延時累積過程，這類模式化系統的產品就是一個活動 (Activity) 導向模式。

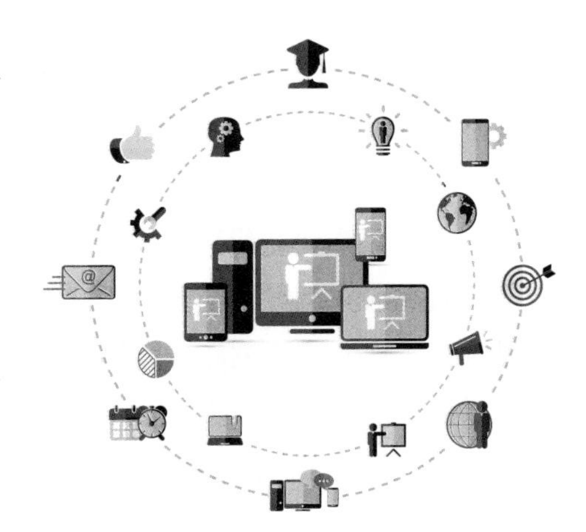

蒙地卡羅模式

以機率函數敘述系統的隨機行為，或以機率函數模式化沒有隨機因子的確定性問題。例如使用常態分布模式化理財專員處理一筆交易的時間，以及使用隨機亂數計算圓周率的近似值。

連續模式

以代數公式、微分與偏微分方程式，或一組聯立方程式表示系統物件交互運作邏輯。例如使用二階微分方程式敘述熱傳導、以一階二元聯立方程式模式化兩族群交互競爭。

離散模式

以固定或變異的時間或其他度量尺規，數位化連續系統的物件屬性隨著時空不斷演變，或表示只有在某些特定時間片段發生變化的離散系統。

過程導向模式

敘述個體在系統流動，從個體隨機到達系統、加入等待線、接受伺服器處理、離開系統或加入下一個，到達→等待→服務→離開，逐步完成每一個必要處理項目的過程，例如模式化病患陸續進入醫院、等待診斷、醫師看診後離開等醫療診所的活動流程。

事件導向模式

設計師將各個到達或離開事件依序定位在一條虛擬時間軸上的位置，只有在發生改變系統狀態的事件當時，更新代表系統狀態的變數與收集研究目的相關的統計變數。

活動導向模式

考慮物件停留在系統的相關活動時間，例如物件進入系統就有可用伺服器，其等待時間等於 0，否則等待時間等於上一個物件離開伺服器的時間與當下進入系統的時間之差，如此物件完成一項處理的時間等於等待時間與服務時間的加總。

2-9 蒙地卡羅模式

還記得在中小學時期，上課或放學之前都有打掃教室與整理環境的活動。由於必須打理的區域與項目的不同，為了避免造成同學之間的爭議，老師分配工作時當然力求公平公正。也許老師會事先將必要清潔的項目分類，再依工作量個別指定數位學生負責。然而再怎樣分配還是無法平均每位同學的工作量，再加上每位學生個性上的差異，仍然會有抱怨甚或動用家長申訴。還好打掃教室環境並不是一次性，而是就整個學期間每天的例行活動，為了盡量減少不安，老師也許會採用輪流的方式。但是如何輪流才會公平呢？依學號次序、依平時表現、依學期成績或抽籤？這個問題就留給學校行政人員或老師去傷腦筋吧！

在一票朋友週末聚會的場合，一段時間後常常會發生食物或飲料所剩不多而需要外出採購。除了某些熱心朋友志願出差外，如果來賓都是平輩，也為了減少主人的負擔，因此就會有人提議以抽籤方式選取數位客人當公差。於是準備紙牌每人抽取一張，事先説明抽到某幾張紙牌者當差。這個方式還算公平合理吧？因為是否中籤取決於機率——如果沒有人為的意志或干預。

抽籤方式在人數不多的情況下似乎可行，當人數眾多時這個方式就顯得繁瑣耗時。最常用的解決方法就是，將所有可以被選取的物件從 1 開始依次編號，然後依據亂數出現的數值抽取相同編號物件。亂數 (Random Number) 是隨機出現的號碼或數值的名詞或代號，因為依次選出的號碼無法事先預測，它們之間也沒有任何關聯，也就是相互獨立。如此選取的編號序列看起來沒有特定的規律，可以稱為一個隨機變數 (Random Variable) 的一組亂數序列或一個隨機樣本。

亂數當然不只是用來取代抽籤或公平合理分配工作的工具而已，使用亂數解答數學與物理問題的方法還有一個迷人的名稱。根據文獻，1938 年獲得諾貝爾物理獎的年輕義大利學者費米 (Enrico Fermi)，在從事中子擴散 (Neutron Diffusion) 計畫時首先使用蒙地卡羅方法，但沒有正式發表。現在的版本是 1946 年，在美國 Los Alamos 國家實驗室參與一個核子武器計畫的波裔美籍數學家烏蘭 (Stanislaw Ulam)，發展使用一系列隨機運算解答確定性 (Deterministic) 例如微分方程式的問題。由於計畫的機密性必須使用代碼，加上方法本身建立在隨機出象 (Random Outcome)，盟軍專家學者們就以聞名於世的摩洛哥 (Monaco) 賭城蒙地卡羅 (Monte Carlo) 命名。從此只要解題運算過程使用亂數，都被認為是一個蒙地卡羅模擬 (Monte Carlo Simulation) 的應用，例如最佳化、積分與產生符合某種機率分布的隨機數值等問題。當然，生成隨機亂數的機制，蒙地卡羅模擬的核心活動，本身就是一項蒙地卡羅模式模擬作業。

隨機亂數

- 隨機現象 (Random Phenomenon)：在機率統計領域，代表不可預測性，例如天候變化；不可確定性，如投擲一顆骰子出現的面向；以及變異性，如使用精密秤重儀器重複度量一枚一公斤的砝碼並非次次相等重量的通稱。
- 隨機 (Randomness)：沒有規則或緣由，事件獨立發生或出現。
- 隨機亂數 (Random Variable)：記錄或表示事件隨機出象的變數名稱。
- 隨機數值 (Random Variate)：使用工具，例如骰子、亂數表格或機率函數生成的數值。

隨機變數

- 隨機試驗 (Random Experiment)：代表生成隨機現象的模式，界定隨機現象的範圍、所有簡單事件發生的機率與可重複進行的活動。
- 隨機變數：對應或轉換一個隨機試驗所有出象 (Outcome) 到某數值區間某位置的規則。
- 機率函數：代表隨機變數行為的數學函數，已知機率函數的隨機變數，人們可以輕易計算出現任何事件的機率，然而除了人造器具外，大多數隨機變數的機率函數都是未知，只能借用統計方法獲得可接受、可信賴的假設理論機率函數。

隨機與明確問題

- 隨機 (Stochastic 或 Randomness)：問題本身包含隨機因子，例如由事件觀察值推論事件發生的理論機率。
- 明確 (Deterministic)：沒有包含任何隨機因子，例如數學函數積分。

蒙地卡羅法

- 地名：摩洛哥 (Monaco) 賭城蒙地卡羅 (Monte Carlo)。
- 緣由：1940 年代，美國數學家發展隨機運算解答確定性，例如解微分方程式的問題。當時學者專家們考量計畫機密性與計算過程，包括隨機數字等因素，因而命名的計畫名稱代碼。
- 應用：隨機亂數不但能夠解答機率統計的問題，也能解答某些確定性的數學問題，因此許多文獻只要應用隨機亂數答題就稱為蒙地卡羅法。

2-10 離散模式

每一個人每一天都在不斷地從事一項又一項的活動，也許有人說除了吃飯和睡覺他什麼事都沒做，然而吃飯和睡覺正是人類能夠生存的必要活動。一般人每天例行的活動大致包括起床、盥洗、更衣、早餐、上學上班、午餐午休、下班放學、晚餐、休閒與就寢等活動。任何人要怎樣過一天或過一輩子，當然是個人的選擇，但是無論如何，人總是必須與周遭的人事物互動。

就算事前未知將會發生什麼活動，但是組成系統的人事物總會互動吧！我們可以將改變系統狀態的活動，例如物件進入或離開等稱為事件，從時間座標來看系統的種種事件構成一條不連續的點狀序列，這類系統我們將它稱為動態離散事件 (Dynamic Discrete Event) 系統。

以下我們考慮一個常見的離散系統：單一理髮師兼老闆的小型理髮廳一天的工作流 (Work Flow)，這個理髮工作坊營業過程包括開門營業後等待客人上門，顧客到達後立即動工，如果美髮師處於忙碌狀態，後續上門的顧客只能先找個座位加入等待行列，當一位顧客處理完畢，帶著微笑甚至滿意而離開後，她就會從等待的顧客們之中選擇下一位客人接受服務，通常為了公平起見可能

採用先到先服務的方式，如果沒有任何等待的顧客，她就休息或看電視打發時間。

從理髮師角度，她一天的工作包括開門營業、休息與工作交替直到打烊收攤等活動。從顧客的角度來看，包括上門、加入等待行列（如果老闆仍在忙碌），或直接接受服務（如果老闆正處於空閒狀態），接著滿足服務需求，然後離開等活動。縱然有不同敘述系統的觀點，但是各個活動狀態都可以標示在時間軸上，這個是一個簡單而典型的離散事件系統。

離散事件系統應用廣泛，例如製造業的供應鏈、庫存、生產線、裝配線與銷售鏈等，大概是為了簡潔起見，在系統流動的有形或無形物件 (Object) 於許多上市模擬軟體被通稱為個體 (Entity)。離散模式大都包含一組或數組，個體進入系統、等待、接受伺服器處理與離開的序列活動，其中最不能掌握或未知的因素是等待時間，因此研究這類問題常被稱排隊理論 (Queuing Theory)。

人們如何依據知識與經驗安排日常活動的優先次序，當然是個人的自由選擇，後果也是正如俗語說「自己造業自己受」。但是對於管理者或服務提供者來說，為了保持永續經營與滿足顧客需求的宗旨，需要關切的事項就多了，而系統模擬技術是了解工作流的瓶頸、人力與設備配置，比較現行與數種假設流程的施行結果，也是能夠用來改善內部效率與外部效能的利器。

動態系統

一組人事物的集合，隨著時間的演進，它們各自與相互運作，以完成一個特定任務 (Particular Task) 或一個邏輯完結 (Logical End) 的通稱。

連續與離散動態系統的異同

理論上系統可能沒有明確活動行為，但是依據計畫目的與系統本身的特質，設計師建立系統的代表物，可以區分為連續或離散模式。

連續模式：以代數與微分方程式代表系統不間斷運作行為的模式。

離散模式：在模擬時鐘軸的間斷時間點，代表物件生成或到達、等待、處理與離開等活動的模式。

離散系統的特色

在虛擬時間軸上，系統的各種事件發生的位置，形成不連續的離散序列，如此記錄系統狀態與物件屬性的變數只在事件發生當下才需要更新。

事件：觸動系統狀態改變的事務或活動。

系統變數：描述系統狀態的變數名稱，例如模擬時鐘。

統計變數：研究關切的數據，例如累積顧客等待服務時間。

不同角度觀察某美髮工作室的活動

顧客美髮流程

顧客進入髮廊，如果美髮師有空閒便直接接受服務，完成服務項目後離開系統；當顧客進入系統時美髮師正在忙碌中，她／他可以選擇直接離開店家，或留下等待直到美髮師空閒再接受服務，然後離開髮廊，如下流程：

進入系統→等待或離開→理髮→完成離開

美髮師工作流

準備並開門營業等待顧客上門，服務第一位顧客，完成需要服務項目，再從等待線選出下一位顧客，若沒有等待或處理中的顧客，美髮師就處於空閒狀態，直到營業時間內到達的所有顧客皆完成服務才打烊。如下流程：

開門→服務顧客 1 →……→服務顧客 n →打烊

2-11 連續模式

為了完成某一特定任務，構成系統的人事物相互運作過程中，記錄系統物件狀態 (Status) 或屬性 (Attribute) 等系統變數 (System Variable)，如果隨著時間演進而改變 (Time Dependent)，它就是一個動態 (Dynamic) 系統。如果系統變數只有在系統運作期間的某些特定時間點發生變化，它是一個動態離散 (Discrete) 系統，反之如果系統變數不斷隨著時間變化，它就是一個動態連續 (Continuous) 系統。

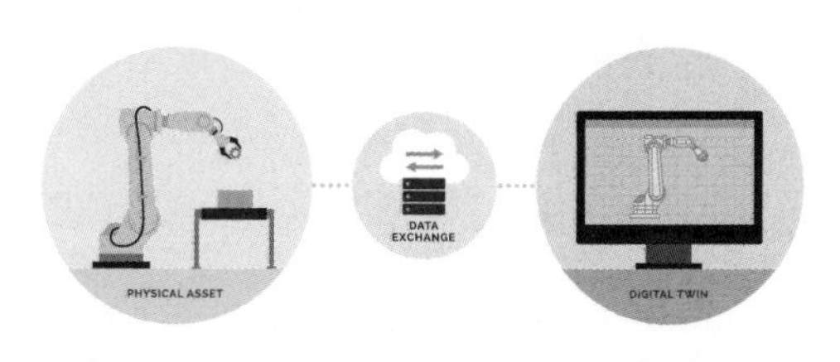

讓 x(t) 代表物件 x 在時間 t 的位置，如此表示單位時間物件移動的速度 $v = dx(t)/dt$，就是一個動態連續系統。同理，模式化物件屬性隨著時間連續變化的各種物理現象，如使用 x 針對 t 的第一階微分代表物件行進速度與二階微分表示加速度，都是常見的連續模式。

仔細觀察物種族群隨著時間的消長、商業廣告訊息的傳播、化學反應過程物件某元素含量的變化，以及物種某特徵基因遺傳演進等研究，我們能夠發現它們可以類比於速度的觀念，也可以使用微分方程式表示某屬性隨著時間的變化率。讓 c 是一個常數，如此物件屬性變化率的通式，它等於一個 x 與 c 的函數 f：

$$dx/dt = f(x, c)$$

基礎物理除了速度 $v = dx/dt$，也包括加速度 a 等於速度針對時間的微分，或 x 針對 t 的第二階微分，$a = d^2x/dt^2$，還有牛頓第二運動定律，作用力 F 等於物件質量 m 與加速度 a 的乘積，$F = ma$ 等觀念。將加速度代入作用力公式，可以獲得：

$$F = m\, d^2x/dt^2，或\ d^2x/dt^2 - F/m = 0$$

讓 x 代表物件位移的距離，當施於彈簧的作用力消失時，彈簧恢復本來長度，彈力與作用力方向相反，等於一個常數 k 與 x 的乘積，因此將 $F = -k x$ 帶入牛頓第二運動定律，獲得 $d^2x/dt^2 + (k/m)\ x = 0$。這個物件運動定律的應用廣泛，例如震動、擺動與阻尼運動等研究。

當我們關切多個隨著時間演進的物件屬性，單一微分方程式已不敷使用，例如一個包含草料、草食性與肉食性動物的生態系統，我們必須借用聯立微分方程式，方能表示組成這個動態連續系統物件屬性的變化率。

建立代表物件屬性質或量的變化率之微分方程式模式，確實是研究連續系統的利器。然而不是每一個敘述變化率的函數，都有一個解析法的解答，又函數常數項往往需要透過觀察與收集數據再演算，以獲得一個合理的數值，這些都是使用模擬方法求解的最佳時機。

建立代表連續系統的微分方程式

觀察廣告傳播過程，考慮政府頒布一項措施，例如為了加強人身安全，交通部公告汽機車在綠燈期間必須禮讓行經斑馬線的行人。經過一段時間後，聽聞這項法令或政策的人口比率為何？

模式化訊息傳播過程，首先假設聽聞訊息比率的變化率與目前知曉訊息的比率之關聯，接著確定關聯的常數。假設知曉比率 x 隨著時間的變化率，與未聽聞比率成為正比關係，又假設關聯常數等於 0.7，我們可以建立如下微分模式：

$$dx/dt = 0.7\ (1-x)$$

代表振盪運動的模式

- 振盪運動：考慮一條普通的彈簧，施以作用力 F 拉開後，恢復力或彈力方向與伸長或位移 x 方向相反。
- 模式化振盪運動：讓 x 代表彈簧伸長長度，得知 F = - k x，帶入牛頓第二運動定律 F = ma，獲得 $d^2x/dt^2 + (k/m)\,x = 0$。
- 阻尼振盪：振盪系統除了作用力，還包括摩擦力等阻力 R，從基礎力學得知阻力與運動速度成正比，但與運動方向相反，因此具有震動幅度逐漸下降的特性。
- 模式化阻尼振盪：考慮一套阻尼振盪系統，讓常數 c 代表阻尼係數，阻尼力 R = -c v = -c dx/dt，依此建立的微分模式：

$$d^2x/dt^2 + (k/m)\,x + c\,dx/dt = 0$$

模式化多族群的生態系統

考慮一個包括 n 物件的生態系統，假設每一族群數量 x 隨著時間的變化率等於系統中所有族群數量的函數，我們可以建立底下模式：

$$dx_i/dt = f_i(x_1, x_2, ..., x_n),\ i = 1, 2, ..., n$$

考慮兩族群系統，假設每一族群隨著時間的變化率都是與各自族群數量呈正比，又其中一個族群與當時兩族群數量的乘積成正比，而另一族群則反比於當時兩族群數量的乘積。底下是一組可能的聯立微分模式：

$$dx_1/dt = a1\,x_1 + a2\,x_1x_2$$

$$dx_2/dt = b1\,x_2 - b2\,x_1x_2$$

2-12 離散模式分類

考慮一般人到醫院看病就醫的過程：出門等公車或捷運，到達醫療診所掛號等待醫師問診，診斷或處理後等待領藥，離開醫院等待搭乘公共運輸載具回家。假設我們將公車行車與醫護診療等通稱為處理，如此這些過程就是一連串的到達、等待與處理的事件或活動。由於上述或同類系統的物件屬性只有在事件發生的同時才會改變，因此離散模式適合表示這類離散系統的運作行為。從不同角度觀察系統行為的離散模式可分為過程導向 (Process Oriented)、事件導向 (Event Oriented) 與活動導向 (Activity Oriented) 等三種。

表示組成系統相關的人事物等物件 (Object) 大致可以分為：1. 在系統中流動等待與接受處理的物件稱為個體 (Entity)，2. 個體等待、停留或進行處理的場所 (Location)，3. 服務 (Serve) 或處理個體需求的物件稱為伺服器 (Server)，以及 4. 輔助交易或個體流動的物件稱為資源 (Resources) 等四類。

離散模式的設計師除了可以使用機率函數，生成個體隨機到達時間與各個伺服器滿足個體服務需求的時間之外，其餘的活動如停留在各個等待線時間，都在模擬過程生成，無法事前預知。

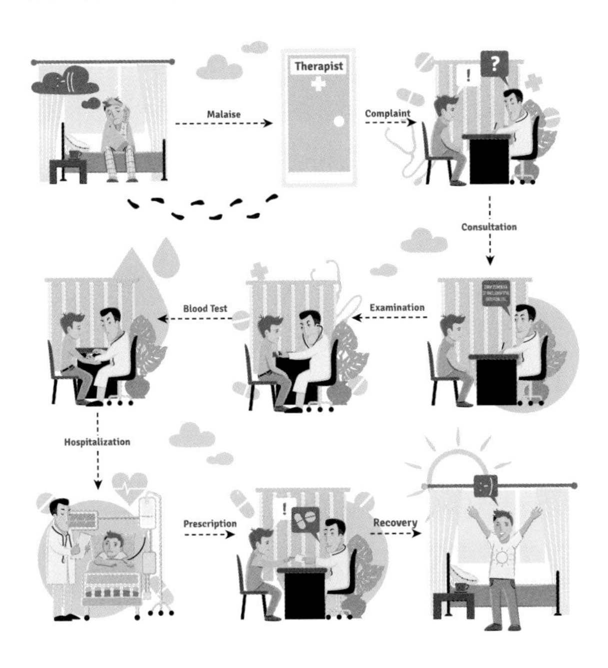

過程導向模式是一種合乎直覺效果發展離散模式的方法，模擬設計師主要任務為定義個體在系統流動的過程，包括辨識在系統流動的個體種類與屬性、確定各種個體到達或進入系統的間隔時間之理論機率函數、辨識個體接受每一個伺服器的服務或交易時間的理論機率函數、處理邏輯與使用資源，以及收集、彙整與輸出研究關切的數據。某些市售模擬軟體提供使用者直接在視窗建立代表系統運作的過程導向模式，然後其內建軟體將它編譯成為在可獲得的資訊平台執行的模擬模式。

Trigonometry

Linear algebra

Calculus 1

Calculus 2

Statistics 1

Statistics 2

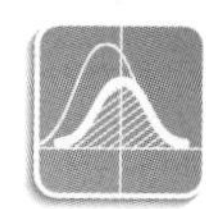
Probability theory

SOA exam

一個等待線系統，記錄系統狀態演變的變數，主要包括在等待線個體數量與伺服器忙碌或空閒等延時。典型的等待線問題只有在事件時間點系統狀態才會改變，這些事件依次在時間軸形成一條離散序列，研究人員從模擬時間漸進的角度發展下個 (Next) 事件導向模式，他們的任務包括：定義研究關切的事件型態，辨識個體到達事件的間隔時間，與伺服器的服務或處理時間的理論機

過程導向模式

使用過程導向模式化佇列系統，符合一般人的思考邏輯，它簡潔地顯示所有個體在系統流動的過程。底下示意圖代表單一伺服器系統的過程導向模式，其中 ⬭ 代表在系統流動的個體，⬚ 表示伺服器。

假設模擬研究團隊採用視覺式上市模擬軟體，使用者能夠在資訊平台內建畫面直接建立過程導向模式並執行模擬。

自行繪製的過程導向模式，必須轉換成為能夠執行的程式或軟體，才能在一般資訊平台進行模擬。

率函數，定義每一個事件的活動邏輯並更新系統變數與研究關切的統計變數。

活動導向模式的設計人員，除了定義事件型態與辨識生成合適隨機數值的理論機率函數外，設計師模擬個體在系統流動過程中記錄各項活動開始、延時與結束等在時間軸的位置，然後計算與輸出輔助決策的數據。

離散事件在時間軸的位置

讓 a_i 與 d_i 分別代表第 i 個個體進入與離開系統在時間軸 t 的位置：

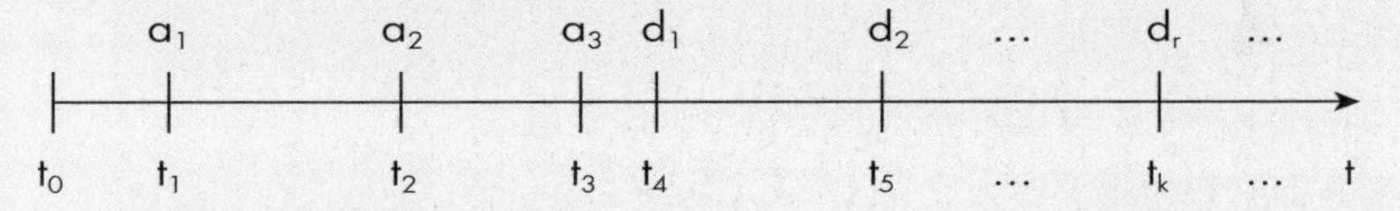

t_k 代表第 k 事件在時間軸的位置，t_0 代表開始模擬的時間，將序列離散事件同時標示在時間軸，能夠清楚模擬過程中各項變數的演變。

事件導向模式

觀察離散事件在時間軸的位置圖，下個事件到達之前系統變數與統計變數不需要更新，因此模擬時間不必連續漸進，而是直接更新到下個事件時間，自行開發模擬軟體的團隊大都使用虛擬碼或流程圖表示各類型事件的運作邏輯。

活動導向模式

離散事件在時間軸的位置圖，清楚顯示研究關切的數據的產生方式，例如所有個體停留在系統的時間、等待伺服器的時間以及伺服器使用狀態等。

2-13 過程導向模式

觀察個人工作室或髮廊、單人作業的醫師或藥師、紅豆餅或烤番薯攤子，以及只有一位櫃檯員的客服中心等活動過程。如果我們忽略一些細節，也就是抽象化，將上門的顧客、民眾或病患當成在系統唯一流動的個體，然後單人作業的老闆、店員或醫師等歸類為同一類型的伺服器，又個體以先進先出稱為佇列的策略加入等待線，等待接受服務，如此看起來毫不相關的系統，卻有相同人事物相互作用的機制或邏輯。

等待線系統觸發模擬需求的動機不外乎是為了：

0. 提升伺服器效率
1. 改善個體暢流效果

在這兩前提下可以建立一個典型的伺服器模式，請參考如下示意圖：

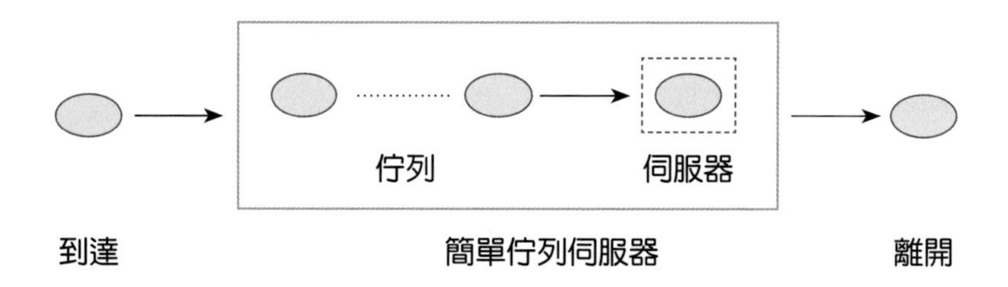

常見簡單佇列模式模擬模式的假設包括：

- 伺服器空閒以及沒有任何個體停留在佇列或伺服器的起始狀態。
- 個體在模擬期間隨機到達。
- 等待線容量或佇列長度足夠使用。
- 伺服器除了服務個體時間之外，都歸類為空閒狀態。
- 一旦伺服器空閒，佇列最前端顧客立即開始接受服務，不計轉換時間。

除了上述假設外，我們還必須關切個體如何到達並加入佇列，以及伺服器完成交易的時間需求。模擬研究人員通常不會直接使用觀察得來的數據，因為以機率統計術語來說，它們只是一組樣本或歷史資料，缺點包括：

1. 占用大量儲存空間，數量未必符合模擬期間的需要。
2. 只能作為複製目前或以往的系統運作，未能模擬未來狀況。
3. 多數上市模擬軟體只接受理論機率函數。

因此嚴謹的做法必須從收集有效事實記錄，辨識資料是否符合隨機樣本的定義，然後運用統計推論方法獲得系統隨機因子的理論機率函數。如果無法獲得足夠樣本數量，或不能滿足隨機樣本的條件藉以建立理論機率函數，我們只能使用可用樣本建立一個經驗機率函數。

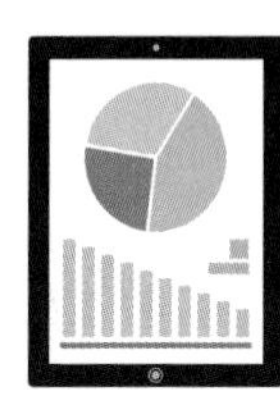

組成觀念模式的要件

物　件：組成系統的人、事與物的通稱，主要包括在系統流動的個體、固定位置的伺服器以及實體或抽象個體停留的場所等。

名　稱：使用簡短、容易聯想的字母與數字命名物件與物件屬性。

個　體：在系統流動，進行交易或接受處理的物件。在觀念模式裡代表個體，使用者可以使用任何符號、幾何圖形或圖案，如 ◯，以及具有個體特徵的圖片，如 。

場　所：代表個體在實體或虛擬系統流動過程，暫時停留的位置或地點，例如伺服器與等候可用伺服器的佇列。

伺服器：處理個體服務需求的物件或動作。使用者可以任意採用文字、符號、圖案、圖形或圖片表示伺服器。

等待線：觀察個體在系統流動的過程，如果下一個場所的容量足夠，個體可以直接進入，否則必須加入等待隊伍。常見個體以先進先出的次序進入下一個場所的等待線，就稱為佇列。

工作流：帶箭頭線段 → 表示活動流程的路徑以及連接下一個場所。

過程導向模式模擬計畫

研究目的：除了一般研究目的與假設條件，等待線系統的過程導向模式主要計畫目的包括明確定義收集資料的項目與範圍，例如伺服器的使用率、在佇列等待服務的個體最大容量與平均數量等。

隨機因素：辨識系統隨機因素，如個體隨機進入系統與伺服器處理時間的理論機率函數。

觀念模式：以紙筆或在資訊平台標示，個體、伺服器等工作流。
辨識在系統流動接受處理的個體，敘述個體到達的方式。
辨識滿足個體服務需求的伺服器，敘述處理邏輯。
使用適當圖形表示個體在系統流動的路徑。

模擬模式：自行開發可行的觀念模式的電腦軟體，使成為能夠在可用資訊平台執行的模擬模式，或直接在市售模擬軟體視窗開發模擬模式。

前導模擬：考慮系統運作時空，訂定模擬時鐘單位與週期，檢視模擬模式假設條件的可行性，修正電腦程式的可能瑕疵，確保模擬模式的正確性與有效性。

模擬輸出：訂定重複模擬次數，收集足夠長度的隨機樣本，應用統計推論方法估計與檢定輸出變數的未知參數。訂定輸入變數的不同數值或級數以比較不同系統的效能。

2-14 事件導向模式演算法

考慮一個包括個體到達與伺服器處理時間等兩個隨機因子的簡單佇列系統。假設物件到達系統的間隔時間符合平均數 λ 的指數分布 EXPON(λ) 機率行為，伺服器處理時間符合平均數 μ 標準差 σ 的常態分布 N(μ,σ)。

假設代表一個簡單佇列系統的事件導向模式必要定義的系統變數名稱主要有：模擬時鐘 (SimClock)、停留在系統的個體數量 (n)、到達與離開事件時間 (ATime, DTime)，以及個體編號或累積數量 (CA, CD)、個體到達與離開時間陣列 (X(CA), Y(CD)) 等統計變數名稱。模擬結束事件發生的條件，可能是一個固定的預設模擬週期 (T) 或預定完成服務的物件數量，或如本例必須完成模擬週期之內進入系統所有物件的服務需求。一個可行的演算法如下：

```
開始
 宣告 n = CA = CD = ATime = SimClock = 0, DTime = 9999  // 個體編號等初始值
 指定 ATime = SimClock + EXPON(λ)  // 第一個到達事件時間
 WHILE (SimClock < T)  DO  // 模擬時鐘小於模擬週期 T，執行迴圈內所有指令
  {IF (ATime < DTime)  THEN   // 是一個物件到達事件
   {指定 SimClock = ATime    // 模擬時鐘
   更新 n = n+1    // 等待線人數
   更新 CA = CA+1    // 到達個體編號
   指定 X(CA) = SimClock  // 個體編號 CA 到達時間
   指定 ATime = SimClock + EXPON(λ)  // 下個到達事件
   IF (n = 1)  THEN  // 伺服器空閒
    指定 DTime = SimClock + N(μ,σ)}  // 下個離開事件
```

```
  ELSE // 是一個物件離開系統事件
    {指定 SimClock = DTime   // 模擬時鐘
    更新 n = n-1   // 等待線人數
    更新 CD = CD + 1   // 離開個體編號
    指定  Y(CD) = SimClock  // 個體編號 CD 離開時間
    IF (n = 0)  THEN  // 等待線沒有任何物件
    指定  DTime = 9999  // 一個不會發生的離開事件
    ELSE
    {指定  DTime = SimClock + N(μ,σ)   // 下個離開事件
    指定  SimClock = min(DTime, ATime ) } } } // 下個事件時間
 WHILE (n > 0)  DO  // 仍有物件等待處理
  {指定  SimClock = DTime  // 模擬時鐘
  更新  n = n-1 // 離開個體編號
  更新  CD = CD + 1 // 離開個體編號
  指定  Y(CD) = SimClock  // 離開時間
  指定  DTime = SimClock + N(μ,σ)}  // 下個離開事件
 OUTPUT  X(CA), Y(CD)  // 個體到達與離開時間陣列
結束
```

事件導向模式演算流程圖

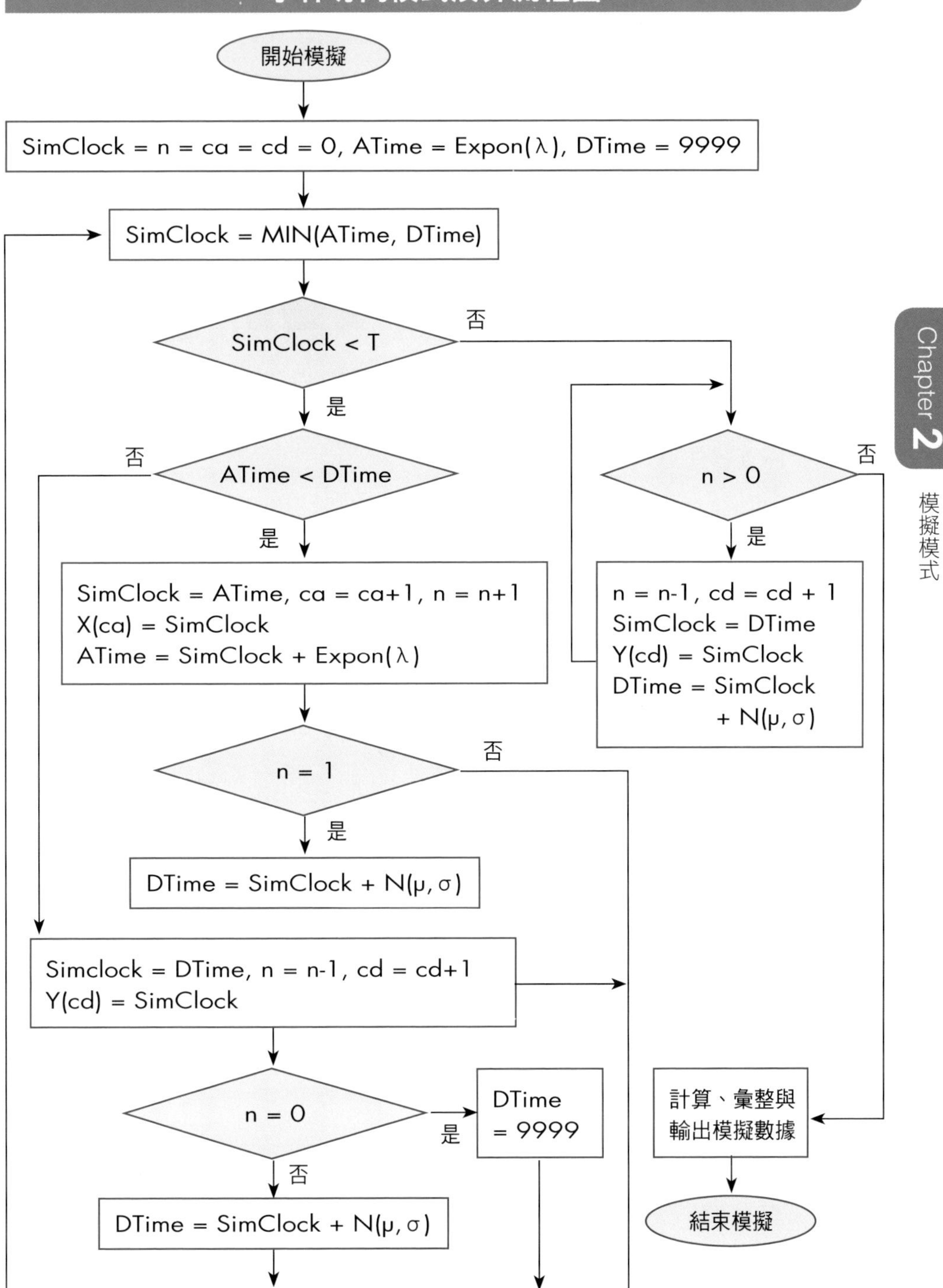

2-15 活動導向模式模擬

單一伺服器單一等待線系統只有單純的到達與離開兩個事件，使得採用活動導向模式較為可行。接受任務的設計師，主要任務就是模擬 n 物件的到達時間序列 $a_1, a_2, \ldots, a_n$，與離開時間序列 $d_1, d_2, \ldots, d_n$。當發生這些事件的時間點已知，所有研究關切的資訊都能透過簡單的算術運算獲得。

模擬 n 物件進入系統時間序列 $a_1, a_2, \ldots, a_n$ 很簡單，假設生成間隔時間的指數分布函數 EXPON(λ) 的程式可以獲得，物件編號 k 進入系統時間的演算如下式：

$a_k = a_{k-1} + \text{EXPON}(\lambda)$，參數 λ 為指數分布的平均值。

模擬 n 物件離開系統時間序列 $d_1, d_2, \ldots, d_n$ 比較複雜，假設編號 k 物件進入系統時間 a_k 伺服器正好空閒，它直接進入伺服器停留而等待時間為 0，如此開始接受處理時間 $b_k = a_k$，否則 $b_k = d_{k-1}$，等於上一個物件完成處理後離開伺服器的時間。假設生成伺服器處理時間的常態分布函數 N(μ,σ) 可以獲得，物件編號 k 離開系統時間的演算如下式：

$d_k = b_k + N(\mu,\sigma)$

讓 t 表示模擬時鐘，下圖標示到達／離開事件 (a/d)、進入系統間隔時間 (e)、進入伺服器時間 (b)、伺服器處理延時 (s)、停留在等待線時間 (w) 與伺服器空閒 (z) 等時間的相對位置，變數的下標代表物件進入系統先後次序的編號。

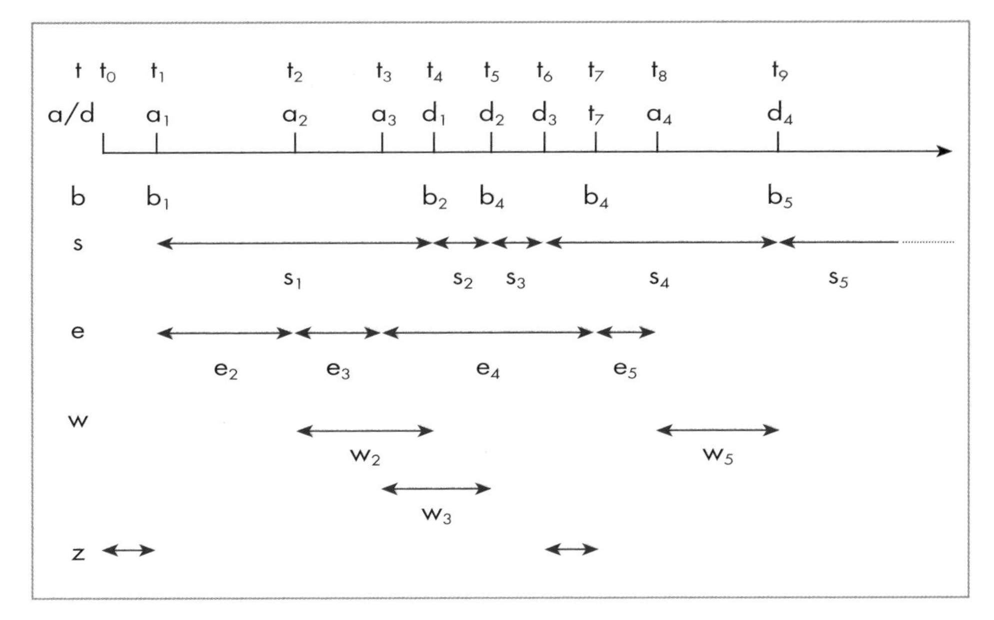

生成個體到達與離開系統時間的假設與演算法

假設物件到達加入等待線的間隔時間 a_k 符合一個指數隨機變數平均數 λ 的分布 EXPON(λ) 行為，伺服器處理物件的時間符合一個常態隨機變數平均數 μ 標準差 σ 的分布 n(μ, σ) 行為。b_k 與 d_k 分別代表物件 k 開始接受服務與完成處理離開系統的時間。

```
宣告 a0 = 0  // 初始個體到達系統時間
宣告 d0 = 0  // 初始離開時間
FOR k = 1 to n  // 迭代次數確定
計算 ak = ak-1 + EXPON(λ)  // 生成個體到達系統的時間
 IF (ak > dk-1) THEN  // 伺服器空閒，到達個體直接進入伺服器
  指定 bk = ak
 ELSE
  指定 bk = dk-1
 END IF
計算 dk = bk + N(μ,σ)  // 生成個體離開系統的時間
NEXT k
```

計算統計變數演算法

```
宣告 tidle = 0 // 累積伺服器空閒時間
宣告 cq = 0   // 累積等待時間初始值
宣告 cs = 0   // 累積服務時間初始值
宣告 ct = 0   // 累積在系統時間初始值
FOR k = 1 to n  // 迭代次數確定
  更新 tidle = tidle +(a_k – d_k-1)
  計算 cq = cq + (b_k – a_k)
  計算 cs = cs + (d_k – b_k)
  計算 ct = ct + (d_k – a_k)
NEXT k
計算 mcq = cq / n  // 平均等待時間
計算 mcs = cs / n   // 平均服務時間
計算 mct = ct / n   // 平均在系統時間
計算 uidle = tidle / d_n   // 伺服器空閒比率，d_n 等於模擬期間
計算 bidle = 1.0 - uidle  // 伺服器使用率
```

Chapter 3

蒙地卡羅方法

3-1 預測一生過程的流年

從前富貴人家的嬰兒離開娘胎不久，當家的就會帶著兒孫的出生時辰，邀請名師製作流年。假設流年能夠表示人們的運勢或命運階段起伏隨著時空的演變過程，例如讓 1 代表初始期、2 代表成長期、……、N 代表潛伏期，如此潛伏期、起始期、成長期、成熟期、……、潛伏期、……，或讓數字 1、……、N、1……，依此持續循環不止，由於採用時間單位的長短而有流年、流月、流日與流時等。如何產生代表某人生命階段的數字，不同命理大師可有不同的計算方式，但是不外乎包括出生年月日時與當前時辰的數字或符號進行運算，得到 1 至 N 其中的一個數字，最後根據對應的文字解讀運勢。如果這套理論符合科學精神，人們的未來吉凶不就可以模擬得知！

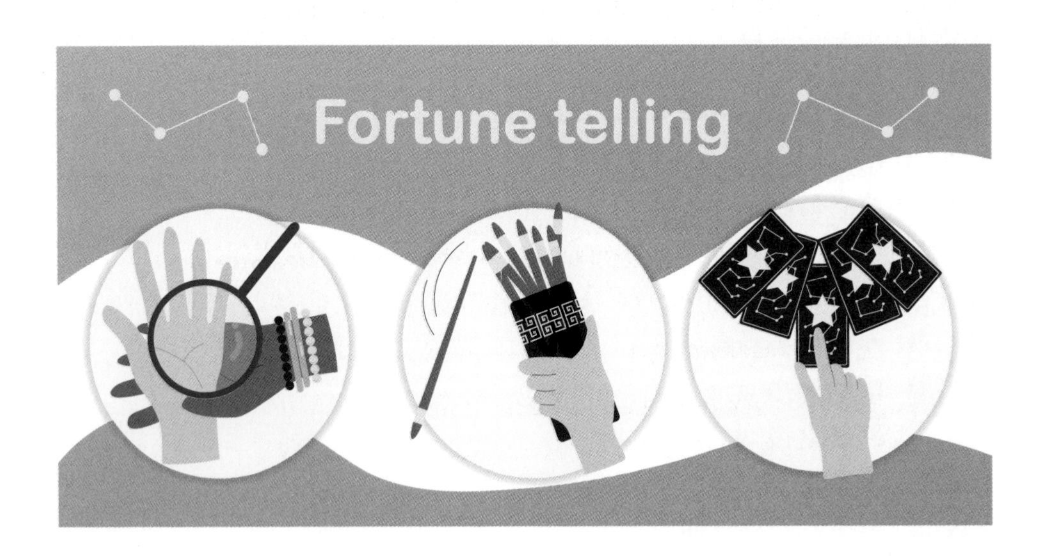

3-2 摘要

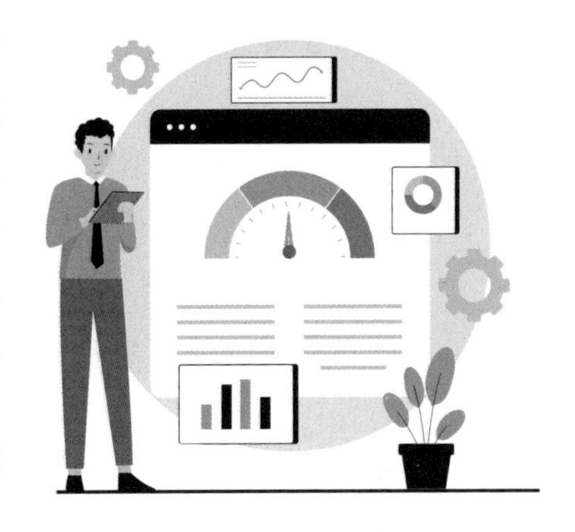

假設輸入一個函數的自變數，只有對應一個應變數，類比於一個原因只能產生一個結果，那麼因果之間就是確定性的關聯。考慮真實世界情況，假設一個事件可能產生多種不同出象，因為沒有存在可以解釋或理解的原因，因此稱為隨機現象。面對隨機現象的不確定性，本質上人們毫無招架之力，但是仍然不斷努力研究，嘗試解開神祕無常之謎。顯然這是一個不可能實現的任務，因為沒有人，也沒有任何方法，可以確知一個自然事件必定發生某一個隨機現象。當然學者專家們的辛勞也並非白費，他們陸續發展機率、統計理論與模擬方法，使得我們可以預測某些事件可能出現哪些出象以及發生的機率。模仿事件的隨機現象是模擬技術的基石，如在相同條件下重複投擲一顆正 20 面的骰子，依序記錄每次出現的點數，我們可以獲得一組介於 1 與 20 之間的隨機整數序列。不過機械式產生隨機數值的方式沒有效率而沒有實用價值，專家們大多使用稱為亂數產生器的數學函數生成介於 0 與 1 之間符合均值分布的實數序列。針對系統的隨機因子，機率統計專家根據可獲得的資料，建立相對應的理論分布，然後轉換均值 (0, 1) 變數生成模仿對應的隨機序列。應用數個常見的分布函數，解答多種包含不確定性或確定性因子問題的蒙地卡羅方法，確實易懂易用、有趣又有效果。

3-3 亂數產生器

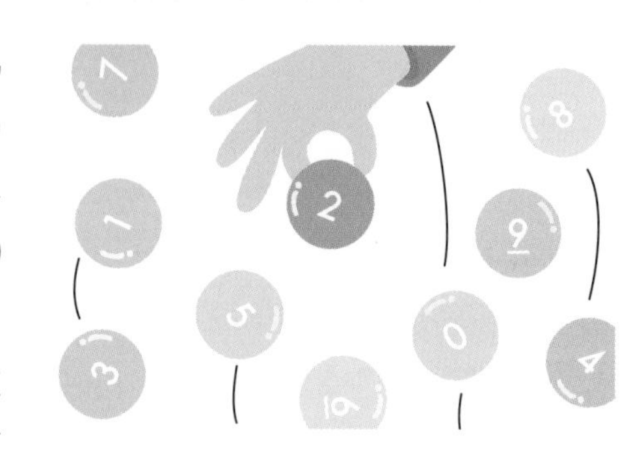

早期人類計算能力有限，需要亂數序列時大多仰賴亂數表 (Random Number Table)。出現在中小學數學課本的亂數表，大多是一個長寬各 50 個 0 至 9 的個位數，以 5 個位數分開以方便查閱，讀者們對此應該不會太陌生吧。本節我們關切的是如何製作一張亂數表，如何產生 0 至 9 的隨機數列。

也許我們可以使用 10 張紙牌或 10 顆棋子，由 0 至 9 編號，充分混合後任意抽取並記錄數字，只要時間充裕，重複這個過程就可以獲得任何長度的序列，不過未免太費時費事了。也許使用骰子更為方便一些，但投擲一般常見的骰子只能獲得 6 個數字的序列，要是能有正 10 面體的骰子就太好了，不幸的是它並不存在。還好聰明的人倒是製作了正 20 面體的骰子，買得到，只是不常見。當然，正 20 面體的骰子比起常見的正 6 面體骰子或紙牌更方便獲得一組 0 至 9 的數列。這類實體或機械式產生亂數的作為雖然可行，但是卻比不上使用數學方法產生隨機序列的效率，尤其在需要大量亂數的模擬作業。

1940 年代馮紐曼 (John von Neumann) 建議中位數平方法 (Middle Square Method)，由於一個 k 位數整數平方的正中 k 位數，計算之前不太可能預知結果，又前後兩整數之間好像沒有顯著的關聯，因此選取一個適當起始值 (Initial Value)，可能可以產生 k 位數的擬似亂數系列。讓 X 等於一個四位數整數，例如 5287，計算 X 平方 $X^2 = 5287^2 = 27952369$，再讓正中間的四個位數 X = 9523，計算 $X^2 = 9523^2 = 90687529$，選取正中間的四個位數 X = 6875，$X^2 = 6875^2 = 47265625$，正中間的四個位數 2656，……，同理運算可以產生四位數的序列。這個方法雖然粗劣，但是可能產生擬似 (Pseudo) 亂數序列，早期確實有許多應用。

中位數平方法有兩個主要缺點，首先在迭代過程的 k 位數整數如果包含一個或更多 0，這個系列就會快速收斂於 0，因此常常無法產生滿足需求的序列長度。又這個系列整數可能不會符合均等分布的機率理論，也就是數字系列沒有具備互相獨立且出現次數機率相等的性質，因此不是一個實用的亂數產生器。

一個比較實用產生亂數的方法，是稱為餘數除法 (Modulo Division) 的應用。假設兩個整數 X 與 m 分別代表被除數 (Dividend) 與除數 (Divisor)，模擬術語 m 稱為模數 (Modulus，簡寫為 mod)，讓 R 表示 X 除以 m 的餘數 (Remainder)，再使用符號≡形成表示餘數除法的式子 R ≡ X mod m。如 5 除以 3 的餘數 2 ≡ 5 mod 3，又如 4 ≡ 25 mod 7。如果選取適當的起始值 X 或稱為種子 seed 與模數 m，得到餘數 R 後再讓 X = R，同理繼續迭代過程，可以獲得擬似亂數的系列。

早期亂數表

- 1927 年統計學家第彼得 (L. H. C. Tippet)，從普查記錄 (Census Registers) 取得擬似的隨機數字，另外費雪與葉慈 (R. A. Fisher and Francis Yates) 運用對數表產生擬似隨機數字。
- 1939 年康德與史密斯 (M. G. Kendall and B. B. Smith) 結合人力操作專用機器產生長度 100,000 的隨機數字序列。

機械與數學函數隨機數字產生器

1. 丟擲骰子或操作其他機械或工具，如果沒有人為干預，就可能產生隨機數字序列，不過沒有效率而不切實際。
2. 使用數學函數產生的隨機數字序列，就算符合隨機性檢定 (Test of Randomness)，但是每一個數字都是數學運算的結果，所以可以被計算預知，因此只能稱為虛擬或偽 (Pseudo) 隨機數字。雖然如此，數學函數產生隨機數字的方法卻是最實用的，因為過程不需大量儲存空間，也不需複雜運算，且理論簡單易懂易用。

註：只要試驗過程包含人為因素，產生的序列就可能不是真實隨機。

中位數平方法產生隨機序列的步驟

- 選取一個 k 位數的正整數 X
- 初始 i = 0，初始 x_o = X
- 計算 X^2 獲得一個 2 倍 k 位數的正整數 Z
- 讓 x_{i+1} 等於 Z 正中間的 k 位數
- 讓 X = x_{i+1}，i = i + 1
- 重複前 3 個步驟，可以獲得虛擬亂數序列 x_0, x_1, x_2, ...

餘數除法的步驟

讓 x = 一個正整數，m = 另一個正整數

讓 r ≡ x mod m // 正整數 r = X / m 的餘數，例如：

x = 3, m = 7，	r ≡ 3 mod 7 ≡ 3
x = 13, m = 7，	r ≡ 13 mod 7 ≡ 6
x = 25, m = 5，	r ≡ 25 mod 5 ≡ 0
x = 25, m = 16，	r ≡ 25 mod 16 ≡ 9

3-4 全週期亂數產生器

考慮底下運算式子，正整數常數 a 乘以正整數起始值或稱為種子數 seed 的積，加上另一個正整數常數 c 的總和，除以正整數稱為基數或模數 m 的餘數 X：

$$X \equiv (a * seed + c) \bmod m$$

假設 m = 16，seed = 6，c = 3，a = 5，帶入運算式進行運算：

$$X \equiv (5 * 6 + 3) \bmod 16 \equiv 33 \bmod 16 \equiv 1$$

接著讓 seed = 1，帶入運算式獲得：

$$X \equiv (5 * 1 + 3) \bmod 16 \equiv 8 \bmod 16 \equiv 8$$

重複以 seed 存入最近產生的 X，帶入運算式可依序獲得 1, 8, 11, 10, 5, 12, 15, 14, 9, 0, 3, 2, 13, 4, 7, 6, 1, 8, ...。仔細觀察這個序列，我們很快地發現它有一個長度 m = 16 的循環週期。也就是說以任何一個 0 至 15 的正整數當成 seed，經過 16 次餘數除法演算，就會回到原來輸入的種子數。因此這個運算式是一個以基數為週期的虛擬亂數產生器。

上述運算式稱為混合線性同餘亂數產生器 (Mixed Linear Congruential Random Number Generator)，只要符合下列充要條件就能獲得全週期的亂數序列：

常數 c 與基數 m 沒有共同因數

基數 m 的所有質因數也能整除常數 a - 1

如果 m 整除 4，則 a - 1 整除 4

隨著電腦提供快速計算能力，模擬方法的應用範圍與次數不斷增加，為了提升效率，亂數產生器也成為熱門的研究課題。許多學者專家提出不同的 a、c 與 m 的組合，也出現二進位制的演算法。更有為了減少加法運算次數，設定常數 c = 0，稱為乘法 (Multiplicative) 隨機數字產生器，在選擇適當的 a 與 m 下能夠符合統計隨機序列的定義，也有完整週期 (1 至 m-1)，只是長度減少一個。目前大部分電腦系統內建的亂數產生器都是實用又有效率，雖然早期使用某些或有瑕疵的演算法，例如 IBM 的模擬軟體曾經長期使用中位數平方法。

數學方法產生的亂數序列真的沒法預測嗎？出現的次序真的隨機嗎？這兩問題的答案為：都不是，因為只要知道 a、c、m、seed 與迭代次數，人們可以計算下一個生成的數字。不過在模擬方法的應用這不會造成問題，只要這個產生器生成的序列滿足均等分布的檢定。

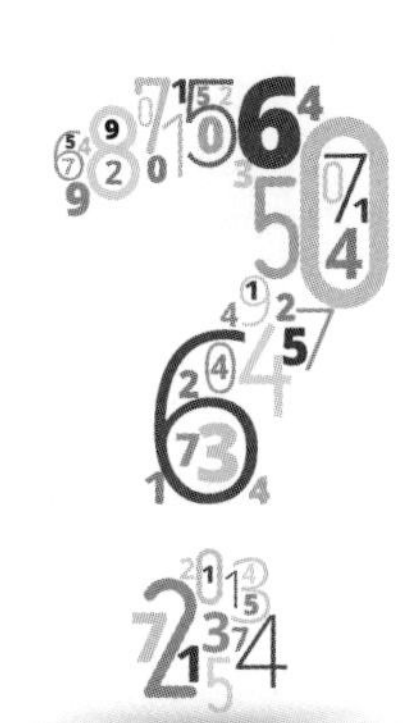

線性同餘亂數產生器

- 1951 年美國加州大學柏克萊分校教授雷曼 (D. H. Lehmer) 發表線性同餘亂數產生器，讓稱為乘數的正整數常數 a 乘以稱為種子 seed 的正整數 x_n 的積，除以正整數稱為基數 (Modulus, m) 的餘數，如果 a 是 m 的原根 (Primitive Root)：
  - $x_n \equiv a^n \bmod m$，n = 1, 2, ..., m-1，序列週期等於 m-1
  - $x_{n+1} \equiv a * x_n \bmod m$，n = 0, 1, 2, ...
  - 模數原根理論請參考密碼學或其他書籍
- 混合線性同餘亂數產生器：在乘法運算之後另加上一個正整數常數 c 稱為增量 (Increment) 的總和，再進行餘數除法。

二進位全週期隨機序列產生器

- 1965 年美國加州理工學院教授陶司額斯 (R. C. Tausworthe) 發表二進位亂數產生器：已知兩組長度 k 的二元數列 $a_1, a_2, ..., a_k$ 與 $x_n, x_{n-1}, ..., x_{n-k+1}$，讓 $x_{n+1} \equiv (a_1*x_n + a_2*x_{n-1} + ... + a_k*x_{n-k+1}) \bmod 2$，適當選擇起始值 a_i 與 x_{n-i+1}，$i = 1, 2, ..., k$，能夠獲得一組週期長度 $r = 2^k - 1$ 的二元擬似亂數序列。
- 假設 $k = 5$，$x_5 = x_4 = x_3 = x_2 = x_1 = 1$，$a_1 = a_3 = 1$，$a_2 = a_4 = a_5 = 0$，亂數產生器成為 $x_n \equiv (x_{n-3} + x_{n-5}) \bmod 2$，$n = 6, 7, ..., 31$，如此：
  - $x_6 \equiv (x_3 + x_1) \bmod 2$，$x_7 \equiv (x_4 + x_2) \bmod 2$，……。
  - 依次生成的序列的週期等於 $2^5 - 1 = 31$，如底下加註底線的數列：11111 00011 01110 10100 01101 10110 <u>01111 10001</u>
- 陶司額斯亂數產生器的優缺點：
  - 不受限於使用電腦硬體平台與字元長度，因為不需一個產生超大週期的基數。
  - 可以產生任意長度的二位元隨機序列，也可以轉換成為任意長度的有效數字。
  - 某些轉化或變形可以強化編碼安全性。
  - 區段序列可能不具隨機性質。
  - 不是所有原始二元多項式 (Primitive Polynomial) 都能產生全週期序列。

3-5 均值與均等分布

樂透 (Lottery) 彩券的發行在世界各地風行不減，就算平常沒有購買習慣的人士，在彩金大量累積的狀況下也會購買以試試運氣。購買彩券目的當然是為了贏得獎金，有些人純粹只有懷抱希望、聽天由命，但有些人則會自己算牌、祈求神明感應或購買所謂的明牌，試圖增加中獎的機會。

樂透的開獎當然不能採用數學方式，因為如之前的説明，這個做法產生的數字可以被事先計算獲得，所以機械搖獎方式就是唯一的選擇。

彩券購買者當然可以自行設計各種實體裝置或電腦軟體，製作一組幸運的數字組合。而彩券業者只能輸入顧客填寫在選號單上的數字集，稱為自行選號；或使用彩券發行公司內建軟體選取投注號碼，也就是電腦選號。

一個均等亂數產生器，雖然可以產生以基數為週期的序列，但是這個週期不見得等於各類樂透開獎數字的最大號碼，也許必須進一步轉換才能合用。假設亂數產生器的週期長度很大，例如 9 個位數，如果我們將隨機序列的任一個數字除以基數，可以獲得有效數字 9 個位數，0.000 000 000 至 0.999 999 999 之間的實數，d。如此隨機產生的大量實數，假設平均散布在大於 0 而小於 1 之間的數值，代表這個實數序列符合一個均值分布的隨機行為，標記為 U(0, 1)。我們已知介於 1 至 n 的離散均等分布 (Discrete Uniform Distribution, DU(1, n)) 的隨機數值只能出現在 1 與 n 之間的整數，而均值分布 (Uniform Distribution) 的隨機值則能發生在範圍內的任何實數，如下 U(0, 1) 分布圖：

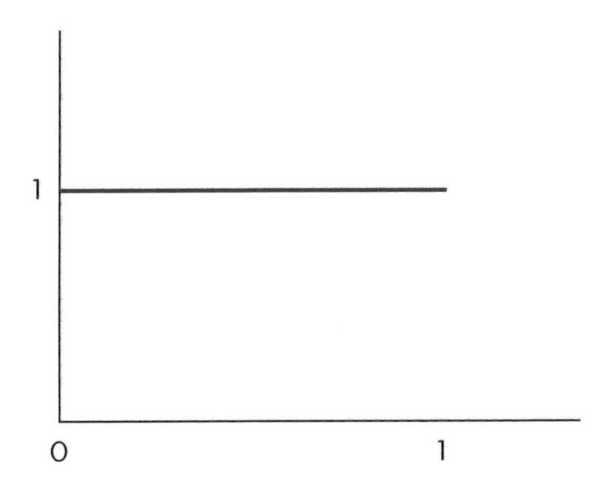

理論上我們無法使用機械法產生均值變數的例子，但是可以使用機械方式產生均等分布的例子，例如投擲一顆公正骰子的隨機試驗，已知每一面出現的機率相同，記錄出象的隨機變數 X 就是一個 DU(1, 6)。但當 n 較大時機械法就太繁瑣或不可行，當下只要借用均值 u = U(0, 1) 以及函數 INT(r) 回傳 r 的整數，演算公式 k = INT(u * n + 1)，就可以生成介於 1 至 n 的均等 DU(1, n) 序列。

隨機序列性質

虛擬隨機序列：無論採用多麼複雜的數學方法，產生的隨機數字序列，都不具有真正隨機性質，因為它是運算數學函數生成而有規則可循，也可以被複製，所以稱為虛擬隨機數列。

機械式隨機序列：讓 1 與 2 代表 0，3 與 4 與代表 1，……，19 與 20 代表 9 的一枚正 20 面向骰子，如果不斷丟擲，經過簡單的轉換可以生成 0 與 9 之間的正整數隨機序列，然而過程繁複且沒有效率。

機率角度看隨機序列

- 機率：以 0 至 1 的實數度量隨機試驗出現某一事件的機會或可能性。
- 樣本空間 (Sample Space)：一個隨機試驗所有可能出象 (Outcome) 或稱為簡單事件 (Simple Event) 的集合。
- 均等分布：假設一個隨機試驗的樣本空間，共有 n 相等相同的簡單事件，如果將它們依序由 1 至 n 編號，在任何一次的試驗出現任何一個編號的機率都是相等，等於 1/n。因此全週期同餘隨機數字產生器符合離散均等分布的性質。

均等分布 (1, k)

讓 X 是一個符合均等介於 1 至 k 分布的隨機變數，它的機率函數：

$$P(X = x_i) = 1/k,\ x_i = 1, 2, ..., k$$
$$= 0, \text{其他 } i \text{ 值}$$

隨機序列與均值分布 (0, 1) 的關聯

- 模擬應用：電腦模擬在不同場景需要不同的隨機數字，這些模仿隨機事件出現的時間或事件屬性，全週期的亂數序列必須轉換符合模式需求的分布函數的隨機數值。
- 均值分布：一個週期很大的全週期亂數產生器，生成的每個隨機值除以它們的週期，可以獲得介於 0 與 1 之間的實數，如果這些實數的有效位數很大，幾乎呈現連續狀態，具備這些性質的隨機變數從機率角度可被接受符合 (0, 1) 均值分布的機率行為。
- 所有不同分布的隨機變數的隨機值都能藉由 (0, 1) 均值分布轉換生成，因此幾乎所有電腦平台都會提供 (0, 1) 均值函數。

3-6 隨機變數與機率函數

敘述系統物件或個體的性質稱為屬性，資料庫檔案稱它為欄位名稱，機率統計術語稱為變數名稱 (Variable Name)，通常簡稱為變數。例如郵局營運系統的顧客個體，以降低顧客等候交易或服務時間的研究計畫，模式設計師在意的屬性可能只有包括個體到達時間、交易類別以及處理交易的時間等。交易類別是事先可分門別類的普通變數，而顧客到達時間與處理交易時間這兩屬性的內容，從模擬角度來看無法事先確定，為了區別就稱為隨機變數 (Random Variable)。

針對物件屬性的不確定性、不可預測性與變異性，例如無法預知的異常自然現象，人們只能盡力做好應變措施祈求老天施恩罷了。還好機率統計學家，從理論或經驗定義代表變數隨機行為 (Stochastic Behavior) 的機率函數，嘗試預估例如颱風的規模、範圍與夾帶雨量等可能事件發生的機率，使得各級管理者能夠訂立應變計畫力求減少生命財產損失。問題來了，如何表示隨機變數的機率行為？

機率理論以 0 與 1 之間的實數表示某一事件發生的機會或可能性，一定會發生的事件機率等於 1，絕對不會發生的事件機率等於 0。然而以人類有限的歷史經驗，針對人造器具或設定某些條件或規範的系統，專家能夠計算某一事件出現的機率，但是仍然沒有能力計算任何自然事件發生的真實 (True) 機率。既然無法獲得自然現象發生的真實機率，人們就將某一事件曾經發生的次數與總共觀察次數的商，也就是相對頻率 (Relative Frequency)，估計事件發生的機率，這個真實機率的估計值就稱

為經驗機率 (Empirical Probability)。

學者專家當然不會只有關注物件屬性的某一事件，也會關切其他事件，甚至於還未發生的事件出現的機率，直覺上增加觀察次數，估計準確度越高。但是到底觀察次數需要多大？要如何建立合適機制，才能獲得具有意義的結果？

假設研究關切的物件的某一屬性，可能出現的所有事件的集合可以完整定義，隨機變數就是將這個集合的每一出象對應 (Mapping) 到一個實數的函數。隨機變數的機率函數 (Probability Function) 是一個數學函數，它能夠表示隨機變數可能發生的數值以及發生的機率。又隨機變數的分布函數 (Distribution Function)，表示隨機變數小於等於某一數值的累積機率。

機率函數確實能夠表示非人造器具的隨機行為嗎？答案很明確，當然不可能，因為數學函數只是變數之間確定性的關聯，而隨機可是不確定、不可預測啊！因此代表隨機現象的理論 (Theoretical) 分布函數，是一個假設性的數學函數，而連結一組觀察值與一個理論機率函數的任務，就必須借用統計推論的方法方能實現。

隨機變數的性質

- 將一個物件屬性所有可能發生的每一簡單事件對應到一個實數線 (Real Line) 上一個位置的函數，是學理派隨機變數的定義。
- 通俗來說，隨機變數記錄或儲存隨機事件的觀察值 (Observation)。
- 如果所有觀察值只能落入一組明確可分割或可數的數值，它是一個離散變數，否則稱為連續變數。例如郵局系統的民眾個體的屬性，記錄每單位時間進入郵局的人數，是一個離散隨機變數，而記錄民眾進入系統的時間或間隔時間，就是一個連續隨機變數。

機率函數的性質

隨機變數 X 的機率函數是一個數學函數，它能夠表示一個隨機試驗所有可能出現的觀察值 x 以及發生的機率 Pr(X = x)。

讓 X 代表一個連續隨機變數，f(x) 是它的一個函數，假設：

$f(x) >= 0, -\infty < x < \infty$，以及

$\int_{-\infty}^{\infty} f(x)\, dx = 1.0$

符合以上兩條件的函數就是 X 的一個機率密度 (Density) 函數。

讓 X 代表一個離散隨機變數，p(x) 是它的一個函數，針對所有 X 可能出現的觀察值，假設：

$p(x) >= 0$，以及

$\Sigma p(x) = 1.0$

符合以上兩條件的函數就是 X 的一個機率質量 (Mass) 函數。

機率質量函數這個名詞只是為了強調離散變數僅在某些特定實數線位置才有出現的機率，通常用法不加以區分離散或連續，直接使用機率密度函數 (Probability Density Function)，或英文縮寫 pdf。

理論機率函數

1. 讓 x 代表自然界某一隨機事件的一個觀察值，或說 x 是隨機變數 X 的一個例子 (Instance) 或個例。假設 X 代表每年在太平洋地區生成強烈颱風的次數，我們如何定義 X 的機率函數？
2. 由於自然隨機現象本來就沒有規則也沒有理由，事件就是發生了，因此對應的隨機變數的真實機率函數並不存在。專家學者們只能根據觀察值，如收集歷史上許多個颱風雨量或風速等屬性記錄，定義不會出現顯著矛盾又容易了解與應用的理論機率函數。

3-7 常見理論機率函數

機率統計專家處理物件屬性的不確定性作為，包括直接收集、觀察或使用圖表彙整取得一組觀察值樣本，應用適合度檢定等推論方法，尋求能夠代表樣本的理論機率函數。統計推論的結論必須植基於每一個樣本都是同一隨機變數的觀察值且互相獨立發生等隨機樣本的假設，才能具有科學意義。

理論上可能出現多個理論機率函數同時適合代表同一組隨機樣本的機率行為，使用者可以根據經驗與理論自由選擇。模擬研究者關切的理論機率函數大致可以分成兩大類，代表發生次數或數量的離散變數，以及代表事件延時或間隔時間的連續隨機變數。底下列舉數個常見的理論機率函數，通常使用英文大寫字母表示隨機變數，如 X，其餘的符號如 a, b, α, β, μ, σ, λ 或 r 等英文或希臘小寫字母表示函數的參數。

均值 (Uniform) 變數適合代表一個隨機變數 X 在一段數值區間 (a, b)，任何實數出現的機率相同相等，它的機率函數 $f(x) = 1/(b - a), a < x < b; = 0, x < a$ 或 $x > b$。

蓋瑪 (Gamma) 隨機變數 X，適合代表事件發生到結束的時間延時，它的機率函數：

$$f(x; \alpha, \beta) = x^{\alpha-1}e^{-x/\beta}/(\Gamma(\alpha)\beta^{\alpha}), x > 0, \alpha > 0, \beta > 0，\Gamma(\alpha) = \int_0^{\infty} x^{\alpha-1}e^{-x/\beta}\, dx$$

$$= 0, x < 0，當 \alpha = 1, f(x; \lambda) = e^{-x/\lambda}/\lambda, x > 0，X 稱為指數變數$$

常態 (Normal) 隨機變數 X，適合代表事件時間延時集中在 X 的平均數，距離越遠，發生機率越小的機率行為，它的機率函數：

$$f(x; \mu, \sigma^2) = \exp\text{-}((x\text{-}\mu)/\sigma)^2/2)/\sqrt{(2*\pi\sigma^2)}, \exp(y) = e^y，表示指數運算$$

$$-\infty < x, \mu < \infty, \sigma > 0$$

均等 (Discrete Uniform) 隨機變數 X 代表事件數量在一個整數區間 (a, b) 的任一個整數，出現的機率相等相同，它的機率函數：

$p(x; a, b) = 1/(b-a+1), x = a, a+1, ..., b$

$= 0, x < a$ 或 $x > b$

讓 X 代表只有兩種出象的隨機變數，其中一種出象標示為成功或數字 1，另一種就標記為失敗或數字 0。假設成功的機率等於 p，如此失敗的機率等於 1-p，機率統計術語稱呼這個隨機變數為柏氏試驗 (Bernoulli Trial)，它的機率函數：

$B(x, p) = px(1-p)1-x, x = 0$ 或 1

柏氏變數有很多延伸應用，例如讓 X 代表 n 次獨立柏氏試驗獲得成功次數的隨機變數，稱為二項 (Binomial) 變數。又讓 X 代表歷經多少次獨立柏氏試驗才能獲得 r 次成功的隨機變數，稱為負 (Negative) 二項變數，當 r = 1，X 成為一個幾何 (Geometry) 分布的隨機變數。

波氏 (Poisson) 變數 X 代表單位時間，事件發生的次數，它的機率函數：

$p(x, \lambda) = e^{-x/\lambda}/x!$, $x = 0, 1, ...$，$\lambda > 0; = 0, x < 0$

理論機率函數是系統模擬的基石

- 模擬方法的主要應用之一是模仿系統不確定因子的隨機行為，為了理解它的隨機行為，專家定義一個隨機變數的理論或假設的機率函數當作模式輸入項目。例如使用者以一個蓋瑪分布代表伺服器處滿足物件服務需求的隨機時間。
- 不會直接使用收集得來的數據當成模擬輸入數據，主要原因包括：使用已發生的事件記錄的模擬只能重現歷史，無法顯現未來的隨機演變，另外有限長度的歷史記錄，可能無法滿足模擬計畫期間的需求，又歷史記錄可能占用儲存空間，浪費資源不符效益。
- 為何稱為理論而不是真實分布？因為除了運作人造器具，自然現象所有出象的集合或樣本空間未知，根本無法完整定義分布行為。

隨機變數的期望值

讓 E[ ] 代表期望值 (Expectation Value) 的運算符號，讓 Σ 代表加總符號，假設一個離散隨機變數 X 所有可能 x_i 發生的機率等於 p_i，當所有 p_i 的加總等於 1.0，X 的期望值為：

$E[X] = \Sigma x_i*p_i$，是所有可能的 x_i*p_i 的加總，也就是所有可能的 x_i 的加權平均數。

讓 f(x) 代表一個連續隨機變數 X 的機率函數，X 的期望值為：

$E[X] = \int_{-\infty}^{\infty} x*f(x)\, dx$

隨機變數的期望值是一種平均數的概念，它可以有效的系統化表示隨機變數的理論機率函數的性質，如任何一個隨機變數：

X 的平均數 $\mu = E[X]$，變異數 $\sigma^2 = E[(X-E[X])^2] = E[(X-\mu)^2]$

分布函數的性質

- 讓 X 代表一個連續隨機變數，其累積機率函數 $F(x) = \int_{-\infty}^{x} f(x)\, dx$，假設 X 代表一個離散隨機變數，其累積機率函數 $F(x) = \Sigma p_i$ 等於所有小於等於 x 的 x_i 發生機率的總和。F(x) 稱為分布函數，等於 X 出現在 $(-\infty, x)$ 之間的機率。它具有下列性質 $F(-\infty) = 0$，$F(\infty) = 1$，$0 <= F(x) <= 1.0$，對於任何常數 $a <= b$，$F(a) <= F(b)$。
- 模擬過程多少需要生成計畫關切的隨機變數的隨機數值，讓 $c = F(x)$，而 $x = F^{-1}(c)$ 則是 X 的反函數 (Inverse Function)，當 rand 等於一個 (0, 1) 之間的均值分布的隨機亂數，就可由 $x = F^{-1}(rand)$ 獲得 X 的一個隨機數值 x。

3-8 彩券中獎號碼

首先生成 1 與 n 之間正整數隨機亂數序列，如下步驟：

1. CALL U(0, 1) 均值分布產生器，生成一個亂數例子 u，0 <= u < 1。
2. 計算 k = INT(u * n + 1) // INT(x) = x 的整數部分。
3. 重複步驟 1 與 2 直到滿足需求數量的隨機序列。

如何利用隨機亂數生成一組台彩 5/39 的幸運數字？很簡單，只要打開試算表 Excel 軟體，啟用函數 RAND 就可輕鬆完成。每次呼叫函數 RAND 系統回傳一個均值分布 (0, 1) 的例子，下表彙整呼叫函數 48 次並整理成為行 (Column) 8 列 (Row) 6 的矩陣。

0.4529	0.2542	0.4643	0.0218	0.5158	0.8972	0.8094	0.2850
0.5451	0.9736	0.5098	0.2728	0.9475	0.6431	0.1767	0.2618
0.1336	0.7055	0.8747	0.7439	0.3084	0.4738	0.3624	0.0120
0.9646	0.6208	0.9435	0.7324	0.1917	0.2200	0.0760	0.5636
0.2119	0.1730	0.8137	0.5294	0.4976	0.1767	0.1130	0.5714
0.0515	0.1884	0.8979	0.1984	0.4536	0.7365	0.4607	0.6025

使用 Excel 運算公式 k = INT(u * 39 + 1)，轉換上表的 U(0, 1) 隨機數值，獲得底下 1 至 39 均等分布 DU(1, 39) 的隨機序列：

18	10	19	1	21	35	32	12
22	38	20	11	37	26	7	11
6	28	35	30	13	19	15	1
38	25	37	29	8	9	3	22
9	7	32	21	20	7	5	23
3	8	36	8	18	29	18	24

接著我們可以隨機指定讀取的位置，如果我們選擇了從左上角開始，以由左而右、由上而下的方式進行，那麼第一個取出的幸運組合為 18, 10, 19, 1, 21，下一組 35, 32, 12, 22, 38。假設下一組號碼選擇自表格的最下列第 2 行開始，依序出現的數字為 8, 36, 8, 18, 29, 18, 24, 6, ...，由於第 3 個數字 8 已

經出現，所以必須捨去，因此第 3 個選取的數字是 18，第 4 個數字是 29，下一個數字 18 也已經被選取，所以第 5 個數字應該是 24，如此構成的幸運組合為 8, 36, 18, 29, 24。

如果我們關切的是 6/49 加上一個特別號的大樂透，假設 Excel 亂數序列：

0.1073 0.3272 0.9696 0.4540 0.5817 0.0051 0.2040 0.8570

相對應的隨機號碼組合為：6, 17, 48, 23, 29, 1，特別號等於 10。

機械式搖獎活動

- 開獎活動主持人請公正人士檢驗開獎機與號碼球組。
- 主持人邀請來賓抽選開獎機、號碼球組，以及號碼球置入開獎機的順序。
- 啟動按鈕攪動彩球，彩球依序跳出 // 機械式隨機試驗。
- 讀取彩球編號。
- 重複以上兩步驟直到抽出預定彩球數目 n。

搖獎隨機試驗

- 假設放入搖獎機的所有 n 彩球都是公正無瑕。
- 搖獎機跳出任何一顆彩球都是搖獎活動的一個出象。
- 讓 X 等於搖出彩球對應的編號，如此隨機變數 X 符合一個均等分布 DU(1, n) 的機率行為。
- 如此，隨機變數 X 的機率函數 $Pr(X = x_i) = 1/n$，$x_i = 1, 2, ..., n$ 合理代表跳出任何一顆彩球的機率相等相同。

模擬彩券 5/39 電腦選號

假設呼叫試算表函數 RAND( ) 五次的回傳數值：0.8137 0.5294 0.4976 0.1767 0.1130，依據右方文字框分布函數轉換為：

31, 20, 19, 6, 4

讓 rand = U(0, 1)，生成 DU(1, 39) 均等分布的隨機數值 $x = Pr(c_1 <= rand < c_2)$ 演算步驟：

假設 0 <= rand < 1/39，傳回 X = 1

假設 1/39 <= rand < 2/39，傳回 X = 2

……

假設 38/39 <= rand <39/39，傳回 X = 39

購買彩券的省思

- 機械式搖獎機跳出任一個號碼是一個隨機試驗的一個出象。
- 電腦生成一個隨機數值等同模仿一次搖獎活動出現的觀察值。
- 無論是電腦選號、自行選號、所謂的「明牌」或每次簽同一組號碼，事實上任何一組數字組合中獎機率都是相等相同。
- 由於購買彩券的期望值低於 30%，因此多買多虧。

3-9 徵兵梯次序列

歷史記載與戰爭相關小說故事中，不乏英雄勇敢人士，或者在政客口中為了維護國家尊嚴或世界正義，人人應該爭相從軍，報效國家、保護家園。但是現實人生中，除了天生熱血者外，可能沒有太多的熱情青年響應野心人士的呼喊鼓吹。然而人類還是具有動物的本能，為了生存或貪婪，爭端根本不可避免。

一個國家平時為了保護國土完整與人民福祉，當然需要建立軍隊。有錢的國家也許會僱用傭兵或採用募兵以維持戰力。處於戰爭狀態或戰爭邊緣的國家，則可能沒有足夠資源僱人打仗，就只能採用徵兵制度了。

徵兵方式要怎麼進行才能符合公平正義與國家利益呢？戰爭開始時，發動攻擊的一方也許準備得比較完整，但若因初期的勝利與甜頭而一味地擴大戰線強力徵兵，防守一方必定也會及時完成動員，或可能獲得他國支援。如果戰事沒有停止的跡象，雙方必要繼續增加兵員時，如果採用以生日為基礎的徵兵制度，讓不同年分但同天生日的青年同天入伍，也許可以避免戰況冗長或激烈而造成年齡斷層的問題。

譬如某一國家擁有數十萬潛在兵源，又平均分配在每一年齡層，如果從十個年齡層中總共需要增加十萬士兵，則每一個年齡層中必須抽取一萬名。橫跨十年，以一年 365 天來說，同天生日的人數大約 330 人。如此隨機抽取 30 個日子，十個年齡層中在這些天生日的公民可以組成大約十萬兵員。模擬被選取的生日序列，只要使用試算表 Excel 函數，生成一系列介於 1 至 365 的均等

分布隨機數值，再將不重複的前 30 個數字轉換為月與日就完成了。底下為去除一個重複數字 274 得到的序列：

230, 148, 303, 239, 43, 39, 300, 356, 89, 159, 5, 308, 136, 50, 62

178, 264, 214, 153, 338, 45, 305, 15, 274, 177, 179, 128, 208, 252, 159

若沒有考慮閏年，上述隨機數字轉換至日期依序為 8 月 18 日、5 月 28 日、10 月 30 日……。這個生日序列對一般平民百姓可能沒有太大的意義，因為他們沒有選擇餘地，抽到了就是得去當兵。但是對於國家決策者來說，就不得不依據軍事訓練的目的、設施或教官等條件，訂定徵兵的梯次與間隔時間以滿足兵源需求。

上述徵兵機制，它讓同一生日並符合徵兵條件者各自構成一個抽樣單位 (Sampling Unit)，然後以簡單隨機抽樣設計抽取必要數量的樣本，集合選取的抽樣單位之所有公民構成此次徵招作業的總人數。考慮閏年或其他問題，若將十個年齡層的每一天或每一公民各自當成一個抽樣單位，是否比較符合公平與效率原則？

模擬抽籤先後順序與中籤機率

越早抽籤者中獎機率越高嗎？假設四張籤條只有其中一張為成功 hit，其餘三張為失敗 miss。第一位抽籤獲得 hit 的機率等於 1/4，第二位獲得 hit 的前提是第一位 miss，依此類推得知所有參與者獲得 hit 的機率都是相等相同。底下是使用 Excel 函數 RAND() 的模擬過程：

```
IF (RAND() < 1/4) THEN 第一位抽籤者 hit
ELSE IF (RAND() <1/3) THEN 第二位抽籤者 hit
ELSE IF (RAND() <1/2) THEN 第三位抽籤者 hit
ELSE 第四位抽籤者 hit
END IF
```

註：實際模擬 30 次，不同抽籤順序分別獲得 hit 的平均次數依次為 7, 6, 8, 9。巢狀選擇陳述，為了篇幅，THEN 之後的陳述沒有單獨列行。

徵兵梯次的隨機現象

由於任何數學方法生成的亂數序列都可以被事先運算，因此例如徵兵梯次抽籤活動必須使用機械式器具，若是沒有人為操作，抽中的編號或日子，是一個抽籤活動產生的隨機現象。

數個產生徵兵梯次的方式

- 將所有符合徵兵條件的公民各自成為一個抽樣單位，應用簡單隨機抽樣設計 (Simple Sampling Design)，抽取每一梯次必要兵員人數。如此任何一人被抽取的機率符合相等相同原則，但抽取效率很低且可能產生年齡層分配不均的現象。
- 以生日為抽樣單位容易進行也較有效率，就算考慮閏年，只要每年各自分別抽樣，任一個日子被抽取的機率還是近似相等，這個方式符合分團抽樣 (Clustering Sampling) 的精神。然而不同年齡層以及不同日子的人數務必相近，否則總徵兵人數可能太多或不足。
- 如果預先依據行政區與年齡層劃分類別，然後在每一類別使用簡單隨機抽樣設計抽出等於各類別符合條件人數與總徵兵數比例的人數，這是分層抽樣設計 (Stratified Sampling Design) 的應用，也許是平衡效率與公平原則的折衷方式。
- 假設需要補充兵員的部隊單位與空缺人數已知，又完成訓練合格的兵員等同所有缺額人數，行政單位可以製作等同需求人數的部隊編號的籤條，讓每位戰士自己抽取必須前往報到的單位。

3-10 失智老人在哪裡？

迷失在山谷森林等野地的登山客，以及失智或弱智者離家而不知去向等事件並不罕見。救難人員與家屬常常因為不知從何處開始搜尋，盲目地進行搜救行動而往往錯過所謂黃金時間。

如果能夠依據過往經驗與事蹟，例如處在沒有明顯地標或熟悉景觀的情況下，人們的行進速度，以及方向會往左、往右、往前或回轉的習慣；又據說在雪地迷失的人可能會以像畫圓的方式行進。依此收集資料建立理論機率分布，模擬救援策略，必定可以增進搜救效率、減少發生悲劇。

針對模擬失智者在街道中隨機漫步，可以建立底下的模式：

目的：預測失智者在迷失一段時間後的可能位置。

範圍：如下方一座縱橫各有 7 條街道的小村落示意圖，M(1, 1) 與 M(7, 7) 分別表示左下角與右上角，M(r, c) 代表由下往上數的第 r 橫向街道與由左而右的第 c 縱向道路編號。

假設條件：行進方向的機率相等相同，在四個角落各有兩個方向可供選擇，邊線三個，其他位置則有四個可能行進方向。

詳細程度：每單位時間失智者往隨機選擇的方向前進一個街口。忽略速度的變化，以及轉換方向的時間。

縱橫各有 7 條街道的小村落示意圖

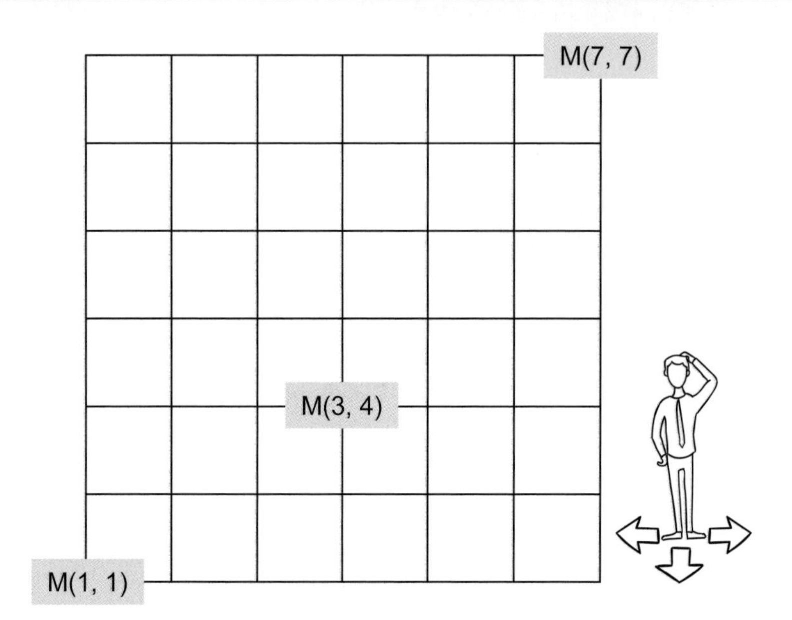

模擬隨機漫步行進方向的機率函數

- 假設一位失智者最近一次被發現的位置在 M(3, 4)，又他／她的前進方向隨機而定，則下一個時間點的位置可能是 M(3, 3)、M(3, 5)、M(2, 4) 或 M(4, 4)，到底是在哪一個路口呢？
- 據機率理論，離散均等分布 DU(1, 4) 符合四個行進方向的隨機選擇行為，讓隨機變數 X 代表行進方向，x = 1 代表往上↑，x = 2 代表往下↓，x = 3 代表往左←，x = 4 代表往右→，X 的機率函數：

  P(x = k) = 1/4, k = 1, 2, 3 或 4

  = 0, 其他 x 值

生成紙上談兵的隨機數值

預先使用Excel的函數產生20個1至4的均等亂數，分別為4, 2, 2, 1, 3, 4, 1, 2, 4, 2, 1, 3, 4, 4, 4, 2, 1, 2, 4, 4，以模擬在十字路口的行進方向（1, 2, 3與4分別代表上下左右），適用邊線的10個1至3的均等亂數序列1, 2, 2, 2, 2, 2, 3, 1, 3, 2（1上↑ 2下↓ 3左←或右→，1左←2右→3上↑或下↓）；以及5個角落的均等亂數1, 2, 1, 2, 2（1上↑或下↓，2左←或右→）。

模擬隨機漫步的過程

底下依據上方字框的均等分布序列，進行隨機漫步模擬：

步驟	隨機數值	目前位置	步驟	隨機數值	目前位置
0		M(3, 4)			
1	4→	M(3, 5)	2	2↓	M(2, 5)
3	2↓	M(1, 5)	4	1←	M(1, 4)
5	2→	M(1, 5)	6	2→	M(1, 6)
7	2→	M(1, 7)	8	1↑	M(2, 7)
9	2↓	M(1, 7)	10	2←	M(1, 6)
11	2→	M(1, 7)	12	1↑	M(2, 7)
13	3←	M(2, 6)	14	1↑	M(3, 6)
15	3←	M(3, 5)	16	4→	M(3, 6)
17	1↑	M(4, 6)	18	2↓	M(3, 6)
19	4→	M(3, 7)	20	1↑	M(4, 7)

3-11 隨機漫步

上一節執行一次的模擬，隨機行進路程一直圍繞在右下象限，到訪 M(1, 7) 與 M(3, 6) 各 3 次，M(1, 5), M(1, 6), M(2, 7) 與 M(3, 5) 各 2 次，其餘位置各一次。如果這是一個事實或接近真實狀態，那麼救難人員的搜救範圍就比原來小多了。可惜的是一次性或短時程的模擬結果並沒太多意義，因為它只有顯示一個隨機過程（所有可能的行進路線或訊號的集合），其中一條可能的隨機路線。還有，針對均等分布決定行進方向的過程，模擬計畫者就算執行多次或長時程模擬，並且使用統計方法從輸出數據萃取的資訊，也不能夠輔助決策，因為每次行進方向都是相等相同機率，模擬結果落在任何位置的機率也是相同，等於沒有規則、沒有蹤跡可循。

使用簡化的街道結構、均等機率分布，也沒有考慮行進速度的變化等一些不符實際的假設，只是為了說明隨機漫步問題研究的基本概念。比較完整的模式應該使用符合實際情況的地圖，收集並彙整迷失人士行動的行為模式，例如一人與多人移動速度的變化，碰到叉路、地形地物、天氣狀況等可能的選擇路徑。彙整變異性的資訊通常是以機率分布函數表示，加上對應系統隨機行為的完整模式，以及正確的輸出分析，模擬的結果就有利用價值。另外真實搜救計畫必須考慮時間、經費、人力、團隊能力與經驗等多項資源條件。

盼望研究行為模式的專家能夠告訴我們，哪種類型的人一旦在森林或雪地迷路會如何選擇叉路或繞行障礙的路徑，如此使用經驗分布函數模擬迷路者選擇路徑的行為也許比較有意義。讓一個隨機變數 D 代表健行者在陌生步道上一個叉路點的行進方向，如果使用直覺或經驗來選擇，每一個方向被選取的機率就有不等不同的情形。底下模式考慮迷路者隨機選擇前進方向、前往下個路口的隨機移動時間，以及迷路之前的原始位置、到目前的搜尋時間、經過哪些路口等演算法。假設失智者在 x, y 座標區域旅行，讓沿著 x 軸方向是往右方移動為正方向，往左為負 x 方向，往上移動是沿著 y 軸的正方向，往下則為負 y 方向，如下圖。

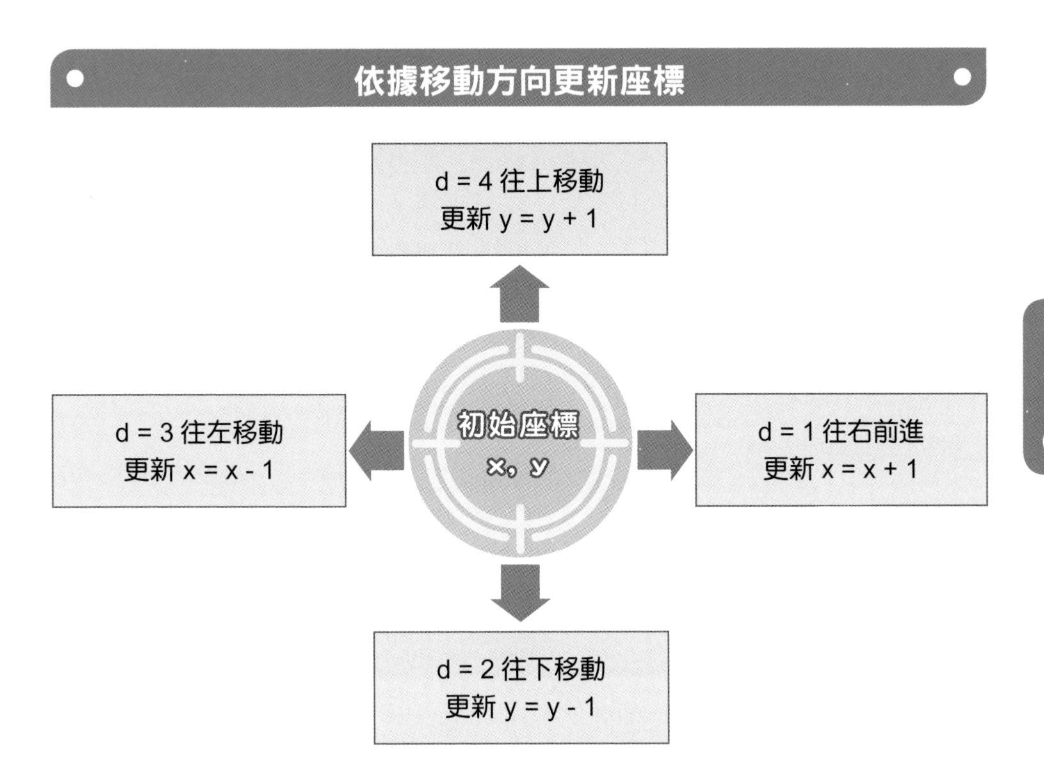

假設隨機漫步者往右移動的機率等於 0.4，往下、往左及往上的機率分別等於 0.2、0.1 與 0.3。

模擬迷路者在某時間點的位置演算法

```
宣告 mtime = 0.0 ; nsect = 0  // 初始模擬時鐘與經過路口數量
INPUT stime，x, y    // 當時搜尋時與間起始座標
WHILE (mtime < stime) DO
   指定 d = dir( )                    // 模擬前進方向
   IF (d =1)  THEN x = x + 1          // 往 x 軸正方向移動，更新 x 座標
   IF (d =2)  THEN y = y - 1          // 往 y 軸負方向移動，更新 y 座標
   IF (d =3)  THEN x = x - 1          // 往 x 軸負方向移動，更新 x 座標
   IF (d =4)  THEN y = y + 1          // 往 y 軸正方向移動，更新 y 座標
   mtime = mtime + spd( )             // 更新搜尋時鐘
                                      // 函數 spd( ) 傳回旅行時間
   nsect = nsect + 1                  // 更新路口數目
   OUTPUT nsect, x, y, mtime          // 輸出過路口數目、座標、搜尋時鐘
END WHILE
```

註：假設往座標 x 軸或往右方前進為正，往座標 y 軸或往上方前進為正。

FUNCTION spd( )：模擬兩路口之間旅行時間

```
RETURN  5 + (2*rand -1)  //rand 代表均值 (U(0, 1) 的一個例子
   // 讓常數 5 分鐘等於從某路口行進到下一個路口的平均時間
   // 函數 spd 傳回旅行相鄰路口的隨機時間，介於 4 至 6 分鐘之間
```

FUNCTION dir( )：模擬移動方向

```
IF (rand < 0.4) THEN              // rand 代表 (U(0, 1) 的一個例子
   指定 d =1                       // 往 x 軸正方向移動
ELSE IF (rand < 0.6) THEN
   指定 d = 2                      // 往 y 軸負方向移動
ELSE IF (rand < 0.7) THEN
   指定 d = 3                      // 往 x 軸負方向移動
ELSE
   指定 d = 4                      // 往 y 軸正方向移動
END IF
RETURN d                          // 傳回旅行方向
```

註：隨機變數 D 代表下一個階段前進方向，往右方 d = 1，往下方 d = 2，往左方 d = 3 與往上方 d = 4 的機率，如 0.4、0.2、0.1 與 0.3。

3-12 賭徒之夜

假設甲、乙兩人閒來無事打算玩玩紙牌消遣，為了增加樂趣他們決定各以 5 個銅板為賭本，每次下注 1 個，直到有一方贏得對方的所有賭本才停止。紙牌遊戲的方式不拘，只要雙方同意就可以隨時改變，假設兩方技術相當，任一賭盤的輸贏全憑運氣，任何一方的輸贏機率各為 0.5。

一個 $n = 2$ 的均等分布非常適合模擬這場賭局的勝負，讓隨機變數 X 表示一場賭盤的結果，讓 $x = 1$ 代表甲贏乙輸，$x = 2$ 代表甲輸乙贏，它的理論機率函數：

$p(x) = 0.5, x = 1$ 或 2

$= 0, x =$ 其他數值

有機會造訪美國賭城的一般遊客，除了逛逛精品街、觀賞酒店各類秀場表演以及享受免費的水舞等節目外，難免下場試試身手小賭一番。然而，只能過過癮，因為無論參與哪一種牌局、吃角子老虎機或賭桌，賭場設定的勝算一定高於賭客，要不然他們如何持續經營？

讓 X 代表一個只有兩種結果的隨機試驗的隨機變數，假設某一賭客贏得一盤賭局的機率為 0.45，它的機率函數：

$p(x) = 0.45, x = 1$ // 賭客贏，賭場輸

$= 0.55, x = 2$ // 賭客輸，賭場贏

另外我們可以使用一個稱為柏氏試驗 (Bernoulli Trial) 的離散函數，模擬這位賭客參與一盤賭局的勝負。讓 Y 代表一個柏氏分布的隨機變數，它的機率函數為：

$B(y; p) = p^y(1-p)^{1-y}, y = 0$ 或 1

// 例如 $p = 0.45$，$y = 1$，賭客贏，賭場輸；$y = 0$，賭客輸，賭場贏

採用柏氏試驗代表只有兩種出象的隨機試驗，方便我們表示更為複雜的隨機現象。讓其中一種出象定義為成功，另一為失敗，在 n 次獨立且同一柏氏試驗 $B(y; p)$ 中，獲得成功次數 $X = Y_1 + Y_2 + ... + Y_n$，是一個二項分布變數：

$b(x; n, p) = {}_nC_x\, p^x(1-p)^{n-x}, x = 0, 1, ..., n$。左式 ${}_nC_x$ = 從 n 物件中隨機取出 x 物件的所有可能組合數目。另外計算在一系列獨立且同一柏氏試驗，在第 x 次試驗才獲得第 1 次成功的函數稱為幾何分布：

$g(x; r, p) = p(1-p)^{x-1}, x = 1, 2, ...$

獲得第 r 次成功的函數稱為負二項分布：

$nb(x; r, p) = {}_{x-1}C_{r-1}\, p^r(1-p)^{x-r}, x = r, r+1, r+2, ...$

輸贏各半賭局模擬甲方賭本餘額變化

- Excel 函數 X = RANDBETWEEN(bottom, top)，X 是一個離散均等隨機變數，呼叫這個函數傳回整數 X = x, bottom <= x <= top。
- 假設雙方輸贏的機率相等，使用函數 RANDBETWEEN(1, 2) 預先模擬賭局甲方輸贏序列 2, 2, 2, 1, 1, 1, 1, 2, 2, 1, 1, 2, 2, 1, 2。
- 模擬甲方賭本餘額序列 4, 3, 2, 3, 4, 5, 6, 5, 4, 5, 6, 5, 4, 5, 4。
- 若雙方原始賭本 = 5，當勝負機率各半，賭局不會很快結束。

模擬賭徒之夜

1. 假設賭場與賭客贏得任一賭盤的機率分別為 0.55 與 0.45。
2. 某人準備賭本 20 枚代幣，每次下注 1 枚，直到累積了 40 枚或口袋空空才結束今晚的賭徒之夜。
3. 讓隨機變數 X 表示輸贏，賭客贏得任一賭盤為 x = 1，x = 2 為輸。
4. 模擬賭客輸贏序列，我們呼叫 Excel 函數 X = IF (RAND() < 0.45, 1, 2)，這個函數首先呼叫函數 RAND() 傳回 U(0, 1) 均值分布的隨機數值 u，當 u < 0.45，x = 1，否則 x = 2。
5. 傳回賭客隨機輸贏序列：2, 2, 2, 2, 1, 1, 1, 2, 1, 2, 2, 2, 1, 2, 1, 2, 2, 2, 1, 1, 1, 1, 1, 2, 2, 2, 2, 1, 1, 2。
6. 模擬 30 盤賭本變化的過程：19, 18, 17, 16, 17, 18, 19, 18, 19, 18, 17, 16, 17, 18, 17, 16, 15, 14, 15, 16, 17, 18, 19, 18, 17, 16, 15, 16, 17, 16。

模擬賭客輸光賭本的機率

1. 假設賭本 20 枚代幣，每次下注 1 枚，任一賭盤賭客獲勝機率 p 相同等於 0.45 且相互獨立，呼叫 Excel 函數 X = IF (RAND() < 0.45, 1, 2)，讓 z 等於進行 k 次模擬賭盤賭本等於 0 的次數。
2. 由於贏的機率較低，理論上賭客終會賠光賭本，讓 Y 代表 20 次賭盤事件，使用 Excel 模擬 20 次輸 N 贏 Y 序列：N, N, N, N, N, N, Y, N, Y, Y, Y, N, N, Y, N, Y, N, N, Y, Y，等於此時手上代幣還有 16 枚，可以繼續小賭的經驗機率 = 16/20 = 0.8。
3. 如果賭本只有 5 枚代幣，到底在第幾盤賭局才會輸光賭本？數次模擬結果序列顯示 z 等於 13, 15, 7, 19, 17, 31, ...，看來如果每盤勝率 0.45，沒有輸光賭本誓不歸的賭客，不用太多賭本就能好好享受賭場的氣氛了。

3-13 紙牌 21 點牌局

2008 年美國電影《決勝 21 點》（原文片名 *21*），編劇內容取材自 1991 年班雷克 (Ben Mezrich) 著作的暢銷書，《痛宰莊家》(*Bringing Down the House*)，敘述美國麻省理工學院 (Massachusetts Institute of Technology, MIT) 一位教授指導數名高材生算牌技術並遠征賭城的虛構事蹟。這些高材生組成的 21 點社團，運用心算、記憶力與團隊合作的算牌技術在賭城拉斯維加斯 (Las Vegas) 大展神威的場景，真讓人興奮神往。

由於 21 點牌局歷史悠久，規則、玩法以及使用的撲克牌數量難免有些異同。假設一場牌局使用一或多副標準 52 張紙牌，紙牌記點方式無關花色，A 可以當作 1 或 11 點，2-10 直接等於該牌的點數，J、Q 或 K 各記為 10 點。參與者包括一位莊家與數位玩家，玩家們各自與莊家對戰，各自擁有的紙牌點數和較高且小於等於 21 點者獲勝，相同則為和局。因此每位參與者都是以自己擁有的紙牌點數和，最接近而不超過 21 點為目的。玩家一旦持有的紙牌點數和超過 21 就算是爆牌而會失掉賭注，如果莊家爆牌，則所有未爆牌的玩家皆獲勝。

牌局開始於玩家停止下注，莊家按照由左至右順時鐘方向依序分派一張顯現點數的紙牌給每位玩家，接著分派自己一張點數面向桌面的紙牌，然後再分派給所有玩家與自己第二張公開點數的紙牌。

接下來先詢問第一位玩家，是否要求加派額外紙牌，依序滿足各個玩家的需求後，莊家攤開第一張牌。假設莊家獲得 21 點，所有不是 21 點的玩家皆輸掉賭注而結束賽局。假設莊家點數不足 17 點，必須繼續加派紙牌，如果已經超過 17 點，莊家可以自行決定是否繼續加派紙牌。

假設一場使用一副完整 52 張撲克牌，由數位玩家與莊家對打的 21 點牌

局。如果玩家手上紙牌點數和不夠理想，如何估計、算牌或以直覺加派紙牌而求得不會爆掉的機率？他也可以選擇不要額外的紙牌，賭賭運氣靜待莊家不足 17 點導致爆牌的時機。如何訂定這個不再加派牌的點數？例如定為 15 點，是一個恰當的策略嗎？

若執行模擬牌局次數 n 夠大，可以獲得累積當點數超過 15 點後就不再加牌的策略而贏得牌局的機率的一個估計值，依據統計理論，大約 n = 1000 獲得的估計值誤差在 3% 之內的可信度高達 95%。如果時間非常充裕又有耐心，可以拿一副紙牌試試，當然也可以將這個演算法轉換為電腦程式實作。另外也可以比較其他點數門檻，例如 17、16 或 14 點，以建立最佳策略。就算使用數副紙牌混合的賽局，利用模擬技術制定最佳獲勝策略，可是照樣行得通呢！

FUNCTION disp( )

```
計算 v = INT(rand *52 +1)      //rand = DU(1, 52) 的例子
WHILE (card(v) = 1) DO        // 若牌號 v 已被使用
   計算 v = INT(rand *52 +1)
END WHILE
指定 card(v) = 1    // 更新編號 v 已被使用
計算 k ≡ v mod 13  // 餘數除法，v = 0, 1, ..., 12
IF (k > 9) THEN v = 9
RETURN v+1        // 傳回派牌點數
```

模擬牌局進行演算法

```
// 假設驅動程式初始 card(k) = 0, k = 1, ..., 52，玩家與莊家各自已經派
牌 disp( ) 兩張，沒有考慮 A 與花牌組合的牌局
While ( 玩家繼續加牌 ) DO
   更新 點數和 = 原點數和 + disp( )
END WHILE
IF ( 計算玩家點數和 > 21)  THEN
   莊家獲勝
WHILE ( 莊家點數和不足 17 或 繼續派牌 ) DO
   更新 點數和 = 原點數和 + disp( )
END WHILE
IF ( 玩家點數和 > 莊家點數和 或 莊家點數和 > 21) THEN
   玩家獲勝
ELSE IF ( 玩家點數和 = 莊家點數和 ) THEN
   和局
ELSE
   莊家獲勝
END IF
```

模擬牌局進行次數

假設最佳策略獲勝機率的經驗估計值 $\hat{p}$ = 0.65，信賴水準 $1-\alpha = 0.95$，隨機樣本誤差 B < 0.03，由區間估計理論得知模擬次數 $n >= \hat{p}\,(1-\hat{p})(Z_{\alpha/2}/B)^2$，如此當牌局模擬次數 $n >= (0.65)(0.35)(1.96/0.03)^2 = 971$，即可獲得合理真實獲勝機率的 95% 信賴區間。

3-14 兩軍對抗鹿死誰手

在一些戰爭片中，參謀或指揮官在一張擺滿敵我雙方戰艦的大型地圖上，向總統或國王報告戰局演變的場景，喜愛電影的讀者一定不會陌生。又如聽聞楚王準備攻打宋國，一向反對眾諸侯爭城奪地導致百姓遭殃的狀況，因此墨翟親赴楚國，以皮帶當城牆與小木板等工具論戰公輸般。攻擊方若以雲梯進攻，墨子就使用火箭對付，以衝車攻打城門時便以滾木或擂石回應，挖地道時則回以煙燻等攻守情節，真是精彩有趣。這則最後說服楚惠王放棄進攻宋國的歷史故事，讀者們也一定相當熟悉。雖然這些利用道具建立實體模型的紙上談兵方式，不是抽象模式模擬，但是兵來將擋、水來土掩，你來我往的對戰概念，無論實體或抽象模式可都有相同邏輯。

兩軍對抗模式模擬或稱為兵棋推演，當然沒有局限於軍事行動，其中美國 IBM 電腦公司在 1985 至 1997 年間發展的西洋棋模擬系統，利用電腦模仿人類專家認知、推理與決策等人工智慧技術，最後成功擊敗俄籍世界棋王的過程，可是一項了不起的應用與成就。尤其值得驕傲的是曾經擔任計畫負責人的譚崇仁博士，來自台灣！

底下說明模擬一場假想兩軍單兵遭遇戰的過程，讓▲與●分別表示東、西軍的戰士，依此建立如下模擬模式假設：

1. 東、西兩軍各有 5 與 3 名戰士，目前位置標示在代表單兵的符號下。請考慮如下東 (E) 西 (W) 兩軍戰士對峙的示意圖。

●	●	●	▲	▲	▲	▲	▲
W3	W2	W1	E1	E2	E3	E4	E5

2. 東軍具有人數優勢所以採取攻勢，西軍則死守陣地。
3. 就算兩方的士兵戰力相當，但是攻擊方暴露機會較多，假設攻防雙方消滅對方的勝算為 4 比 5，如此遭遇戰後攻方前線單兵存活的機率只有 4/9，奮力

防守單兵存活的機率等則為 5/9。

4. 當一方單兵陣亡的同時，勝方所存戰士往敵方前進一個位置。
5. 預先生成 10 個 $u = U(0, 1)$ 均值分布的隨機值例子，依序為：

   0.7236　0.0670　0.7055　0.3002　0.7695

   0.1856　0.1340　0.6240　0.6165　0.1193
6. 依據上述勝負機率，當 $u < 4/9 = 0.4444$，東軍戰士存活，西軍戰士犧牲，否則東軍戰士陣亡。
7. 讓隨機變數 X 代表激戰結果，$x = 1$ 表示東軍獲勝，$x = 2$ 表示西軍獲勝。如此預先生成的隨機序列 $U(0, 1)$，轉換成為如下勝負序列 $DU(1, 2)$。

   2　1　2　1　2　1　1　2　2　1

模擬兩軍單兵對抗過程

遭遇戰第一回合

$u_1 = 0.7236, x = 2$，東軍第一位戰士陣亡，更新後的戰線對峙圖

●	●	●	▲	▲	▲	▲
W3	W2	W1	E1	E2	E3	E4

遭遇戰第二回合

$u_2 = 0.0670, x = 1$，西軍第一位戰士陣亡，更新後的戰線對峙圖

●	●	▲	▲	▲	▲
W2	W1	E1	E2	E3	E4

遭遇戰第三回合

$u_3 = 0.7055, x = 2$，東軍第二位戰士陣亡，更新後的戰線對峙圖

●	●	▲	▲	▲
W2	W1	E1	E2	E3

遭遇戰第四回合

$u_4 = 0.3002, x = 1$，西軍第二位戰士陣亡，更新後的戰線對峙圖

●	▲	▲	▲
W1	E1	E2	E3

遭遇戰第五回合

$u_5 = 0.7695, x = 2$，東軍第三位戰士陣亡，更新後的戰線對峙圖

●	▲	▲
W1	E1	E2

遭遇戰第六回合

$u_6 = 0.1856, x = 1$，西軍第三位戰士陣亡，更新後的戰線對峙圖

▲	▲
E1	E2

結論：

- 這場激戰模擬結果，西軍全軍覆沒，東軍存活兩名戰士。
- 如之前的說明，一次模擬的結果只是隨機現象的一個案例，沒有提供實質意義的資訊，從經驗統計的角度來說，至少執行 30 次才能彙整較為可靠的數據。

3-15 進階兩軍對抗 (1)

假設敵對東、西兩軍各有六名戰士，各分成三個梯隊，例如每一梯隊各有 3、2 或 1 名戰士，分別以大、中、小三種圖示表示梯隊規模，雙方士兵各個戰力相當但是攻防策略不同，西軍 W 依次將主力放在最前線，最小戰力的梯隊殿後，東軍 E 則較為保守以 2、1、3 名戰士方式布署戰鬥梯隊，E、W 兩軍對峙的示意圖如下：

● ● ⬤ ▲ ▴ ▲

- 假設雙方最前方梯隊隨時準備爆發遭遇戰，激戰開始後戰線兩方繼續纏鬥，直到某方交戰梯隊被完全消滅為止。如果主動進攻 (Offend, O) 與被迫防守 (Defend, D) 的機率相同，Pr(O) = Pr(D) = 0.5。
- 底下 3 乘 3 表格 OD 矩陣，表示 Ox 攻打 D y 獲勝的機率，x 與 y 分別代表梯次規模，例如 O3 攻打 D2 之獲勝機率 = OD(3, 2) = 0.7，失敗機率 = 1.0 - OD(3, 2) = 1 - 0.7 = 0.3，同此 O2 攻打 D2，勝與敗機率分別為 0.55 與 0.45。

	D 1	D 2	D 3
O 1	0.55	0.3	0.05
O 2	0.7	0.55	0.3
O 3	0.95	0.7	0.55

- 底下表格內容代表每一激戰標題欄位之下，左邊為攻方獲勝存活梯隊的機率，右方則為守方獲勝存活梯隊的機率：

存活梯隊	O1 攻擊 D1		O1 攻擊 D2		O1 攻擊 D3	
小	1.0	1.0	1.0	0.4	1.0	0.2
中	0.0	0.0	0.0	0.6	0.0	0.7
大	0.0	0.0	0.0	0.0	0.0	0.1
	O2 攻擊 D1		O2 攻擊 D2		O2 攻擊 D3	
小	0.4	1.0	0.7	0.65	0.7	0.3
中	0.6	0.0	0.3	0.35	0.3	0.5
大	0.0	0.0	0.0	0.0	0.0	0.2

	O3 攻擊 D1		O3 攻擊 D2		O3 攻擊 D3	
小	0.2	1.0	0.3	0.7	0.4	0.45
中	0.7	0.0	0.5	0.3	0.3	0.3
大	0.1	0.0	0.2	0.0	0.3	0.25

去除上表的文字部分，只保留勝敗機率，就可形成一個 9 乘 6 的矩陣 MTX(r, c)，例如 MTX(3, 6) = 0.1，代表攻方小梯隊 O1 被守方 D3 殲滅，D3 仍然維持大梯隊規模的機率等於 0.1。MTX(7, 3) = 0.3，代表攻方大梯隊 O3 殲滅守方中梯隊 D2，激戰後攻方 O3 削減為 O1 的機率等於 0.3。

- 前方梯隊被殲滅者，其後方梯隊往前線遞補。

初步抽象化兩軍交戰過程

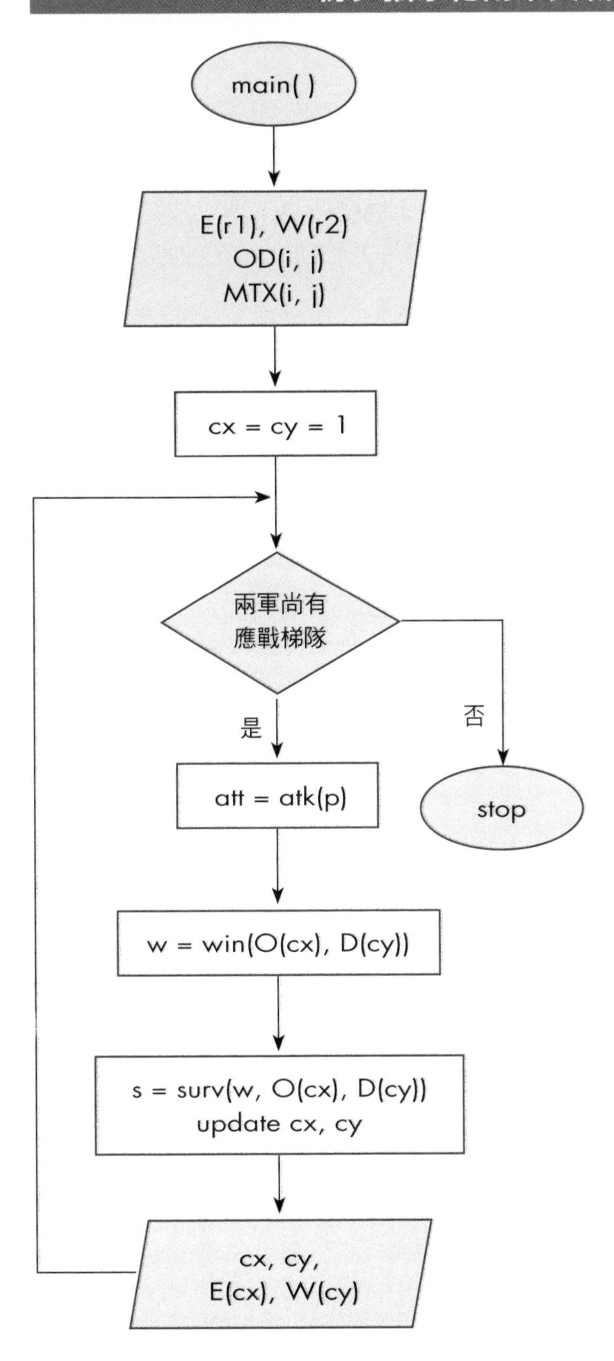

輸入雙方梯次與規模
例如E軍2, 1, 3
W軍3, 2, 1
OD矩陣儲存各種梯隊規模，攻方獲勝的機率，MTX矩陣儲存各種梯隊規模，勝方存活梯隊規模的機率

cx, cy 計數目前交戰梯次

結束模擬，若其中一方沒有可用梯隊

atk(p)判定何方啟動攻擊，傳回att = 1，E軍攻，W軍守
= 2，W軍攻，E軍守

O(cx) 攻方梯隊，D(cy) 守方梯隊，win(O(cx), D(cy)y)讀取OD矩陣，傳回w = 1，攻方獲勝；W = 2，守方獲勝

surv(w, x, y)讀取MTX矩陣，傳回獲勝梯隊規模異動s
更新下回交戰梯次

輸出下回參戰梯次與規模

3-16 進階兩軍對抗 (2)

底下使用兩個矩陣、一個驅動程式與三個單一任務的函數，分解兩軍對抗過程，又為了簡化指定陳述省略中文的動作名稱。

- OD 一個 3 乘 3 矩陣，行表示攻方梯隊規模，由左而右遞增，列表示守方梯隊規模，由上而下遞增，OD(i, j) 儲存攻方 i 與守方 j 交戰，攻方 i 獲勝的機率，守方 j 獲勝的機率 = 1.0 - OD(i, j)。
- MTX 一個 9 乘 6 矩陣，奇數行表示攻方獲勝，偶數行表示守方獲勝，列 1、4、7 分別表示存活小梯隊規模，列 2、5、8 分別表示存活中梯隊規模，列 3、6、9 分別表示存活大梯隊規模。MTX(5, 6) 儲存攻方梯隊規模 2 攻擊守方梯隊規模 3，交戰結果守方殲滅攻方，守方梯隊規模異動為 2 的機率 = 0.5。
- 函數 atk(p)，假設東、西兩軍啟動攻擊的機率相等 p = 1/2，讓 att = ATK(p) = 1，表示東軍發動攻擊，att = 2，表示西軍發動攻擊。
- 函數 win(Ox, Dy)，讓 Ox = 攻方梯隊規模 x，守方戰力梯隊 Dy，依據預先建立的獲勝機率矩陣 OD，讀取 w = win(Ox, Dy)。w =1，表示攻方獲勝，w = 2，表示守方獲勝。
- 函數 surv(w, x, y)，讓 w = 1 為攻方獲勝，w = 2 為守方獲勝，x = 攻方梯隊規模，y = 守方梯隊規模，傳回更新後的勝方存活梯隊規模。上節預設的矩陣 MTX，列舉攻方與守方獲勝後規模異動的結果，敗方梯隊則被完全殲滅。矩陣 MTX 假設兩軍各有三個作戰梯隊，梯隊規模各分為大、中、小，或 3、2、1 三種。使用者可以根據文獻或經驗，建立各種攻方與守方梯隊規模，勝方梯隊規模異動的機率。
- 驅動程式 wargame( )，模擬整體交戰過程，負責輸入雙方戰力參數，在每次的遭遇戰，呼叫 atk(p)、win(Ox, Dy) 與 surv(w, x, y) 分別模擬啟動戰事的一方，模擬哪一方獲勝，並更新勝方的梯隊規模。

FUNCTION atk(p)

```
指定 u = U(0, 1)          //u = DU(0, 1) 的一個例子
指定 att = 1              // 初始 E 軍發動攻擊
IF (u >= p) THEN          //p = 發動攻擊的機率
   指定 att = 2            //W 軍發動攻擊
END IF
RETURN att                //att = 1，E 軍發動攻擊，att = 2，W 軍發動攻擊
```

註：兩軍對陣，梯隊規模相較強大的一方發動攻擊的機率可能較大，假設 E 軍首先發動攻擊的機率 = p。

FUNCTION win(Ox, Dy)

```
//Ox 代表攻方梯隊規模 x，Oy 代表攻方梯隊規模 y
IF (Ox = Dy) THEN winp = 0.55// 規模相同，攻方獲勝機率 winp = 0.55，
                              // 守方獲勝機率 = 1- 0.55 = 0.45
IF (Ox = Dy +1) THEN winp = 0.7      // 攻方梯隊大守方梯隊一個層次
IF (Ox = Dy + 2) THEN winp = 0.95    // 攻方梯隊大守方梯隊二個層次
IF (Ox = Dy - 1) THEN winp = 0.3     // 攻方梯隊小守方梯隊一個層次
IF (Ox = Dy - 2) THEN winp = 0.05    // 攻方梯隊小守方梯隊二個層次
指定 w = 1 // 假設攻方獲勝
指定 u = U(0, 1) //(0, 1) 均值分布的例子
IF (winp >= u) THEN
   指定 w = 2 // 代表守方獲勝
RETURM w // 傳回獲勝一方的編碼
```

註 1：獲勝機率可以呼叫矩陣 OD(Ox, Dy) 直接傳回，之前一一列舉機率的做法只是為了突顯兩方激戰梯隊規模差異的比較過程。

註 2：簡單選擇結構，若邏輯運算式為真，只有執行一個陳述，通常省略識別字 THEN，如 IF (邏輯運算式) 陳述。

FUNCTION surv(w, x, y)

```
//w = 1 攻方獲勝， = 2 守方獲勝
//x = 攻方梯隊規模，y = 守方梯隊規模
//a = 不同梯隊規模，交戰攻方獲勝，攻方更新為小規模梯隊在
// MTX(a, b), a = row 位置，b = column 位置
計算 a = (x-1)*3 + 1            // 計算梯隊規模 a
IF (w = 1 ) THEN
計算 b = 2*y-1                  //O 攻方 win，計算 b
ELSE
計算 b = 2*(y-1) + 2            //D 守方 win，計算 b
END IF
指定 u = U(0, 1)                //(0, 1) 均值分布的例子
IF ( 0.0 =< u < MTX(a, b) THEN s = 1
IF (MTX(a, b) =< u < MTX(a, b)+MTX(a+1, b) THEN s = 2
IF (MTX(a, b)+MTX(a+1, b) =< u < MTX(a, b)+MTX(a+2, b) THEN s = 3
RETURN s    // 傳回更新獲勝者戰線梯隊規模 s
```

3-17 進階兩軍對抗 (3)

MAIN wargame( )

```
INPUT x(r), r = 1, .., 4 // 假設東軍編隊規模 2, 1, 3, 0
INPUT y(s), s = 1, .., 4 // 假設西軍編隊規模 3, 2, 1, 0
宣告 cx = 1, cy =1 // 初始東、西軍梯隊計數器
WHILE (x(cx) > 0 AND y(cy) > 0) DO // 當其中一方全軍覆沒，結束模擬
  指定 att = atk(0.5)  // 假設 p = 0.5，任何一方發動攻擊機率相等
                       // 函數傳回 att = 1，東軍攻方，= 2，西軍攻方
  IF (att = 1) THEN // 東軍發動攻擊
    指定 wins = win(x(cx), y(cy))  //x(cx) 攻擊 y(cy)，函數傳回 wins
                                   // = 1，攻方獲勝，= 2，守方獲勝
    IF (wins = 1) THEN // 東軍 ( 攻方 ) 獲勝
      指定 x(cx) = surv(wins, x(cx), y(cy))
              // 函數傳回東軍梯隊更新 x(cx)
      更新 cy = cy + 1 // 本次參戰西軍梯隊被殲滅 y(cy) = 0
    ELSE // 西軍 ( 守方 ) 獲勝，wins = 2
      指定 y(cy) = surv(wins, x(cx), y(cy))
        // 函數傳回西軍梯隊更新 y(cy)
      更新 cx = cx + 1 // 本次參戰東軍梯隊被殲滅 x(cx) = 0
    END IF
  ELSE // 西軍發動攻擊，att = 2
    指定 wins = win(y(cy), x(cx)) //wins = 1，攻方獲勝，= 2，守方獲勝
    IF (wins = 1) // 西軍 ( 攻方 ) 獲勝
      指定 y(cy) = surv(wins, y(cy), x(cx))
      更新 cx = cx + 1 // 本次參戰東軍梯隊被殲滅 x(cx) = 0
    ELSE // 東軍 ( 守方 ) 獲勝
```

```
      指定 x(cx) = surv(wins, y(cy), x(cx))
      更新 cy = cy + 1  // 本次參戰西軍梯隊被殲滅 y(cy) = 0
    END IF
  END IF
  OUTPUT cx, cy, x(cx), y(cy)
END WHILE
END MAIN
```

模擬進階兩軍激戰的 U(0, 1) 隨機數值

方便執行模擬，預先生成 20 個均值分布 U(0, 1) 的例子。

0.6	0.24	0.42	0.11	0.85	0.95	0.87	0.08	0.71	0.02
0.56	0.79	0.88	0.42	0.99	0.27	0.91	0.46	0.28	0.1

第一回合激戰過程模擬

由於 $u = 0.6 > 0.5$，西軍進攻，是一場 O3 攻擊 D2 的激戰。

接著由於 $u = 0.24 < 0.7$，所以攻方獲勝，東軍最前方梯隊全數陣亡。

然後由於 $u = 0.42 < 0.8$，西軍梯隊異動為中梯隊，更新戰線如下圖：

第二回合激戰過程模擬

由於 $u = 0.11 < 0.5$，東軍進攻，是一場 O1 攻擊 D2 的激戰。

接著由於 $u = 0.85 > 0.3$，所以守方獲勝，東軍最前方梯隊全數陣亡。

然後由於 $u = 0.95 > 0.4$，西軍梯隊沒有異動，更新戰線如下圖：

第三回合激戰過程模擬

由於 $u = 0.87 > 0.5$，西軍進攻，是一場 O2 攻擊 D3 的激戰。

接著由於 $u = 0.08 < 0.3$，所以西軍獲勝，東軍最前方梯隊全數陣亡。

然後由於 $u = 0.71 < 0.7$，西軍梯隊沒有異動，更新戰線如下圖：

結論

本節攻守、勝敗與存活人數等機率雖然都是主觀擬定，但是足以說明模擬過程的細節。最後一回合激戰之前，東軍規模顯然大於西軍，最後卻是西軍獲勝，說明機率很小的事件還是發生了，真是人算不如天算。當然，一次模擬只是隨機現象的一個例子。

3-18 積分模擬方法

傳統方法計算函數積分必須先求得反函數，對於沒有反函數或複雜的運算式，如果懂得運用模擬技術就容易多了。考慮底下函數 f(x) 在數值區間 (0, 1) 的積分：

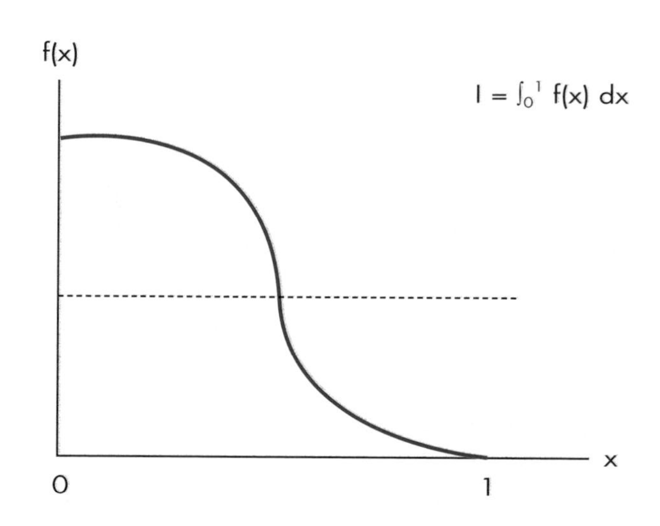

假設能夠在 0 至 1 之間分割成許多相鄰小區間，然後一一加總函數曲線與各個區間圍成的梯形或矩形面積，就可以估算這個函數的積分 I，這做法一般稱為數值方法，又微積分的觀念正是建立在當這些區間寬度趨近無限小的基礎上。

現在我們從另一個角度來思考積分的方法，讓 f(x) 為任何 x 的函數，並假設 x 等於 0 至 1 之間的任何數值。由於 f(x) 是一個連續函數，我們無法獲得所有可能的 x 與 f(x)，然而它提供一個構想，只要選取多個 x 並計算 y = f(x) 的平均數，就可以獲得一個 I 的估計值嗎？

假設上述問題的答案是肯定的，為了獲得準確的或優良的估計值：

如何選取介於 (0, 1) 之間的 x？以及需要多少個 x？

第一個問題比較容易解決，只要使用 U(0, 1) 均值分布就可得到沒有人為干擾的 x。底下的演算步驟說明運用模擬方法求得 $I = \int_0^1 f(x)\,dx$ 的近似值的過程：

1. 指定 x = RAND()　// 使用 Excel 函數 RAND( ) 生成一個 U(0, 1) 變數例子
2. 計算 y = f(x)　　// 函數反應值
3. 重複 n 次步驟 1 與步驟 2
4. I 的估計值等於加總 n 個 y 的平均數 = Σy/n

上述演算法除非選取無限多個 x，否則無法提供 I 的正確數值，因為 I 的估計值 Σy/n 只是估計式 ΣY/n 這個隨機變數的一個例子，這也説明了需要多少個 (0, 1) 之間的 x 真是一個問題。還好我們可以使用統計推論方法，在預定顯著水準下估計 I 的信賴區間，雖然還是未能獲得真實的 I，但是它提供函數積分 $I = \int f(x)\ dx$ 的估計值以及真實的 I 落入這個區間的機率。

模擬方法估計 $I = \int_a^b f(x)\ dx$

先將積分區間 (a, b) 轉換成為 (0, 1) 區間，令 y = (x - a)/(b - a)，重整公式 x = a + (b - a) *y，計算 dx/dy = (b - a)，獲得 $I = \int_a^b f(x)\ dx = \int_0^1 f(a + (b - a)*y) * (b - a)\ dy$，模擬步驟如下：

1. 指定 u = U(0, 1)　// 一個 DU(0, 1) 變數的例子
2. 計算 z = f(a +(b - a)*u) *(b - a)
3. 重複上述 2 個步驟 n 次
4. I 的估計值等於這 n 個 z 的平均數

直接使用均值分布 U(a, b) 的例子的演算步驟：

1. 生成一個 U(0, 1) 變數例子 u
2. 計算一個 U(a, b) 變數例子 v = a + u*(b-a)
3. 計算 y = f(v)
4. 重複上述 3 個步驟 n 次

I 的估計值等於這 n 個 y 的平均數乘以 (b-a)

註：當積分區間下限等於無限小 -∞ 或上限等於無限大 ∞，不能直接使用均值 U(a, b) 執行演算，請參考下列兩例子的做法。

估計 $I = \int_a^{\infty} f(x)\,dx$

令 $y = 1 / (x - a + 1)$，$x = (1 - y + a*y)/y$，計算 $|dx/dy| = 1/y^2$，原函數積分轉換成為 $I = \int_0^1 f(1 - y + a*y)/y)\ /y^2 dy$，演算步驟如下：

0. 生成一個 U(0, 1) 變數例子 u
1. 計算 $y = 1 / (u - a + 1)$
2. 計算 $z = f((1 - y + a*y)/y) / y^2$
3. 重複 n 次步驟 0 至 2
4. I 的估計值等於這 n 個 z 的平均數

估計 $I = \int_{-\infty}^{b} f(x)\,dx$

同理在變數轉換過程令 $y = 1 / (b - x + 1)$，$x = (b*y + y - 1)/y$，原函數積分轉換成為 $\int_0^1 f((y*b + y - 1)/y) / y^2\, dy$，演算步驟如下：

0. 生成一個 U(0, 1) 變數例子 u
1. 計算 $y = 1/(b + u - 1)$
2. 計算 $z = f((b*y + y - 1)/y)/ y^2$
3. 重複 n 次步驟 0 至 2
4. I 的估計值等於這 n 個 z 的平均數

3-19 估計圓周率

圓周率 π 的定義簡單清楚，就是一個圓的周長與其直徑的比率，但是如何計算卻是自古至今迷惑許多數學家的問題。其中西元五世紀南北朝時期數學家祖沖之應用幾何方法將圓周率計算到小數點後 7 位數字，雖然在 2019 年 3 月 14 日圓周率日，日本谷歌 (Google) 員工 Emma Haruko Iwao 計算成果達到 31,415,926,535,897 位數的記錄，但是祖沖之的記錄可是維持八百年，真是了不起的成就。由於它是一個無理數，無法以分數表示，耗費精力追求超多有效數字位數，只是為了創造記錄罷了，因為實用價值的精密度只需要十來位數而已。

自有文字記錄以來，估計圓周率的方法、公式與工具繁多，純粹為了好玩，我們也來湊熱鬧。本節提出使用 0 與 1 之間均值分布 U(0, 1) 的隨機數值估計圓周率的兩種模擬方法，函數積分法與機率函數法。

參考左下方平面座標上的圓形，讓 p(x, y) 代表圓周上的一個點，假設圓心的座標 (0, 0) 半徑 r，滿足圓形定義充要條件的等式為 $x^2 + y^2 = r^2$，可以改寫為 $y = \sqrt{(r^2 - x^2)}$。當半徑 r = 1，圓面積 = $\pi r^2 = \pi$，已知座標第一象限圓周弧線下的面積等於 $\pi/4 = \int_0^1 \sqrt{(1 - x^2)}\,dx$，只要應用函數積分模擬方法就可獲得一個圓周率的估計值。

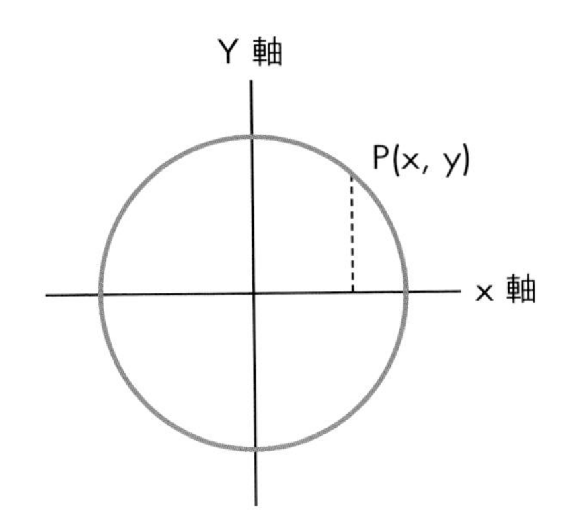

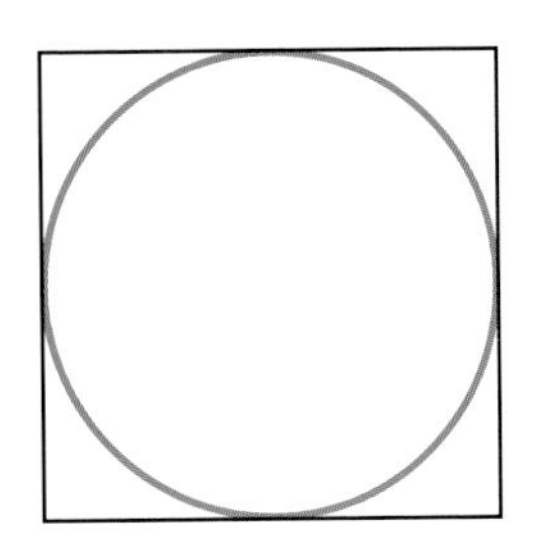

考慮上一頁的 X-Y 平面座標與圓形，讓座標 (0, 0) 為圓心，假設半徑長度 $r = 1$，圓面積等於 π，涵蓋這個圓形的最小正方形面積 = 4。讓 q 等於這個圓形面積與涵蓋它的最小正方形面積的商，因此 $q = \pi/4$。令 (x, y) 表示符合 $-1 < X < 1$ 與 $-1 < Y < 1$ 條件的一個點的座標位置，我們可以建立如下 X 與 Y 的聯合機率函數：

$f(x, y) = 1/4$，$-1 < X < 1$ 與 $-1 < Y < 1$

$P(d) = 1$，假如 $Pr(x^2 + y^2 <= 1)$，d 是隨機變數 D 的一個例子

$= 0$，上述假設不成立

假設一次模擬我們可以生成非常多成對介於均值 U(-1, 1) 之間的 x 與 y，然後加總出現 $x^2 + y^2 <= 1$ 的次數 m。讓 $k >= 30$ 代表模擬次數，s 代表 k 個 m 的平均數，可以獲得一個圓周率 π 的估計值 = 4*s。

估計 π 的函數積分演算法

```
// 已知等式 π/4 = R = ∫₀¹ √(1 - x²) dx
INPUT n   // 生成 y = √(1 - x²) 的次數
宣告 k = 0   // 初始生成 y 的次數
宣告 sumy = 0   // 累加 y 的初始值
WHILE (k <n) DO
   更新 sumy = sumy + SQRT(1-RAND()²)  // 使用 Excel 函數
   更新 k = k + 1   // 生成 y 的次數
END WHILE
計算 r = sumy/n   // n 個 y 的平均數
OUTPUT r
```

註：使用 Excel 執行這個演算法 10 次，每次 n = 100，輸出 r 依次獲得 π 的估計值：3.1153, 3.2454, 3.1068, 3.1587, 3.0940, 2.9448, 3.1706, 3.1769, 3.1408, 3.1204，根據十次模擬獲得 π 的估計值 = 3.1274。

生成均值分布 U(-1, 1) 的例子

假設 X ~ U(-1, 1) 與 Y ~ U(-1, 1) 互為獨立變數，因此 f(x, y) 等於個別機率函數 f(x) 與 f(y) 的乘積。讓 f(z) 代表 f(x) 或 f(y)，Z 的機率函數 f(z) = 1/2, -1< z < 1，累積函數 $F(z) = \int_{-1}^{z} f(z)\,dz = (z + 1)/2$，已知任何隨機變數的分布函數 F(z) 必須滿足 0 < F(z) < 1，而均值分布 U(0, 1) 的例子 u 也是介於 0 與 1 之間，因此我們可以讓 u = (z + 1)/2，轉換成為介於 -1 與 1 之間均值分布的隨機數值或例子 z = 2 * u - 1。

機率函數法估計圓周率的步驟

1. 訂立目前落入圓形內的次數 t = 0
2. 產生兩個 U(0, 1) 變數例子 u1, u2
3. 計算 $z = (2*u1 - 1)^2 + (2*u2 - 1)^2$
4. IF z <= 1，更新 t = t +1
5. 重複 n 次步驟 1 至 3
6. π 的估計值等於 4 * t / n

註：使用 Excel 執行演算法 10 次，每次各選取 n = 100 對 U(0, 1) 例子 u1, u2，獲得 z 落入單位圓形內次數 t 分別為 77, 73, 80, 83, 79, 80, 74, 64, 87, 84，根據這 1,000 個 z，獲得 π 的估計值 = 3.124。

3-20 顧客入店人數與時間

曾有報導因小小違規所以被開罰單的騎士，抱怨警方為了業績而嚴格執法的消息。本來，違反交通規則就該被取締，是不是警察伯伯偶而太仁慈，對於某些無心之過只是勸導而放水，所以給了百姓錯誤的訊息？

這個引言引起我們的興趣是：假設某商家老闆為了促銷，要求員工輪流在門口招徠顧客，業績達到 5 組人次才能換班，請問如何模擬服務人員站崗的平均時間？請考慮在一條時間軸，讓 t_n 表示在時間點 t 第 n 組顧客進入店內的時間，t_0 = 0 代表開始站崗時間，然後執行 k 次模擬可以得到 t_5 平均站崗時間。

模擬本來就是植基於隨機亂數，但是直接模擬每一個時間點比較麻煩，因為我們必須定義或假設從 t_0 到每一個時間點的機率分布，當 n 很大時作業就太繁瑣了。如果我們定義顧客來店的間隔時間為一個隨機變數 $T = t_k - t_{k-1}$，事情就好辦多了，因為只要建立一個合適的理論機率，分布問題就解決了。類似這類場景，一種隨機事件發生的間隔時間，譬如遊客陸續到達某景點的入口、總機接到待轉電話以及太平洋每隔多久生成一個颱風等等，代表這類間隔時間的隨機變數，經過分布適合度檢定，極有可能符合指數分布 (Exponential Distribution) 的機率規律。指數變數通常標記為 X ~ Expon(λ)，它的機率函數：

$f(x; \lambda) = e^{-x/\lambda}/\lambda$，$x > 0, \lambda > 0$，參數 $\lambda = E[X]$

已知任何累積機率函數 F(x) 必定介於 (0, 1) 之間，所以我們可以讓 $F(x) = 1 - e^{-x/\lambda}$ 等於一個 U(0, 1) 的例子 u，再讓 X = x 是指數變數的一個例子，如此 $F(x) = u = 1 - e^{-x/\lambda}$，經過簡單轉換得到 $x = -\lambda * LN(1 - u)$ 或 $-\lambda * LN(u)$，函數

LN(z) 傳回 z 的自然對數，因為 1 - u 與 u 同為 U(0, 1) 的例子，後者較為簡潔而獲得許多使用者的青睞。

讓 c 代表預計服務顧客人數，假設顧客到達服務櫃檯的間隔時間符合 X ~ Expon(λ)，底下是一個依次模擬顧客到達時間 t_c 的演算過程。

0. 宣告 t = 0 // 初始模擬時鐘
1. INPUT c // 計畫服務顧客人數
2. 計算 x = -λ * LN(u) //u = U(0, 1) 的例子，計算間隔時間
3. 更新 t = t + x // 目前時間
4. 更新 c = c - 1 // 剩餘等待服務的顧客人數
5. 假設 c > 0，重複步驟 2 至 4
6. OUTPUT 目前時間 t

模擬顧客到達時間

假設某銀行經理，要求員工輪流在入口處站崗招呼來賓，服務顧客滿 5 位才能換班，如何模擬每位顧客進入銀行的時間，以及站崗的時間 Y？

無中生有的解決問題方式，不但不具科學精神，也沒有任何應用價值，因此模擬方法必須建立在代表真實系統機率行為的隨機變數。在此假設顧客隨機進入銀行的間隔時間符合平均 10 分鐘的指數分配 X，如何判定這個假設是否恰當？請參考後續選擇輸入函數章節的詳細說明。

使用前述演算法獲得如下數據：

n	1	2	3	4	5
u	0.534	0.2152	0.9396	0.3488	0.8632
x	6.2736	15.3619	0.623	10.5326	1.4711
t_n	6.2736	21.6355	22.2585	32.7911	34.2622

這次模擬結果看起來好像不符合假設，因為假如平均每隔 10 分鐘來 1 位顧客，第五位顧客到達時間不是應該接近 50 分鐘嗎？由於我們假設顧客到達間隔時間是一個參數 (λ) 的指數變數，員工站崗時間 $Y = X_1 + X_2 + ... + X_n$，當然也是一個隨機變數，理論上 Y 的範圍介於 (0, ∞)，因此出現任何數值都有可能。

模擬接受服務的顧客人數

適合代表某一事件重複發生的間隔時間的指數變數，我們可以在時間軸上標示這個隨機變數的例子。換個角度來看，如何模擬在一段時間區間之內發生同類事件的次數，也是一個有趣的問題。

假設代表事件發生間隔時間的隨機變數 X 是一個參數 θ 的指數變數，讓隨機變數 Y 代表單位時間事件發生的次數，又讓 $\lambda = 1/\theta$，如此 Y 稱為參數 λ 的波氏分布 (Poisson Distribution)，它的機率密度函數：

$g(y; \lambda) = e^{-\lambda}\lambda^{y}/y!$，$y = 0, 1, 2, \ldots$

假設顧客到達間隔時間是一個參數 10 分鐘的指數變數，那麼單位小時平均 6 位顧客到達，我們使用 Excel 函數 POISSON.DIST，模擬 10 次當 POISSON.DIST(x-1, 6) <= RAND() < POISSON.DIST(x, 6)，每單位小時隨機到達人數 x-1 依次獲得 5, 5, 1, 3, 10, 6, 4, 8, 8, 6。

3-21 檢視水果次數

如果以重量計價，購買水果只是簡單地挑選喜歡的成熟度、色澤、大小以及有無瑕疵等考量因素。然而許多賣場或水果攤往往為了避免秤重或找零的麻煩，常常以百元五粒或七顆銷售，因此仔細挑選水果的時間就會增加許多。在此我們關切的問題不是付出多少時間，而是總共檢視多少顆才能達成預定的數量。

從一攤水果選出中意的一顆的活動，大多數人會先以眼睛掃描然後選出中意的一顆，沒有察覺任何不妥就放入購物袋，反之則將那顆水果放回攤子的角落，重新掃描與檢視活動直到選到中意的一顆。大致上，行事仔細或挑剔的人檢視的次數應該比較多吧！本單元我們假設任何一顆水果被檢視且中意的機率相等相同，説明借用模擬方法計算檢視次數的過程。

假設一大籃 n 顆水果中，某人中意的共有 k 顆，如果掃描外觀無法判斷優劣，機率統計知識告訴我們任何一顆被檢視且中意的經驗機率 $p = k/n$。假設檢視一顆水果但不中意的機率等於 $1 - p$。讓變數 Y 代表選取一顆水果的隨機試驗，它的機率函數 $b(y; p) = p^y (1 - p)^{1-y}$，$y = 0$ 或 1，這只有兩種不同出象 (Outcome) 的變數就稱為柏氏 (Bernoulli) 變數或試驗 (Trial)。讓 K 等於總共試驗次數，獲得中意的次數 X 稱為二項變數，它的機率函數 $b(x; k, p) = {}_kC_x\, p^x (1 - p)^{k-x}$，$x = 0, 1, ..., k$。

讓 Y 代表一個柏氏試驗，假設試驗成功的機率等於 p，失敗等於 $1 - p$，讓試驗次數等於 X 時才獲得第一次成功的出象。如此隨機變數 X 的機率函數為 $g(x; p) = (1 - p)^{x-1} p$，$x = 1, 2, ...$，由於它是 $(1 - p)$ 的數學冪 (Power) 函數，因此 X 稱為幾何分布 (Geometric Distribution)。底下是產生幾何變數隨機值的步驟：

- 讓 p 等於柏氏試驗成功機率，初始累積柏氏試驗次數 x = 0
- 生成 U(0, 1) 變數例子 u
- 更新 x = x + 1 // 計算累積試驗次數
- 如果 u > p，重複上述 3 個步驟 // 重複試驗直到出現 u <= p
- 否則輸出目前 x

回到檢視且中意一顆水果的例子，如果整批水果品質良好，p = 0.9，使用 Excel RAND() 函數，第一次模擬得到 u = 0.9666 > 0.9，不中意，第二次得到 u = 0.7748 < 0.9，中意，如此 x = 2，檢視兩顆才選出第一顆中意的水果。已知幾何變數 X 的期望值 E[X] = 1/p，假設檢視一顆水果且中意的機率 p = 0.2，底下是一次模擬過程：u_1 = 0.6958 > 0.2／不中意，u_2 = 0.5658／不中意，u_3 = 0.7102／不中意，u_4 = 0.6931／不中意，u_5 = 0.6320／不中意，u_6 = 0.0288／中意，如此 x = 6。如果進行多次模擬，它的平均值應該非常接近期望值 1/0.2 = 5。

選取預定數量 r 的機率

假設一批水果品質相當劃一，每一顆被選中的機率 p 相同，讓隨機變數 X 代表 r 次成功選取的總共檢視次數，它的機率函數 $p(x; r, p) = {}_{x-1}C_{r-1} (1 - p)^{(x-r)} p^r$，x = r, r+1, r+2, ...，是一個負二項分布，式中 ${}_mC_n$ 等於從 m 物件中隨機選取 n 物件的組合。假設任一水果被選取的機率 p = 0.7，預計選取 r = 5，下表列出期望檢視水果數量 X 的機率與累積機率。

X	5	6	7	8	9	10
p(x)	0.1681	0.2521	0.2269	0.1588	0.0953	0.0515
F(x)	0.1681	0.4202	0.6471	0.8059	0.9012	0.9523

模擬選取預定數量水果的活動

讓 r = 5, p = 0.7，我們使用 Excel 函數 RAND() 生成 u

x	u = RAND()	T	s
1	0.2472	1	1
2	0.9945	0	1
3	0.4036	1	2
4	0.7693	0	2
5	0.5756	1	3
6	0.8516	0	3
7	0.1814	1	4
8	0.9407	0	4
9	0.5629	1	5

左方文字框欄位 T 的內容依 u 值而定，如果 $u < p = 0.7$，t =1，否則 t = 0。這個步驟模擬檢視一顆水果並決定放入購物袋的活動。欄位 s 表示成功選取水果累積次數。

在這次模擬第一次選取預定的 5 顆，總共檢視了 x = 9 顆。我們繼續執行 9 次模擬，x 依次為 7, 7, 9, 8, 9, 7, 5, 6, 6。

如此假設每顆水果被選取的機率 p = 0.7，預計選取 r = 5 顆，模擬結果最多檢視 9 顆，平均檢視 6.6，大約 7 顆。

模擬選取水果活動進階版

當水果數量很多或品質差異不大，我們可以假設檢視一顆水果並選取的機率相等相同且相互獨立。如果水果數量不多或品質不齊，隨著檢視次數增加，被選中的機率可能遞減，負二項分布就不再適用了，必須在每次模擬更新選中的機率，可以建立一個如下的經驗機率，讓 p_0 等於選中機率的起始值，隨著檢視次數 k 增加而遞減選中的機率，如：

$p_k = p_{k-1} * 0.95, k = 1, 2, \ldots$

3-22 紅豆餅賣出數量與時間

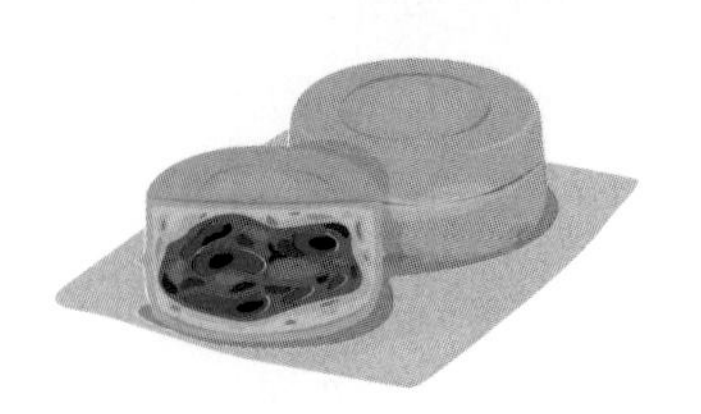

路上不時出現超有愛心的女大生們，為了讓路邊叫賣紅豆餅的婆婆能夠早些回家休息而主動幫忙。在年輕可愛的女生號召下，果然阿婆能夠早點收攤而皆大歡喜。如何模擬阿婆賣出的紅豆餅數量與所需時間？

模擬婆婆紅豆餅攤活動的假設：

- 不計婆婆準備並製作紅豆餅的時間。
- 負責招呼客人的女大生，人數多寡，不會影響顧客購買意願。
- 忽略每批上門顧客人數，以及等待、收錢與找零時間。
- 顧客陸續到達時間符合一個隨機變數機率行為。
- 函數 g(x) 代表顧客購買數量的隨機變數 X 的經驗機率分布。

通常人們偏好選擇常見分布函數表示系統中的隨機因子，原因包括已經熟知分布的適用條件、推論與應用，以及產生隨機數值的方法。上述紅豆餅模式的假設條件包含兩個隨機因素，可以採用許多研究常用指數分布表示顧客隨機進入系統的間隔時間，而每次交易售出紅豆餅數量，常見的均等、波氏與二項等離散變數也許不適合，在此選用一個經驗機率分布。

理論上模擬模式應該使用統計推論方法，定義一個合適代表系統隨機因子的理論機率分布，但是當樣本長度太短，或未能符合隨機樣本的假設，或沒有通過分布適合度檢定的情況，建立一個經驗機率函數就成為唯一選擇了。

底下說明建立代表購買數量經驗機率的步驟：

假設到達紅豆餅攤子的顧客共有 n 組，購買數量只有 k 類別 $x_1, x_2, \ldots, x_k$

讓 d_{ij} 代表第 i 組顧客購買第 j 數量類別

假設第 i 個顧客購買第 j 數量類別 $d_{ij} = 1$，否則 $d_{ij} = 0, i = 1, 2, \ldots, n; j = 1, 2, \ldots k$

計算 $x_j = \Sigma d_{ij}, i = 1, 2, \ldots, n; j = 1, 2, \ldots, k$，累積各種購買數量次數

$$g(x) = x_j / n , x = x_j, j = 1, 2, \ldots, k$$

如果紅豆餅阿婆為了回饋顧客實行買 5 送 1 的策略，熟悉機率統計的女大生們觀察並記錄銷售數量，然後建立如下經驗機率函數 g(x) 與累積函數 G(x)：

$$g(x) = 0.2, x = 1; = 0.5, x = 2 \quad = 0.2, x = 6; = 0.1, x = 12 \quad = 0.0,\ x \neq 1, 2, 6 \text{ 或 } 12$$

$$G(x) = 0.2, x <= 1 \quad = 0.7, x <= 2 \quad = 0.9, x <= 6 \quad = 1.0, x <= 12$$

模擬一個紅豆餅攤售出數量與所需時間的演算法

```
// 假設顧客到達間隔時間是一個平均兩分鐘的指數變數 e(2)
// 假設表示顧客購買數量的隨機變數 X 符合機率函數 g(x)
// 模擬 30 筆交易，估計總共銷售數量 q，模擬期間 t
// 宣告累積賣出紅豆餅數量 q = 0，目前時間 t = 0，目前交易次數 s = 0
WHILE(s < 30) DO  // 重複執行區塊內的所有陳述
  指定 u = U(0, 1)     // 一個 (0, 1) 均值分布的例子
  計算 arrival = -2*LN(u)   // 購買間隔時間，函數 LN(x) 傳回 x 自然對數
  更新 t = t + arrival       // 更新目前時間
  宣告 r = 0          // 初始本次顧客購買數量
  指定 u = U(0, 1 )
  IF (u < 0.2) THEN 指定 r = 1  // 本次顧客購買數量 = 1
  ELSE IF (u < 0.7) THEN 指定 r = 2  // 本次顧客購買數量 = 2
  ELSE IF (u < 0.9) THEN 指定 r = 6  // 本次顧客購買數量 = 6
  ELSE
    指定 r = 12        // 本次顧客購買數量 = 12
  END IF
  更新 q = q + r     // 累積賣出紅豆餅數量
  更新 s = s + 1     // 累積交易次數
END WHILE
OUTPUT t，q
```

模擬紅豆餅攤子售出數量與模擬期間

// 第一次執行前述演算法的過程，q = t = 0
// 使用 Excel 函數 RAND()，傳回 u = 0.0056
// 計算顧客到達間隔時間 s = -2*LN(u) = 10.3824
// 函數 RAND() 傳回 u = 0.6579，獲得購買數量 r = 2
// 累積目前出售數量 q = q + r = 2，目前時間 t = t + s = 10.3824

執行模擬直到交易次數 s = 30，四捨五入目前時間 t = 64 分鐘，累積賣出紅豆餅數量 q = 102。

繼續模擬 5 次，得到如下交易所需時間 t 與累積賣出數量 q。

t	35	65	62	59	57
q	114	99	112	91	98

3-23 何時才能打烊？

情人節傍晚，顧客一個一個來店，老闆兼唯一員工的年輕美髮師當然很想早點打烊好跟男朋友過節，無奈滿屋子的熟客又不好意思拒絕，只好在七點鐘過後不再接受來客，但是店內還有 5 位美女在等待打理頭髮，美女老闆著急想要告知男友她什麼時候才能赴約。底下模擬方法希望可以幫她估計打烊的時間。

如果完成一件交易的所需時間在執行之前沒有辦法預測，這符合一個隨機變數的定義。如果所需美髮時間 X，在某一範圍 (a, b) 之間任何數值出現的機率皆相等，它就是一個均值分布的隨機變數。如果隨機變數 X 的分布大部分接近它的平均值，越往小或大的方向出現的機會越少，那麼 X 符合常態 $X \sim N(\mu, \sigma^2)$ 分布是一個合理的假設。如果 X 在平均值附近出現的機率較大，隨著 X 遞增發生的機率遞減，考慮分布變化狀況，可以假設它符合單一參數指數 Expon(λ) 分布的機率行為，或數個獨立相同指數變數之和的俄蘭 (Erlang) 變數，也可以使用彈性較大且具有兩個參數的蓋瑪 (Gamma) 分布 $X \sim \Gamma(\alpha, \beta)$。

均值分布是模擬方法最基本的隨機變數，指數分布在先前章節已有多次應用，生成俄蘭變數的例子只是稍微修改生成指數變數的演算法而已。底下我們列舉極座標 (Polar Coordinate System) 模擬常態變數，與使用接受一拒絕法 (Acceptance-Rejection Method) 模擬蓋瑪分布的隨機數值之演算步驟，背景理論請參考進階書籍。

極座標法生成常態變數的出象或例子的主要步驟：

1. 生成兩個 U(0, 1) 的例子 u1 與 u2。
2. 同時生成兩個 Z ~ N(0, 1) 的例子：

   z1 = √(-2*LN(u1)) * cos(2*π*u2) 與

   z2 = √(-2*LN(u1)) * sin(2*π*u2)。
3. 再以 x = μ + z1 *σ 或 x = μ + z2 *σ 轉換成為 $X \sim N(\mu, \sigma^2)$ 的兩例子。

生成蓋瑪隨機數值的接受—拒絕演算步驟：

1. 指定 d = a – 1/3; c = 1/√(9*d)。
2. 生成標準常態 N(0,1) 例子 z，生成均值 U(0,1) 例子 u。
3. 讓 $v = (1 + c*z)^3$。
4. IF (z > -1/c 又 LN(u) < z*z /2+ d *(1 - v + LN(v)) THEN

   傳回 x = d*v*β

   ELSE

   跳回步驟 2

   END IF

FUNCTION norm(m, s) 演算法

// RAND( )Excel 函數傳回均值 U(0, 1) 隨機數值

// COS(d) : Excel 函數，傳回弧度 d 的餘弦函數

//PI() : Excel 函數，傳回圓周率

//LN(c) : Excel 函數，傳回 c 的自然對數

// 參數 m 與 s，分別代表標的常態分布的平均值與標準差

計算 z =√(-2*LN(u1)) * COS(2*PI()*u2)　　// u1, u2 = RAND( )

RETURN x = m + z *s

假設美髮師處理 1 位顧客的時間 X，符合一個 μ = 30 與 σ = 3 分鐘的常態變數，讓隨機變數 Y 代表美髮師服務 5 位顧客的處理時間，Y 的一個估計值 $y = x_1 + x_2 + ... + x_5$ 只是一次模擬結果，依據上述演算法執行一次模擬獲得的輸出，顯示大約兩個半小時後就能赴約。

	u1	u2	z	x	sum x
1	0.4925	0.0945	0.9865	32.9595	32.9595
2	0.7471	0.863	0.4978	31.4934	64.4529
3	0.9589	0.612	-0.2209	29.3373	93.7902
4	0.5553	0.9461	1.0231	33.0693	126.8595
5	0.8162	0.6292	-0.4386	28.6842	155.5437

應用 G. Marsaglia and W. Tsang 法演算過程

假設美髮師處理 1 位顧客的時間 G，符合一個蓋瑪分布 α = 30, β = 1 的機率行為，讓 z 是標準常態的例子，d = α - 1/3 = 29.6667，c = 1/√(9*d) = 0.0612，$v = (1 + c*z)^3$，$zdv = z^2 + d*(1 - v + LN(v))$，g 是蓋瑪分布 Γ(α, β) 的一個例子，sum 是累加顧客美髮時間，底下列舉一次模擬的過程：

z	if z>-1/c	v	zdv	LN u	if LN u<zdv	g	sum
0.8706	1	1.1685	-0.0001	-0.149	1	34.6659	34.6659
1.6272	1	1.3295	-0.0021	-0.2054	1	39.4423	74.1082
0.6545	1	1.125	0.0001	-0.5182	1	33.3754	107.4836
1.4905	1	1.2994	-0.0016	-0.0981	1	38.5493	146.0329
1.3812	1	1.2756	-0.0009	-0.0761	1	37.8432	183.8761

此次模擬結果顯示 180 餘分鐘，即大約 3 個小時後才能赴約。

Chapter 4

連續系統模式

4-1 數位化物件屬性

天體運轉連續不斷地進行，它們何時開始與如何結束，超出人力的想像。為了方便記錄時間長短，很久以前人們已經透過觀察地球與鄰近星球太陽和月亮等三個天體運行的相對位置，將地球帶著月球繞行太陽一周的時間稱為年，月亮繞行地球一周的時間稱為一個陰曆月，地球自轉一周的時間稱為日，然後延伸定義陽曆月、星期、時、分、秒以及更微小的計時單位。這類將物件的連續性質轉換為離散性質，就是一種離散化的過程。如同時間，人們感受內外世界的差異，眼睛看到的形色、耳朵聽到的聲音、鼻子聞到的氣味、舌頭嘗到的味道、身體觸摸到的感覺以及心理流轉的意識，都是屬於連續的波譜，隨著資訊科技使用二進位符號表示物件性質的普及而進入數位時代，幾乎所有資訊的儲存、處理與擷取都是屬於離散世界。然而無論使用多麼精細密度數位化物件的連續性質，還是不可能完全覆蓋原始物件的所有本質，只是人類的感官已經無法分辨細微的差異。

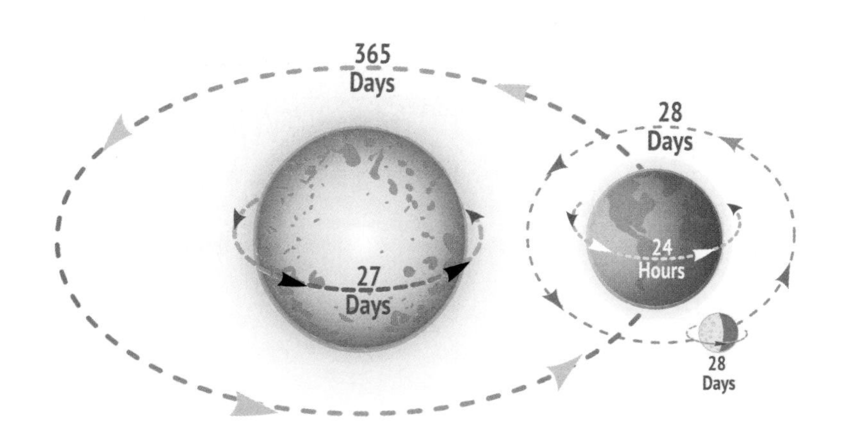

4-2 摘要

以一階微分模式表示物件旅行距離與所費時間稱為速度的物理現象，以及以二階微分模式表示速度在單位時間變化的加速度，都是我們熟知的課題。同理，我們也可以使用微分方程式表示某時空範圍的某些物種族群數量的消長，更進一步地使用微分聯立方程式模式表示數種族群或物件的相互變遷。雖然微積分理論提供許多稱為解析法的傳統解法，還是有許多函數沒有或根本不存在可行解，這個時機模擬方法可以提供一個近似解。模擬方法首先以一個虛擬時空表示真實系統的環境，再將虛擬時空分割或離散化使成為序列的點，然後依序逐步模擬物件屬性的演變。這種模擬演算法可以沒有包括隨機因子，由於求解微分方程式本來就是函數積分的應用，因此也稱為數值積分法。

泰勒定理使用函數微分理論，以一個依序微分階數的多項式表示一個數學函數。已知多項式表示微分方程式又可以形成一個迭代公式，如此得以模擬物件屬性隨著時空的漸進演變。由於連續系統離散化的過程必定存有不可避免的誤差，當然越高階多項式發生的誤差越小，但是計算次數也越多。本章應用泰勒展開式，模擬求解數個微分方程式與聯立微分方程式，並探討迭代累進間距與展開式階數產生誤差的問題。

4-3 族群成長模式

物種族群成長 (Population Growth) 不僅是生態學關切的課題，從長遠角度來看地球上幾乎任何一種族群規模的變化，例如大量蝗蟲過境影響農作物產量、細菌或病毒傳染造成人類巨大傷亡等歷史記錄，以及近年來紅螞蟻、福壽螺與銀膠菊蔓延等事件，都可能影響人畜健康與改變人類的生活條件。底下我們列舉 3 個代表物種族群隨著時間成長的微分模式。

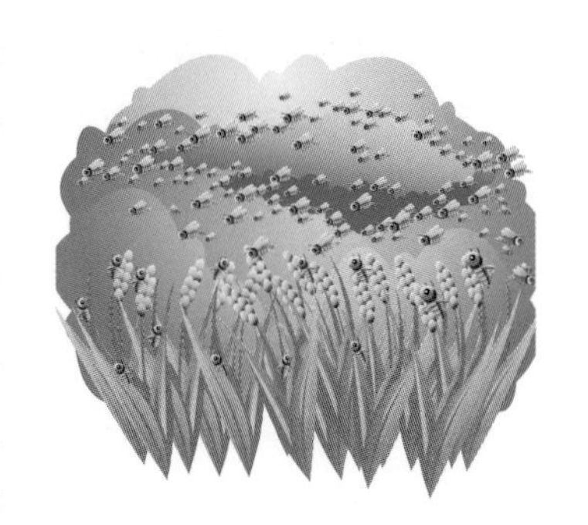

十八世紀末期為了了解生物族群動態變化，許多專家學者著手發展模式化族群的方法，其中英國經濟學者馬爾薩斯 (Thomas Malthus) 首先提出預測世界人口成長的模式，讓 λ 是一個比率常數，則人口總數 x 隨著時間 t 的變化率函數為：

dx/dt = λ x

描述族群消長的馬爾薩斯模式基本上是一個指數成長函數 (Exponential Growth Model)，它的反應值隨著時間而持續增加，這並不符合族群增生的自然現象。從常識來看，就算沒有天敵、沒有食物匱乏的狀況，也沒有任何一個族群能夠無限制地增生。因為大環境如水源、土地與空氣等天然資源都有各自的極限，只能夠支持一定的最大族群數量，學者稱它為天井數 xmax。如此形成一個描述族群成長的修正模式，稱為邏輯 (Logistic) 模式：

dx/dt = λ *x*(1 - x/xmax)

同馬爾薩斯模式 dx/dt 表示族群數量 x 隨著時間 t 的變化率，λ 是一個族群成長比率常數，x/xmax 表示族群飽和度，所以 1 - x/xmax 表示系統還能夠繼續成長的比率。這個模式比較接近實際的系統行為，又當 x 趨近 xmax 時，1 - x/xmax 幾乎等於 0，族群數量達到一個接近 xmax 的常數。

1960 年代雷爾德 (A. K. Laird) 觀察在可用養分有限狀況下，腫瘤細胞族群只會在被限制空間成長的理論，首度提出腫瘤成長 (Tumor Growth) 數

據吻合甘培茲曲線 (Gompertz Curve) 的變化。讓 x 表示在時間 t 腫瘤細胞族群，L 表示可用養分限制下族群成長的最大數目，λ 是一個比率常數，LN(k) 表示 k 的自然對數，底下是一個甘培茲族群成長模式：

$$dx/dt = \lambda * x * LN(L / x),\ 0 < x < L$$

物種成長模式不僅適用於生物，更有多方面的應用，例如空氣中某元素含量或比率、河流含氧量的變化、混合溶液某屬性的變化，以及之前介紹的訊息等無形物件的傳播。

指數成長模式的常數項

讓 x(t) 表示時間 t 某物種族群規模 (Size)，λ 為族群隨著時間成長的係數，假設符合指數成長模式 $dx/dt = \lambda x$，若初始值 (Initial Value) 已知，如何估計 x(t)？如何估計常數 λ？

首先這個簡單的微分方程式存有如下解析解法：

變數分離：$dx/x = \lambda dt$

等式兩邊積分：$\int dx/ x = \int \lambda dt$，$LN(x) = \lambda t + c$

獲得：$x(t) = EXP(\lambda t + c)$ // 函數 EXP(x) 傳回 x 的指數運算輸出

估計常數 λ 的可能途徑：

- 使用理論或文獻建議數值，或
- 觀察收集 (t_i, x_i)，$i = 0, 1, 2, ..., n$，應用統計回歸分析方法求解。

建立傳染病蔓延模擬模式

假設某傳染病經由接觸感染，又被感染後從此終身免疫，讓 Y 代表某地區人口數，x 與 Y - x 分別代表已感染與未感染人數，假設常數 λ 等於每一位帶病者傳染給未染病者的人數，染病人數隨著時間 t 的成長率是一個 x、Y 與 λ 的函數，dx/dt = f(x, Y, λ)。

使用者可能自行發展適用的函數 f 或選用他人建議的模式，然而模擬傳染病蔓延模式之前，必須確定 Y 與 x 的初始值，以及從文獻或觀察記錄獲得合理的比率係數 λ。

老鼠族群成長模式

讓 x(t) 代表在時間 t 一窩老鼠的族群數量，假設食物充足且沒有天敵，但生存環境資源只能供應 200 隻老鼠，又假設成長常數 λ = 5，若最初只有野放一對老鼠，因此初始值 $t_0 = 0$，$x(t_0) = 2$。

邏輯成長模式：族群成長率 dx/dt 等於成長比例係數 λ、當時數量 x 與尚可繼續成長數量 (200 - x) 的乘積成正比。

dx /dt = 5 *x* (1 - x/200)

甘培茲族群成長模式：族群成長率 dx/dt 等於尚可繼續成長數量 (200/x) 的自然對數，以及成長比例係數 λ 與 x 的乘積成正比。

dx /dt = 5* x *LN(200/x)

4-4 離散化連續系統

當代表系統狀態的變數不間斷地隨著時間變化，它就是一個連續系統，而表示系統動態的數學模式，最常見的是使用一個或一組微分方程式，因為微分方程式是一個簡潔又能準確描述組成系統的物件隨著時間或空間等環境不斷變化的模式。因此除了族群成長，在物理、化學與生物等領域，不乏使用微分方程式表示物件屬性如數量或狀態的演化例子。

建立模擬連續系統的模式，我們可以從微分的定義開始，讓 x(t) 代表時間 t 物件在一個平面的位置，如此 x(t+h) - x(t) 等於從時間 t 至 t+h 或 h 間隔期間物件移動的距離，當間隔時間 h 趨近於零時，

$$dx/dt = \lim h \rightarrow 0 \frac{x(t+h) - x(t)}{h}$$

由於物件位置 x(t) 對 t 微分必然是一個包含 x(t) 與 t 的函數 f(t, x(t))，如此：

$f(x(t), t) \fallingdotseq \dfrac{x(t+h) - x(t)}{h}$，然後轉換成為底下近似值公式：

$x(t+h) \fallingdotseq x(t) + h\ f(t, x(t))$

接著在時間軸 t，抽取 n+1 取樣點，讓 $t_k = h\ k + t_0$，$t_0 <= t <= t_n$，k = 0, 1, ..., n，帶入公式 x(t+h)，並以等號 = 替代近似值符號≒得到：

$x(t_k + h) = x(t_k) + h\ f(t_k, x(t_k))$，以及

$x(h\ (k+1) + t_0) = x(h\ k + t_0) + h\ f(h\ k + t_0, x(h\ k + t_0))$

讓 h 是一個離散時間累進單位，假設起始時間 $t(0) = t_0 = 0$，x(0) 等於初始族群數量，當 $t_0 = 0$，$x(h\ k + t_0) = x(t_0) = x(0)$，t(1) = t(0) + h，如此：

x(1) = x(0) + h f(t(0), x(0))，同理 x(2) = x(1) + h f(t(1), x(1))，...，

x(k+1) = x(k) + h f(t(k), x(k))，k = 0, 1, ..., n

上述轉換連續系統成為離散函數的過程是一個連續系統離散化 (Discretizing) 的例子，如此形成的微分方程式 $dx/dt = f(x, t)$，若沒有易懂易用的解析解法，可以使用如連續函數離散化，稱為尤拉法 (Euler Method) 迭代模式獲得 $x(t)$ 的近似值。

理論上一個系統可以是沒有開始也沒有結束的過程，因此為了了解系統運作而建立的模式，必要訂立數個假設條件或環境限制。以研究族群成長系統為例，主要假設條件有起始時間 t_0 與族群數量 $x(t_0)$，因而形成一個初始值問題的模式：

$dx/dt = f(x(t), t)$，$x(t_0) = x_0$

指數成長模式

讓 $x(t)$ 代表在時間 t 某一動物族群數量，當食物充足，族群成長常數 $\lambda = 4.6$，假設族群成長符合指數模式 $dx/dt = 4.6\ x$，以及

使用尤拉公式 $x(k+1) = x(k) + h * 4.6\ x$，$t(k+1) = t(k) + h$，$k = 0, 1, ..., n$

讓間隔時間 $h = 0.05$，$t = 0$，$x(0) = 2$

當 $t = 0.05$，$x(0.05) = 2 + (0.05)*4.6*2 = 2.46$

當 $t = 0.1$，$x(0.1) = 2.46 + (0.05)*4.6*2.46 = 3.0258$

繼續進行迭代法運算，可以模擬不同時間點 t 的族群數量 $x(t)$。

註：已知這個指數成長模式的解析解答 $x(t) = x(t_0)\ e^{4.6t}$。

邏輯成長模式

假設生存空間只能供應 xmax = 200，上例的動物族群數量符合邏輯成長模式 $dx/dt = 4.6\ x\ (1 - x/200)$，初始值 $x(t_0) = 2$，對應的尤拉公式：

$x(k+1) = x(k) + h * 4.6\ x\ (1 - x/200)$，$t(k+1) = t(k) + h$，$k = 0, 1, ..., n$

當 $t = 0.05$，$x(0.05) = 2 + (0.05)*4.6*2*(1 - 2/200) = 2.4554$

當 $t = 0.1$，$x(0.1) = 2.4554 + (0.05)*4.6*2.4554*(1- 2.4554/200) = 3.0132$

註：邏輯模式也有解析解答 $x(t) = xmax / (1 - (1 - xmax / x_0)\ e^{-\lambda t})$。

比較指數與邏輯成長模式尤拉法模擬過程圖表

t	x(k) expon	x(t)	y(k) logic	y(t)
0	2	2	2	2
0.05	2.46	2.52	2.46	2.51
0.1	3.03	3.17	3.02	3.15
0.15	3.73	3.99	3.7	3.95
0.2	4.59	5.02	4.54	4.94
0.25	5.65	6.32	5.56	6.18
0.3	6.95	7.95	6.8	7.72
0.35	8.55	10.01	8.31	9.62
0.4	10.52	12.59	10.14	11.96
0.45	12.94	15.85	12.35	14.82
0.5	15.92	19.95	15.02	18.31
0.55	19.58	25.11	18.22	22.51
0.6	24.08	31.6	22.03	27.53
0.65	29.62	39.77	26.54	33.45
0.7	36.43	50.06	31.83	40.36
0.75	44.81	63	37.99	48.28
0.8	55.12	79.29	45.07	57.19
0.85	67.8	99.8	53.1	67.02
0.9	83.39	128.61	62.07	77.63
0.95	102.57	158.09	71.92	88.79
1	126.16	198.97	82.51	100.24

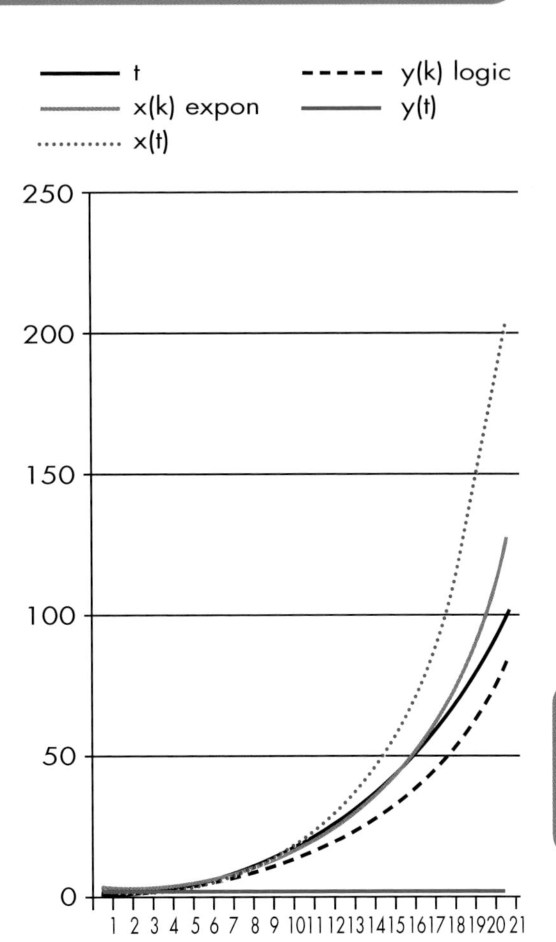

4-5 泰勒方法

使用尤拉法模擬連續系統物件屬性隨著時間演進的確易懂易用，仔細檢視得知它是植基於直角三角形的性質：

$t_{k+1} = t_k + h$，

x(k+1) = x(k) + h f(t(k), x(k))，k = 0, 1, ...n

讓 f(t(k), x(k)) 類比一個直三角形的斜邊，h 等於橫軸從 t 至 t+h 的距離，x(k+1) - x(k) 為三角形的高。如此以直角三角形的直線斜邊代表連續系統的非線性曲線，當然可能產生誤差。

如同資訊科技使用數位訊號表示顏色、影像與聲音等類比訊號，不管如何精密地轉換，理論上誤差終究存在，但是當離散化顏色或聲音的微小差異小於人們的感官敏感度，這些誤差就變得不重要了。

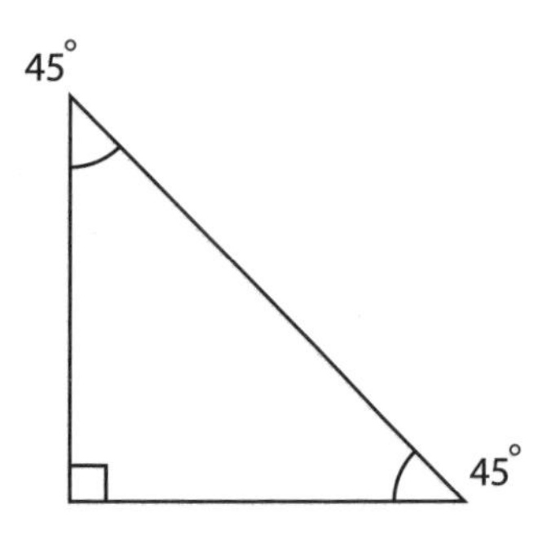

同理使用離散模式描述連續系統也存有不可避免的誤差，因此只能獲得近似值。從離散化的過程，為了獲得比較準確的估計值，我們可以採用比較小的 h 或使用比較高階多項式表示 x(t) 至 x(t+h) 的演進過程。考慮底下泰勒定理 (Taylor's theorem) 展開式：

$$x(t+h) = \sum_{k=0}^{\infty} x^{(k)}(t)h^k / k!$$

式中 $x^{(k)}(t)$ 表示 x(t) 針對 t 的 k 次微分，k! 表示 k 的階乘。

植基於泰勒定理的連續函數離散化的方法有多種選擇，例如之前使用的尤拉法，它是 k = 1 的特例。底下我們說明二階 k = 2 的泰勒展開式：

$x(t+h) \fallingdotseq x(t) + h\, x^{(1)}(t) + h^2 x^{(2)}(t) / 2$，依據之前的定義

$x^{(1)}(t) = dx/dt = f(x, t)$，所以

$x^{(2)}(t) = d\, f(x, t)/dt = \delta f/\delta t + \delta f/\delta x\, dx/dt$

式中符號 δf/δt 等於 f(x, t) 針對 t 的偏微分，同理 δf/δx 等於 f(x, t) 針對

x 的偏微分。如此 $x(t+h) \fallingdotseq x(t) + h\, f(x, t) + h^2 (\delta f/\delta t + \delta f/\delta x\, f(x, t))/2$，如同尤拉法離散化後得到：

$t_{k+1} = t_k + h$

$x(k+1) = x(k) + h * f + h^2 (\delta f/\delta t + \delta f/\delta x *f) / 2$

當然二階的泰勒方法比起一階的尤拉方法較為趨近事實，不過進行迭代過程需要事先求得 f(x, t) 針對 t 與 x 的偏微分函數。

建立馬爾薩斯模式的泰勒公式

考慮底下馬爾薩斯模式的初始值問題：

$dx/dt = 5x$，$x(t_0) = 2$

泰勒方法包含 x(t) 二次微分的模式，因此必須先行偏微分運算：

$x^{(2)}(t) = d\, f(x, t)/dt = \delta f/\delta t + \delta f/\delta x\, dx/dt$

$\delta f/\delta t = \delta 5x/\delta t = 0$

$\delta f/\delta x = \delta 5x/\delta x = 5$，獲得

$x^{(2)}(t) = 5\, f = 5*x(k)$，如此以二階泰勒展開式離散化

$t_{k+1} = t_k + h$

$x(k+1) = x(k) + h *5*x(k) + h^2 *5 *5*x(k)/ 2$

$= x(k) + h *5*x(k) *(1 + h*5 /2)$

註：本例馬爾薩斯模式的解析解答 $x(t) = e^{5t}$。

泰勒方法紙筆模擬過程

已知 $\lambda = 5$，假設 $h = 0.05$

當 $t_0 = 0.05$，$x(0.05) = 2 + (0.05)*(5*2) *(1 + 0.05*5/2) = 2.56$

當 $t_1 = 0.1$，$x(0.1) = 2.56 + (0.05)*(5*2.56) *(1+ 0.05*5/2) = 3.28$

比較指數與邏輯成長模式尤拉法模擬過程圖表

t	x(k)	x(t)
0	2	2
0.05	2.56	2.57
0.1	3.28	3.3
0.15	4.2	4.23
0.2	5.38	5.44
0.25	6.89	6.98
0.3	8.83	8.96
0.35	11.31	11.51
0.4	14.49	14.78
0.45	18.57	18.98
0.5	23.79	24.36
0.55	30.48	31.29
0.6	39.05	40.17
0.65	50.03	51.58
0.7	64.1	66.23
0.75	82.13	85.04
0.8	105.23	109.2
0.85	134.83	140.21
0.9	172.75	180.03
0.95	221.34	231.17
1	283.59	296.83

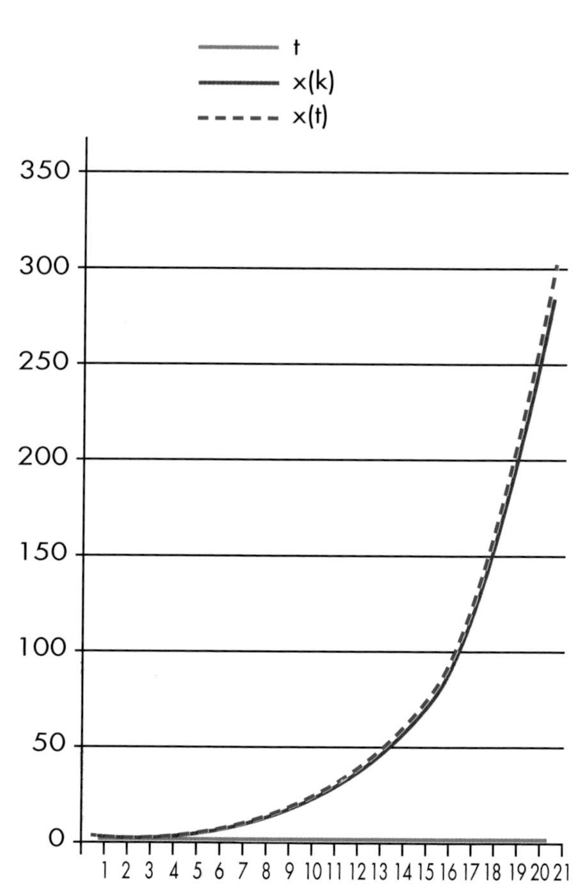

4-6 郎吉卡達法

雖然尤拉法簡單易懂，但是準確度低且有可能發生不穩定的情形，泰勒方法能夠提供準確度較高的解答，但是它需要預先進行函數偏微分。

$x(k+1) = x(k) + h*f + h^2 (\delta f/\delta t + \delta f/\delta x*f) / 2$

底下我們說明可以消除函數偏微分的過程，考慮重新組合泰勒公式：

$x(k+1) = x(k) + h*f/2 + h (f + h*df/dt + h*df/dx*f)/2$

以及一個兩變數函數一階泰勒展開式：$f(t+h, x+k) = f(t, x) + h*df/dt + k*df/dx$。

讓 $k = h*f$，獲得：$f(t+h, x+h*f) = f(t, x) + h*df/dt + h*df/dx*f$

帶入組合泰勒公式得到：$x(k+1) = x(k) + h*f/2 + h f(t+h, x+h*f)/2$

讓 $r_1 = f(t_k, x(k))$，$r_2 = f(t+h, x+h*f)$，帶入上式得到稱為中點 (Midpoint) 方法的公式：$x(k+1) = x(k) + h*(r1 + r2)/2$，$k = 0, 1, ..., n$。

再考慮 $f(t+h/2, x+k) = f(t, x) + df/dt *h/2 + k*df/dx$，讓 $k = f*h/2$，帶入獲得：

$f(t+h/2, x+f*h/2) = f(t, x) + df/dt*h/2 + df/dx*f*h/2$

帶入泰勒公式：$x(k+1) = x(k) + h*f/2 + h f(t+h/2, x+h*f/2)/2$

讓 $k_1 = f(t_k, x(k))$，$k_2 = f(t_k + h/2), x(k)+hk_1/2))$，可以獲得稱為二階郎吉卡達 (Second Order Runge-Kutta) 公式：$x(k+1) = x(k) + h*(k_1 + hk_2)/2$。

郎吉卡達公式的 k_1 等於尤拉法在 $h = t_{k+1} - t_k$ 區間的 t_k 端的增量 (Increment) 或坡度 (Slpoe) 的近似值，而 k_2 等於使用 k_1 在區間中點的估計坡度。從估計 $x(t)$ 的角度來看，因為 k_2 使用端點與中點的數據，當然比僅使用端點數據的 k_1 準確。

理論上使用高階泰勒展開式當然能夠提供比較準確的近似值，但是進行三次、四次甚或更高階的函數微分，實在太麻煩也太困難了。考量複雜度與準確性需求，在模擬動態連續系統研究，學者專家偏好四階郎吉卡達公式：

$K_1 = f(t_k, x(k))$

$K_2 = f(t_k+h/2, x(k)+h*k_1/2)$

$K_3 = f(t_k+h/2, x(k)+h^* k_2/2)$

$K_4 = f(t_k+h, x(k)+h^*k_3)$

$t_{k+1} = t_k+h$

$x(k+1) = x(k) + h^*(k_1 + 2 k_2 + 2 k_3 + k_4)/6$

四階郎吉卡達公式的 K_1 與 K_2 相同於二階方法，假如我們使用 k_2 在區間中點估計坡度，那麼 k_3 就是在中點的另一個坡度估計值，最後使用 k_3 橫跨區間 h 估計在 t_{k+1} 端點的坡度獲得 K_4。

建立度量氣壓的模擬模式

氣壓計系統

受到地球引力作用，包圍地球的空氣層距離地面越高越稀薄，度量在地球表面空氣層的重量（也就是大氣壓力）的器具稱為氣壓計。一般的水銀氣壓計在海平面為 1013 毫巴 (hpa)，水銀柱高度 29.92 英寸或 76 公分。

微分模式

讓 x(t) 代表地面高度 t（單位：100 公尺）以水銀柱高度度量的大氣壓力，假設氣壓只是地面高度的函數，不受地形與風向或其他因素的影響，又水銀柱高度隨著地面高度成反比，若變化率常數等於 0.0125，一個代表氣壓計系統的微分初始值模式如下：

$dx/dt = - 0.0125\ x$

初始值 $t_0 = 0$，$x(t_0) = 76$

度量氣壓模擬過程與結果，令增量 h = 100 公尺

100 m	r1	r2	r3	r4	x(k) cm	x(t) cm	hpa
0	0	0	0	0	76	76	1013
1	-0.95	-0.94406	-0.9441	-0.9382	75.05591	75.05591	1000.416
2	-0.9382	-0.93234	-0.93237	-0.92654	74.12355	74.12355	987.9889
3	-0.92654	-0.92075	-0.92079	-0.91503	73.20278	73.20278	975.7159
4	-0.91503	-0.90932	-0.90935	-0.90367	72.29344	72.29344	963.5954
5	-0.90367	-0.89802	-0.89806	-0.89244	71.39539	71.39539	951.6254
6	-0.89244	-0.8869	-0.8869	-0.88136	70.5085	70.5085	939.8042
7	-0.88136	-0.87588	-0.87588	-0.87041	69.63263	69.63263	928.1297
8	-0.87041	-0.865	-0.865	-0.8596	68.76764	68.76764	916.6003
9	-0.8596	-0.85426	-0.85426	-0.84892	67.9134	67.9134	905.2141
10	-0.84892	-0.84364	-0.84364	-0.83837	67.06976	67.06976	893.9694

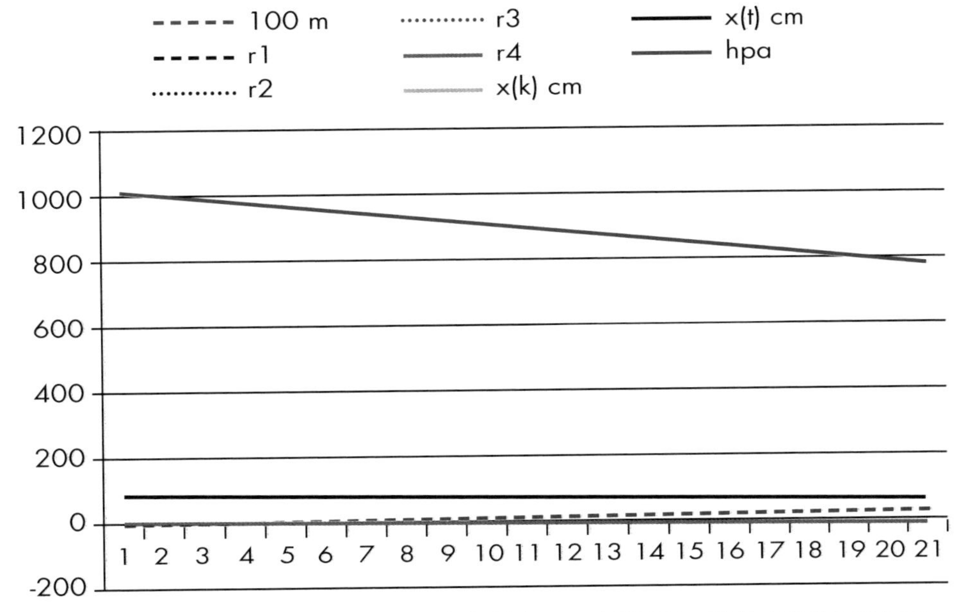

註：從以上圖表可以發現四階郎吉卡達法模擬輸出 x(k) 與解析法 x(t) 的有效數字皆相同，這也是它獲得大多數學者專家青睞的緣故。

4-7 獵食者與獵物模式

除了人為環境，單一族群不太可能自主消長，如同俗語說「一物剋一物」的規律，所以模式化族群盛衰必須考慮相關族群與環境的相互影響，著名的羅卡默德拉 (Lotka-Volterra)，是一組二元聯立微分方程式表示兩族群交互消長的模式：

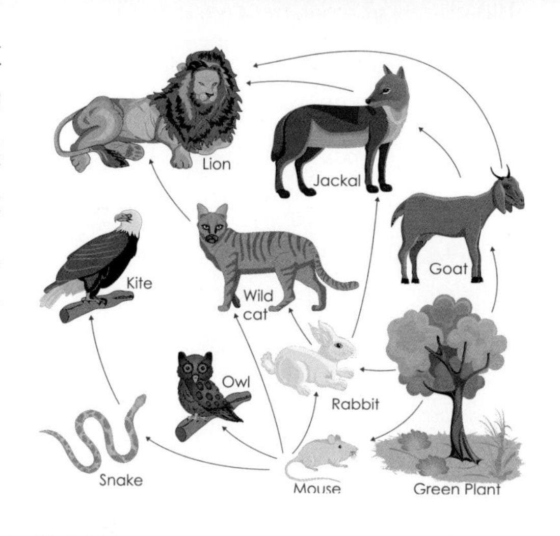

$dx/dt = a\,x - b\,x\,y$

$dy/dt = -c\,y + d\,x\,y$

式中的 dx/dt 與 dy/dt 分別表示族群數量 $x(t)$ 與 $y(t)$ 隨著時間 t 的消長率。假設族群 y 稱為獵食者，而 x 代表被捕食的犧牲者，因此也被稱為獵食者與獵物 (Predator/Prey) 模式。讓 a 代表 $x(t)$ 在食物充足下自然增生率常數，c 等於 $y(t)$ 的自然死亡常數，b 與 d 分別代表兩族群數量 $x(t)y(t)$ 交互影響或稱為環境限制容量的係數，也可看作 $x(t)$ 死亡與 $y(t)$ 增生的互動常數。為了方便計算，可以將這個模式的公式重新定義 b 與 d，改寫為：

$dx/dt = a\,x\,(1 - b\,y)$

$dy/dt = c\,y\,(-1 + d\,x)$

如此上述模式構成一個二元聯立一階微分方程式，加上假設初始值的通式：

$dx/dt = f(t, x(t), y(t))$

$dy/dt = g(t, x(t), y(t))$

$x(t_0) = x_0$

$y(t_0) = y_0$

底下我們列出模擬兩族群消長系統的郎吉卡達公式：

讓 t_0, x_0, y_0 代表初始值

$r1 = f(t_k, x(k), y(k))$

$s1 = g(t_k, x(k), y(k))$

$r2 = f(t_k+h/2, x(k) +h*r1/2, y(k) + h*s1/2)$

$s2 = f(t_k+h/2, x(k) +h *r1/2, y(k) + h*s1/2)$

$r3 = f(t_k+h/2, x(k) +h*r2/2, y(k) + h*s2/2)$

$s3 = f(t_k+h/2, x(k) +h*r2/2, y(k) + h*s2/2)$

$r4 = f(t_k+h, x(k) +h*r3, y(k) + h*s3)$

$s4 = f(t_k+h, x(k) +h*r3, y(k) + h*s3)$

$t_{k+1} = t_k+h$

$x(k+1) = x(k) + h*(r1 + 2\,r2 + 2\,r3 + r4)/6$

$y(k+1) = y(k) + h*(s1 + 2\,s2 + 2\,s3 + s4)/6$

模擬兩族群消長的模式

假設一個生態系統，有一種是被捕食的族群，例如田鼠 x 的食物不虞匱乏，另一種是只獵食這些田鼠賴以生存的野貓 y。讓羅卡默德拉模式的常數：

$a = 5$，$b = 1/10$，$c = 3$，$d = 1/15$

田鼠族群消長率 $dx/dt = f(t, x, y) = 5*x *(1 - 1/10\,y)$

野貓族群消長率 $dy/dt = g(t, x, y) = 3*y *(-1+1/15\,x)$

初始值 $x(t_0) = 20$，$y(t_0) = 4$

Chapter 4 連續系統模式

使用郎吉卡達法模擬貓鼠消長過程，迭代增量 h = 0.1

k	r1	s1	r2	s2	r3	s3	r4	s4	x	y
0	0	0	0	0	0	0	0	0	20	4
1	60	4	66.7	6.72	66.08	7.23	70.21	10.96	26.6	4.71
2	70.36	10.93	71.43	15.89	67.82	16.7	60.42	23.46	33.42	6.37
3	60.66	23.47	44.77	32.37	35.86	33.01	6.09	42.56	37.22	9.65
4	6.51	42.88	-33.68	53.18	-41.03	50.56	-77.92	53.29	33.54	14.71
5	-78.99	54.54	-110.03	50.88	-101.7	44.99	-107.61	32.16	23.37	19.35
6	-109.25	32.39	-98.22	12.19	-91.92	13.81	-76.07	-3.41	13.94	20.7
7	-74.58	-4.39	-53.51	-19.62	-54.74	-14.73	-39.06	-25.13	8.44	19.06
8	-38.23	-25.01	-25.49	-30.17	-27.06	-27.5	-18.09	-30.23	5.75	16.22
9	-17.88	-30.01	-11.46	-29.86	-12.24	-28.93	-7.53	-27.92	4.54	13.29
10	-7.47	-27.8	-3.96	-25.78	-4.34	-25.58	-1.5	-23.38	4.11	10.73
11	-1.5	-23.37	0.88	-20.97	0.66	-21	2.86	-18.68	4.18	8.63
12	2.86	-18.68	4.98	-16.43	4.85	-16.51	7.05	-14.43	4.67	6.98
13	7.05	-14.42	9.39	-12.49	9.37	-12.53	11.98	-10.76	5.61	5.73
14	11.98	-10.76	14.93	-9.13	15.02	-9.12	18.43	-7.6	7.12	4.82
15	18.44	-7.6	22.36	-6.18	22.61	-6.1	27.16	-4.73	9.38	4.21
16	27.16	-4.73	32.36	-3.39	32.77	-3.23	38.69	-1.82	12.65	3.88
17	38.71	-1.82	45.3	-0.31	45.76	-0.07	52.77	1.72	17.21	3.87
18	52.75	1.71	59.98	3.83	60.01	4.23	66.23	7.05	23.19	4.28
19	66.32	7.01	71.16	10.66	69.37	11.31	69.13	16.37	30.13	5.4
20	69.3	16.34	63.54	23.125	57.35	24	39.45	32.55	35.97	7.79

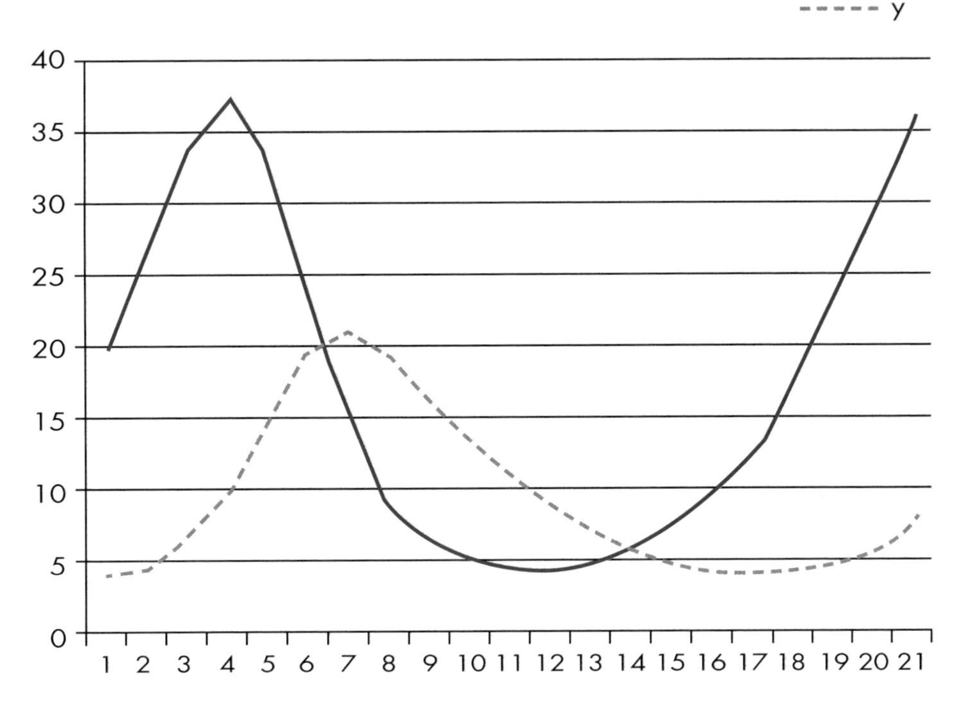

註：我們可以從模擬輸出清楚察覺，當田鼠數量 x 大量成長一段時間後，野貓因為食物充足，也會快速擴大族群。當野貓數量 y 增多到達一定數量，田鼠將被大量捕食而族群急遽變小，田鼠族群變小，後果是野貓的食物匱乏而使其族群也變小。當田鼠的天敵野貓數量縮減時，族群 x 就能夠大量成長。如此這兩種動物的消長，在獵物的食物充足時，達成一種週期性的生態平衡。

4-8 悉德泊湖模式

威廉斯 (R. A. Williams) 在 1971 年提出的明尼蘇達 (Minnesota) 悉德泊湖 (Cedar Bog Lake) 模式，植基於 1936 年，當時年輕博士班研究生林德萌 (R. Lindeman) 里程碑的研究成果。模式主要包含三類物種，湖中水草 (x_p)、草食動物 (x_h) 與肉食動物 (x_c)，以及湖泊底層沉積的有機物 (x_o)、環境消耗能源轉換 (x_e)，與驅動湖泊生態循環的太陽能輻射 (x_s) 等三種湖泊變數。模式化湖泊生態系統的能源容量變數，度量單位是卡洛里每單位平方公分 (Calories/cm^2)，複雜的湖泊系統就以如下聯立方程式與微分方程式，表示物種食物鏈、植物的光合作用、死亡物種的腐朽、生物呼吸和移動與環境的能源轉換等相互作用。

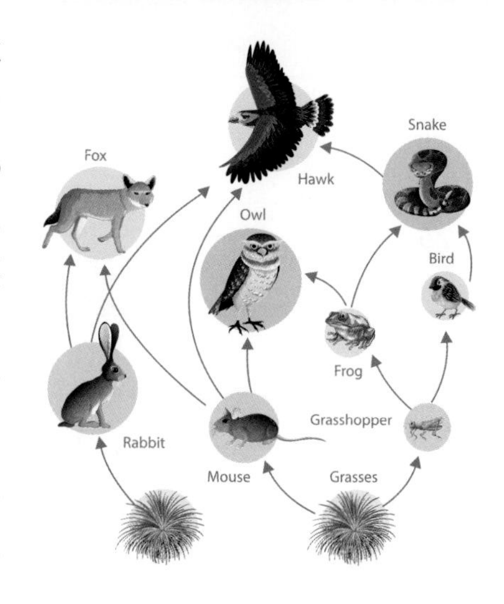

$d\,x_p\,/dt = x_s - 4.03\,x_p$

$d\,x_h\,/dt = 0.48\,x_p - 17.87\,x_h$

$d\,x_c\,/dt = 4.85\,x_h - 4.65\,x_c$

$d\,x_o\,/dt = 2.55\,x_p + 6.12\,x_h + 1.95\,x_c$

$d\,x_e\,/dt = 1.00\,x_p + 6.90\,x_h + 2.70\,x_c$

而以年為週期模式化太陽能輻射只是一個代數公式：

$x_s = 95.9\,(1 + 0.635 \sin 2\pi t)$

威廉斯論文中進行模擬的五個變數的初始值分別為：

$x_p(0) = 0.83$，$x_h(0) = 0.003$，$x_c(0) = 0.0001$，$x_o(0) = 0.0$ 與 $x_e(0) = 0.0$。

雖然模式包含五個一次微分方程式和一個代數公式，看起來有點複雜，但是可以將每一個微分方程式 i = 1, 2 ,..., 6，簡化為初始值問題的通式：

$dx_i/dt = f_i(x_s(t), x_p(t), x_h(t), x_c(t), x_o(t), x_e(t))$

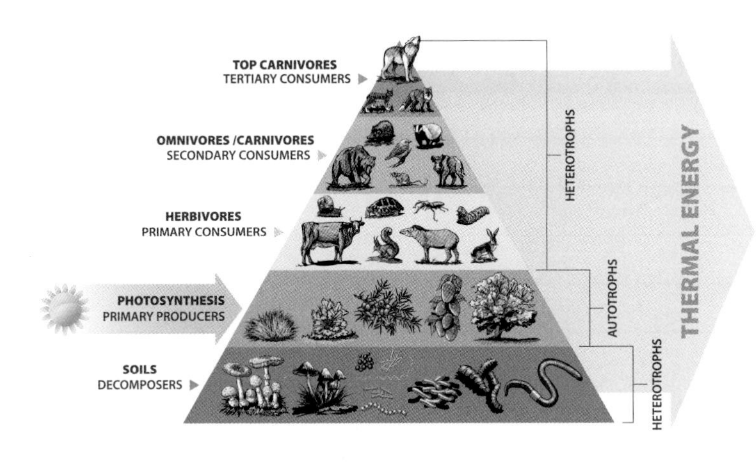

$x_i = x_s, x_p, x_h, x_c, x_o, x_e$

以年為週期模式化太陽能輻射只是一個代數公式，底下列出尤拉法模擬各項變數隨著時間的變化演算公式：

$t_{k+1} = t_k+h$

$x_s(k+1)= 95.9\ (1 + 0.635 \sin 2\pi t_k)$

$x_p(k+1) = x_p(k) + h\ (x_s(k) - 4.03\ x_p(k))$

$x_h(k+1) = x_h(k) + h\ (0.48\ x_p(k) - 17.87\ x_h(k))$

$x_c(k+1) = x_c(k) + h\ (4.85\ x_h(k) - 4.65\ x_c(k))$

$x_o(k+1) = x_o(k) + h\ (2.55\ x_p(k)+ 6.12\ x_h(k)+ 1.95\ x_c(k))$

$x_e(k+1) = x_e(k) + h\ (1.00\ x_p(k)+ 6.90\ x_h(k)+ 2.70\ x_c(k))$

悉德泊湖模式尤拉法模擬過程

各項系統變數的模擬數據，讓 h = 0.01，t = 0 至 t = 0.05。

t	太陽能源	湖中水草	草食動物	肉食動物	有機質	環境能源
0	95.9	0.83	0.003	0.0001	0	0
0.01	99.72372	1.793788	0.006448	0.000241	0.021351	0.0085097
0.02	103.5324	2.756822	0.013906	0.000542	0.067491	0.0289899
0.03	107.3109	3.718831	0.024654	0.001192	0.138652	0.055441359
0.04	111.0443	4.679405	0.038098	0.002332	0.235014	0.09436294
0.05	114.7181	5.638006	0.053751	0.004071	0.356716	0.143848744

● 悉德泊湖模式六種物件能源轉換 1.5 年來變化的模擬曲線 ●

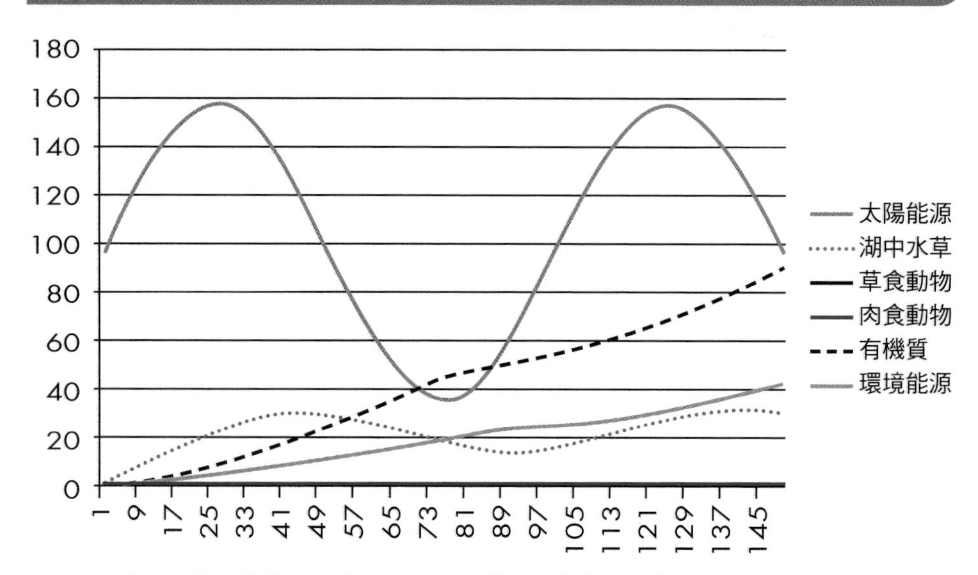

註：上圖使用尤拉法的輸出數據，由於各項變數的數值單位的差異很大，未能清楚表示草食動物與肉食動物的能源轉換，針對這兩族群繪製的兩條曲線清楚顯示，這兩群湖中生物 1.5 年間，借用能源轉換間接度量族群變化的演進。

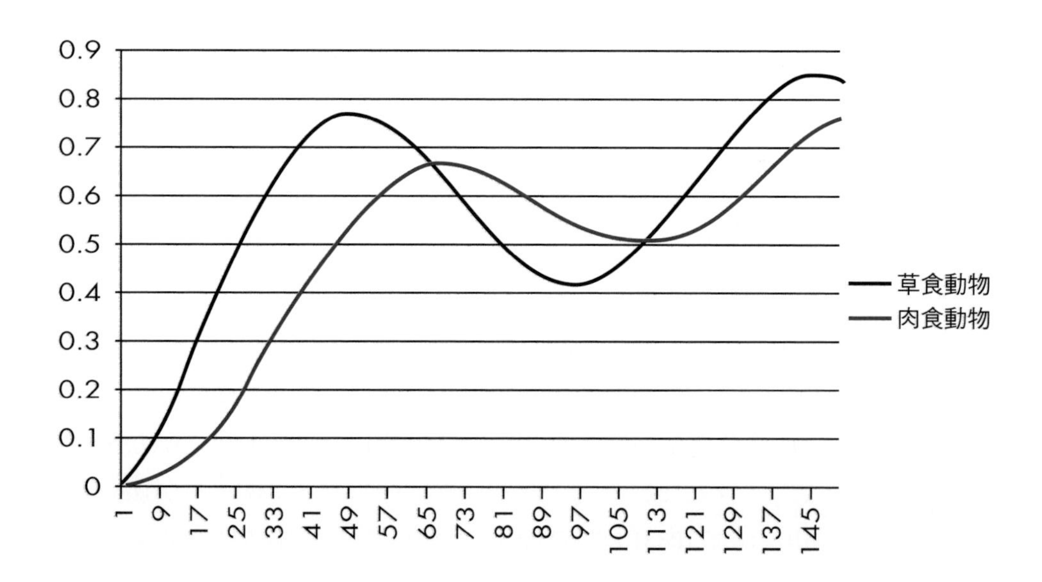

4-9 高階微分方程式

考慮一個固定的支架，懸掛一顆圓球的一條線段長度 L，拉開這條線與垂直線成角度 X 然後放開，這顆圓球受到重力加速度 G 與圓球重量 W 影響而來回地擺動，如下示意圖：

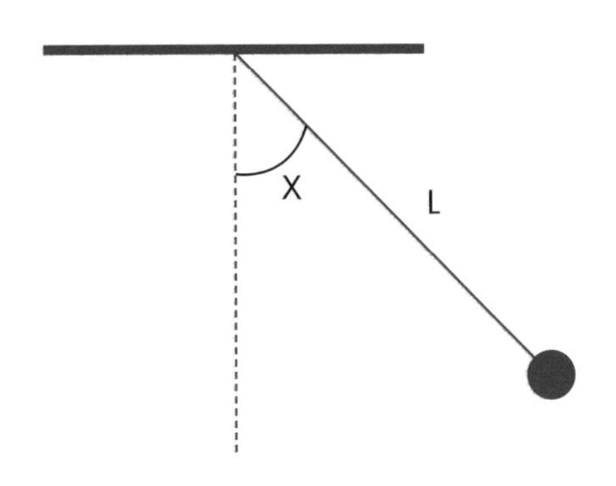

讓 x、G 與 L 分別表示角度、重力加速度與線段長度，代表鐘擺運動的典型模式是一個 x(t) 的二次微分方程式：

$d^2x/dt^2 + G/L\,x(t) = 0$

考慮一個二階微分方程式 $x''(t) = f(x'(t), x(t), t)$ 的初始值問題，x'' 與 x' 分別表示 x 針對時間 t 的第二階與第一階微分。如果不能由解析法獲得 x(t)，我們可以使用二元一次聯立微分方程式表示二階微分初始值問題，類比獵食者與犧牲者模式，讓 $x'(t) = y$ 其轉換過程如下：

$x'(t) = y = g(y(t), x(t), t)$

$y' = x''(t) = f(y(t), x(t), t)$

初始值 $x(t_0)$ 與 $y(t_0) = x'(t_0)$

同理 n 階微分方程式 $x^n(t) = f(x^{n-1}(t), ..., x'(t), x(t), t)$ 與初始值 $x^{n-1}(t_0), ..., x'(t_0), x(t_0)$ 的問題可以轉換成為底下的 n 元一次聯立微分方程式：

$x_1' = f_1(t, x_1, x_2, ..., x_n)$

$x_2' = f_2(t, x_1, x_2, ..., x_n)$

...

$x_n' = f_n(t, x_1, x_2, ..., x_n)$

初始值 $x^{n-1}(t_0), ..., x'(t_0), x(t_0)$

同理，表示動態連續系統的高階微分方程模式，都能轉換成為一次聯立微分方程式，然後再以尤拉、泰勒、郎吉卡達或其他離散化方法進行模擬。

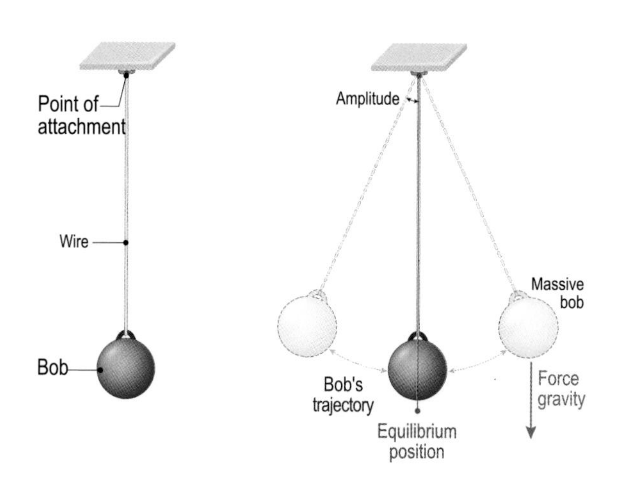

鐘擺運動模式

轉換二次微分方程式初始值問題 $d^2x/dt^2 + G/L\ x(t) = 0$，$x(0) = 30$，$x'(0) = 0$ 成為 $dx/dt = y = f(x, y, t)$

$dy/dt = - G/L * x = g(x, y, t)$

初始值 $x_0 = 30$，$y_0 = 0$

鐘擺運動模式解析方法

已知基礎物理的知識，隨著時間擺動的角度是重力加速度與鐘擺長度的函數，卻與圓球重量無關，它有個如下解析解法：

$x(t) = x(0)*\cos((\sqrt{G/L})*t)$

又擺動的頻率 $T = \sqrt{G/L} / 2\pi$，π = 圓周率

鐘擺運動模擬過程

比較尤拉法 (h = 0.001)、郎吉卡達法 (h = 0.1) 的模擬輸出與解析法數據圖表，顯示郎吉卡達法 (R-K) 在各個 t 值都非常接近解析法計算結果 Exact。

t	Euler	R-K	Exact
0	30	30	30
0.1	24.35742	24.31208	24.30959
0.2	9.434446	9.429018	9.39707
0.3	-9.13317	-9.01013	-9.08033
0.4	-24.3022	-24.0252	-24.113
0.5	-30.2936	-29.9372	-29.9982
0.6	-24.7939	-24.5163	-24.5032
0.7	-9.84848	-9.82275	-9.71266
0.8	8.899035	8.576012	8.762467
0.9	24.33766	23.71498	23.91345
1	30.5862	29.86818	29.99261
1.1	25.23348	24.71439	24.69375
1.2	10.26851	10.2128	10.02704
1.3	-8.65829	-8.14176	-8.44353
1.4	-24.3684	-23.4009	-23.711
1.5	-30.8778	-29.793	-29.9834
1.6	-25.6762	-24.9064	-24.8813
1.7	-10.6946	-10.5991	-10.3402
1.8	8.410851	7.707487	8.123548
1.9	24.39436	23.083	23.50554
2	31.16837	29.7117	29.97045

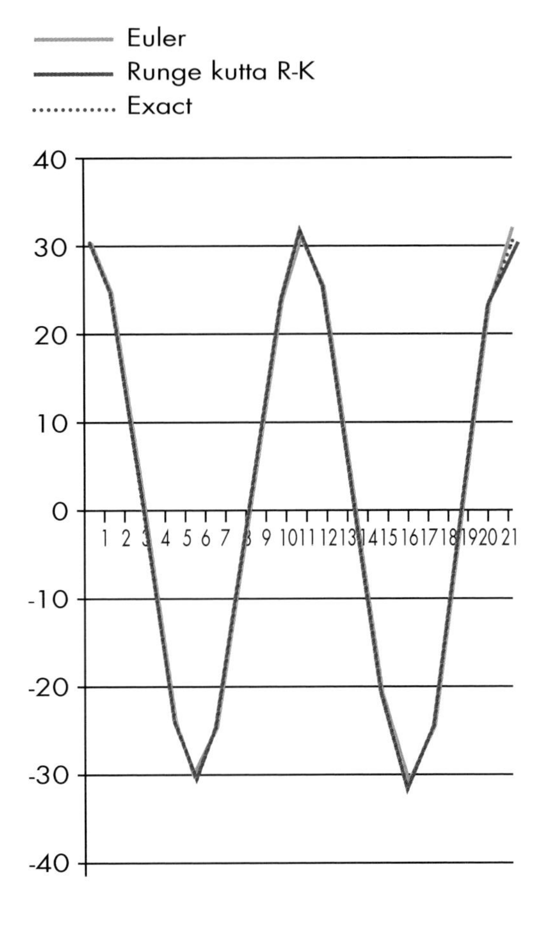

4-10 模擬誤差來源

之前介紹的尤拉、泰勒（二階）與郎吉卡達等模擬連續動態系統的模式，都是應用泰勒展開式的例子。為了進一步探討誤差問題，我們就從函數性質開始。當一個連續函數 f(x) 沒有反函數 (Inverse Function)，長久以來科學家常用泰勒展開式獲得這個函數積分的近似值。讓 x_0 是一個鄰近 x 的實數，將 $h = x - x_0$，帶入表示 f(x) 的無限級數 (Infinite Series) 的多項式 (Polynomial)，得到如下泰勒展開式：

$f(x) = f(x_0) + f^1(x_0)\ h + f^2(x_0)\ h^2/ 2 + ... + f^n(x_0)\ h^n/ n! + E$

展開式的 $f^n(x_0)$ 表示函數 f(x) 第 n 階微分在 x_0 的函數反應值，$n! = n^*(n-1)^*...^*1$，或整數 n 的階乘，誤差項 $E = f^{n+1}(x_0)\ h^{n+1}/(n+1)! + ... + f^\infty(x_0)\ h^\infty/\infty!$。讓 $t = x_0$，$x = t + h$，轉換變數 x 到時間軸，展開式可以改寫成為：

$f(t + h) = f(t) + f^1(t)\ h + f^2(t)\ h^2/ 2 + ... + f^n(t)\ h^n/ n! + E$，接著在時間軸 t_0 至 t_0+h 間取 n+1 個漸進樣點 (Sample)，我們獲得如下熟悉公式：

$x(k+1) = x(k) + h\ f^1(x) + f^2(x)\ h^2/2! + ... + f^n(x)\ h^n/n! + E$

根據公式本質，多項式次數 (Degree) 越高，其誤差值 E 越小，因此四階郎吉卡達公式比起一階的尤拉法與二階的泰勒方法較能獲得最佳的近似值，但是多項式的次數越高計算次數也會增加。

除了不同多項式模式之外，模擬過程在時間軸取樣點的多寡，是另一個產生誤差的因素。理論上 $h = x - x_0$，當然 h 越接近 0 誤差越小，然而在計算過程中由於表示數值的有效數字位數問題，常常造成不穩定或無法收斂的問題。既然使用有限的有效位數是一個不可避免的問題，模擬使用者如何決定適當的迭代間距？

底下以尤拉方法模擬馬爾薩斯族群成長模式來說明不同取樣間距的影響，假設 dx/dx = 5 x，$t_0 = 0$，$x(t_0) = 2$，我們比較三種迭代間距 0.01、0.025 與 0.05，從 t = 0 至 t = 1 的模擬過程顯示迭代次數越多差異越大。如下圖：

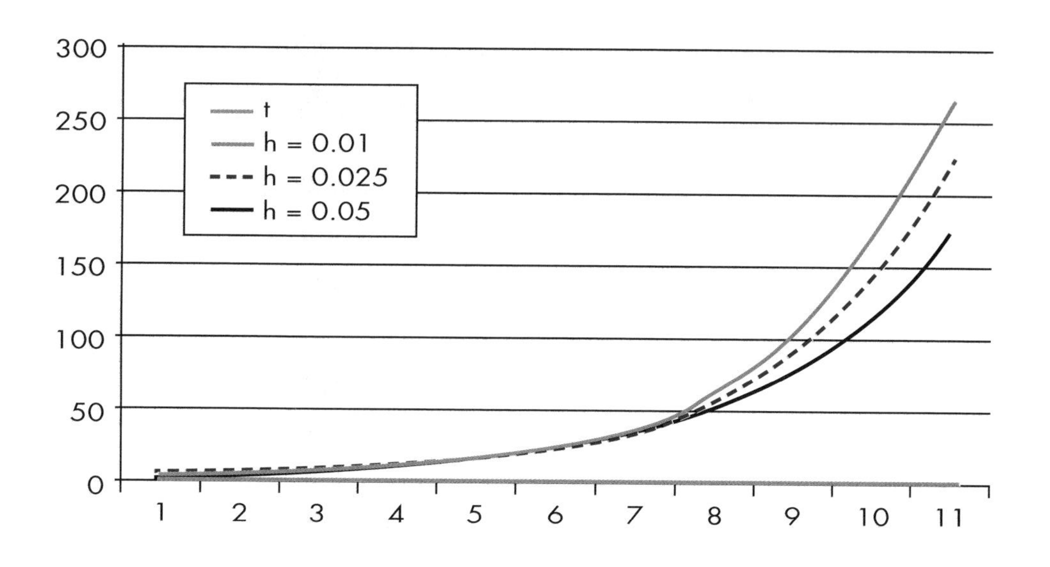

物種特徵遺傳模式與模擬

研究物種特徵 (Characteristic) 屬性 (Attribute) 代代遺傳的學者們，發現族群成長過程中，繁殖至第 t 代族群遺傳某一特徵的比率 x(t) 隨著世代的變化率，與 x(t)、1 - x(t) 以及 a - b x(t) 等三個數量乘積成正比。

$$dx/dt = k\,x\,(1 - x)(a - b\,x)$$

這個稱為混合選擇 (Hybrid Selection) 模式共有三個參數，族群成長的比例常數 k，以及代表控制特徵遺傳趨勢的常數 a 與 b。

假設某一果蠅族群含有某一屬性的遺傳變化的研究，在開始調查時含有計畫關切屬性的比率 x(t = 1) = 0.5，繼續觀察至第 5 代，x(t = 5) = 0.8。讓 k = 0.3，a = 3，b = 1，使用尤拉法但不同迭代間距模擬特徵比率 x(t)。

generation	h = 1	h = 0.1	h = 0.05	h = 0.01
1	0.5	0.5	0.5	0.5
2	0.625	0.61582	0.609064	0.608517
3	0.714063	0.701181	0.691366	0.69056
4	0.779426	0.765472	0.754543	0.753635
5	0.828406	0.814678	0.803676	0.802752

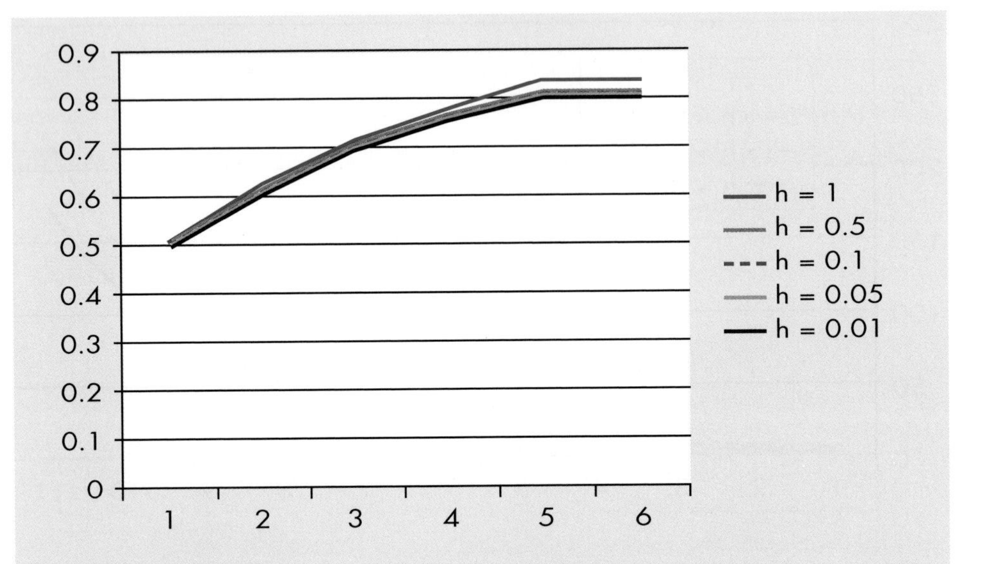

檢視不同 h，到達第 5 代時，整個族群含有研究關切屬性的比率都比觀測值高，不過間距越小越接近觀測值。又 h = 0.1 與 h = 0.01 在第五代的相對誤差小於 0.002，但計算次數相差 10 倍，因此預測到達後續世代族群這個屬性的研究，只要採用 h = 0.1 即可兼顧效率與效果。

註：一般模擬研究的最佳措施是在可容許的誤差範圍之內採用較低階的多項式或較大的間距增量，以增加運算效率，例如採用四階郎吉卡達公式，然後決定適當的迭代間距。

控制屬性遺傳趨勢的常數項 a 與 b

混合選擇模式的常數項 a 與 b 很有趣，它們控制屬性遺傳的型態，當 a < b，族群含遺傳屬性的比率遞增，反之當 a > b，族群含遺傳屬性的比率遞減，因此 b/a 相當於一個門檻值，詳如下圖顯示的曲線趨勢。

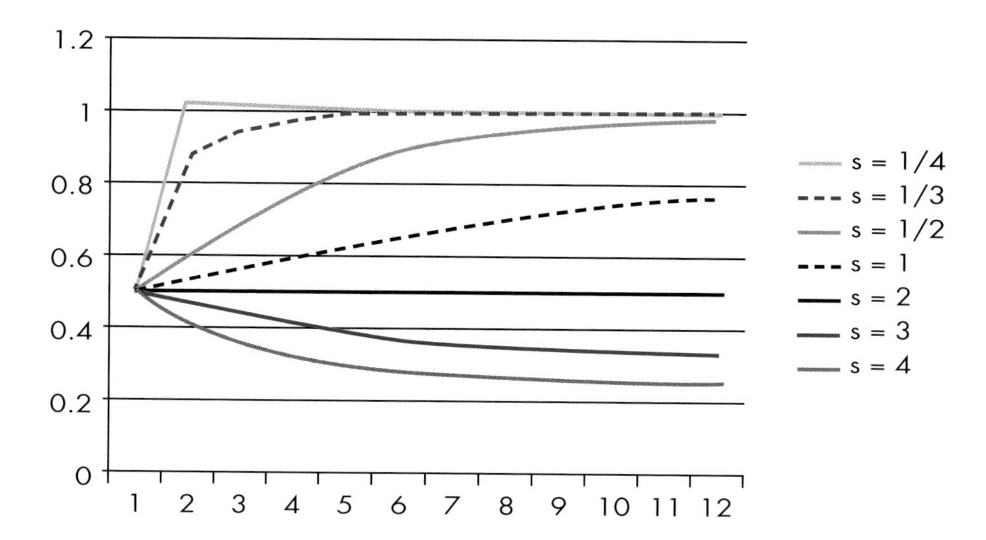

Chapter 5

ProModel 模擬軟體

5-1 上市軟體公信力

某醫學中心一位醫學博士腦內科資深教授，在一項藥品劑量研發計畫的彙整實驗數據階段，不吝提攜後進，特地邀請生物計量系最近聘任的新科統計博士進行分析。新科博士欣喜萬分能夠獲得前輩教授的青睞，沒有幾天便自行撰寫電腦程式執行變數之間的獨立性檢定，以及比較安慰劑與施以不同劑量水準之下實驗個體平均存活天數的差異，完成後興奮地急著呈現結果。教授問說：「你自行撰寫程式嗎？」年輕博士驕傲地回答：「是的。」教授帶著微笑說：「我不會懷疑你程式設計的能力，只是個人撰寫的電腦程式沒有公信力，請你使用通用知名的上市套裝軟體執行運算再交給我。」新科博士當下心裡非常不服氣，只能一臉失望地答應教授的指示。

5-2 摘要

早期電腦模擬套裝軟體的使用者，首先準備紙筆與熟悉套裝軟體建議的幾何圖形，繪製一個代表計畫標的系統的過程導向圖案，接著人工轉換成為套裝軟體定義的指令與格式，然後鍵入模擬細節相關的程序敘述，以形成能夠在可用資訊平台執行的模擬模式。隨著資訊科技的發展，現今的模擬軟體不但能夠在螢幕上直接使用內建圖形工具建立物件導向圖形檔案、在內建編輯表格輸入個別模式定義的常數與參數、進行模擬並輸出圖表與彙整數據，還有能夠及時觀賞模擬過程物件互動的動畫。模擬技術日漸成為人們解答問題的重要工具，若能獲得知名模擬軟體並細心研究，必能逐步提升建立模式、執行模擬與分析輸出的能力。

5-3 模擬軟體需求

模擬實作的過程，在建立代表系統物件互動邏輯的模式之後，才能進行模擬並分析輸出數據以形成結論。如果組成系統物件互動過程中包含隨機因子，若沒有可用內建函數，就必須自行撰寫對應的隨機變數產生器。在進行模擬活動中，當然必須記錄與累積物件屬性的變化，結束模擬後還要輸出適當的圖表與統計彙整。如此複雜工作樣樣需要結合資訊、系統與統計等相關專業人士才能勝任。

針對自然現象的連續系統，研究人士通常使用數學函數、微分方程式以及聯立微分方程式等表示物件之間的相互運作，而這些科學家大多具有撰寫電腦程式與操作資訊科技設備並解釋模擬輸出的能力，因此不太需要借助市售模擬軟體。

服務業與製造業的管理者在規劃或改善系統過程，應用模擬技術大多為了發掘物件在系統流動可能遇到的瓶頸，並尋求解決問題的方案。觀察物件在系統流動，儘管性質不同、應用不同，但是不外乎是由一個或數個「到達→等待→處理→離開」等序列或交互活動的組合。由於這類系統行為並不完全隨著時間連續變化，而是只在某些事件發生或結束的時間當下，物件屬性才會改變。

假設系統物件到達一個服務站或伺服器，加入一個等待線，然後依據某種規則或次序等待處理或服務，模擬團隊可能容易建立一個表示這個運作邏輯的

過程導向模式。但是電腦運作方式是類比於一種沿著時間軸的循序活動，因此方便人們進行溝通的過程導向模式，必須轉換成為隨著模擬時鐘演進的物件互動模式，如此系統分析師與程式設計師方能合作發展軟體以執行模擬。當然模式設計師也可以不必使用過程導向模式，而直接建立事件導向模式，它是一種模仿在某些特定時間點系統物件交互運作行為，一種容易轉換成為電腦程式的模擬模式。

滿足組織模擬軟體需求的途徑可分為自行、委託開發與購買上市產品等三類。假設大型企業考慮模擬活動屬於核心事業，必會建立一個專注模擬計畫的部門，自行研發模式、撰寫電腦程式、進行模擬並依據機率統計理論分析輸出以形成有用資訊。然而許多企業或許為了降低開發成本與時程，可能會委託模擬業者合作開發可行系統，或直接購買市售軟體，就能滿足組織模擬作業的需求。

建立模式、軟體製作與統計分析本來就是不同領域，模式設計師必須確保模式正確代表系統運作行為，程式設計師努力開發沒有瑕疵且能夠真實執行模式運算邏輯的軟體，至於輸出資料彙整、繪製圖表或參數估計等就應交給統計人員去費心了。目前上市模擬軟體大多可以在資訊平台直接發展模擬模式、進行模擬、觀看及時動畫，以及輸出統計彙整與常見圖表。

發展模擬軟體考量因素

- 系統屬性：不同系統運作活動大不相同，如表示物件隨著時間不斷演變的連續系統，使用數學式子就足以涵蓋運作邏輯，而有些行業營運活動則屬於多重物件互動的離散系統。
- 組織規模：開發與維護模擬軟體，大都需要資訊、統計與管理等專業人士，並投入大量金錢與超長研發時間，不是任何組織都能承擔。
- 使用頻率：某些模擬軟體天天必用，譬如天氣預報，但屬於規劃與比較現行或潛在系統等用途的使用頻率較低。

模擬軟體需求背景

- 科學家使用模擬方法解答沒有解析方法的複雜數學問題；氣象專家模擬颱風方向、風速、雨量，以及河流、湖泊、水庫水位高度；生物學家模擬生態系統之演變，如單一或多種族群的消長。
- 製造業與服務業等需求模擬技術改善採購、製造、裝配、儲存、運銷與展示等活動流程的效率與效果。
- 模擬民眾前往各級政府洽公、選舉活動投開票動線、公共運輸運量與時程、道路整修與路線規劃等公共政策。
- 從前就算能夠建立模式，但是進行模擬需要大量計算，單純人力可能無法勝任，直到能夠儲存大量資料與超強運算速度的資訊科技不斷演進的事實，人們日漸重視模擬方法。由於自行發展模擬軟體費時費事，許多廠商業界急需易學易用的模擬軟體。

取得模擬軟體的方式

1. 自行開發：大型企業或模擬技術本是營運核心項目的公司行號，具備投入必要金錢、人力與時間以及開發與維護系統的能力，還有承擔失敗風險的本錢，當然應該逕行發展量身打造的模擬軟體。
2. 委託開發：考量開發系統的成本與效益，委託信譽優良的專業廠商，合作發展模擬軟體也是一個選項。缺點包括成本較高、無法掌控進度，組織還是必備軟體使用與基本維護的能力。
3. 購買軟體：使用頻率較高或應用範圍較廣的模擬軟體需求量當然較大，因此廠商願意投入資源研發。中小企業類比共享資源方式，快速與低成本又分擔風險等因素，使用上市軟體也許是恰當的決策。缺點為有可能需要客製化、無法掌控系統除錯與更新時程等。

5-4 模擬軟體演進

依據研究目的與假設條件等表示系統運作邏輯的過程導向模式，因為抽象化程度的差異，原本不能在電腦平台直接執行。經過專家學者多年的研發，許多模擬軟體提供使用者直接在視窗元件建立代表系統的過程導向模式，輸入敘述系統狀態與隨機行為的參數、執行模擬並顯示過程的動畫，以及輸出常見統計圖表。

隨著計算與儲存能力顯著增強的第三代電腦的誕生，專家學者陸續開發許多實用模擬軟體套件，例如 1960 年代的 GPSS (General Purposes System Simulator)、1970 年代的 GASP (General Activity Simulation Program) 系列，以及結合 Fortran 電腦語言與 GASP 的 SLAM (Simulation Language for Alternative Modeling) 等。

1970 年代資訊科技還不至於能夠結合繪製代表系統運行過程的圖形、直接輸入模擬參數與模擬場景等活動，也未能直接在電腦平台執行模擬。使用者必先使用紙筆模仿套件建議的幾何圖案建立過程導向模式示意圖，然後自行轉換成為特定規範格式陳述集合的模擬模式，之後才能進行編譯與進行模擬。

雖然 GPSS 與 SLAM 軟體模式化系統的彈性有限，但是 1970 年代大多數工程師熟悉 Fortran 或 C 語言與等待線理論，因此借用如 GASP 系列的模擬語言所提供事件導向模式的程式模組，專業人士並不須太多辛勞就能建造某些模擬模式。

2000 年代資訊科技終於催生了可在一般資訊平台直接建立模擬模式、輸入參數、進行模擬與輸出統計圖表的套裝模擬軟體。例如當今流行的模擬軟體

ProModel (Production Modeler)，有別於早期的模擬語言，不再只是編輯模式的工具，更是提供一個整合平台，包括建立模式的圖形介面、輸入物件活動參數的編輯表、進行模擬的介面、觀看及時模擬過程的動畫，以及輸出常用統計報表與圖形。

無論是哪種套裝模擬軟體，核心元件與基本任務包括：

更新記錄模擬過程的系統變數

更新儲存事件型態與時間的未來事件陣列

呼叫事件分派管理者，更新模擬時鐘，啟動對應事件模組

執行事件處理的邏輯演算法

更新、計算與收集，系統物件與個體在模擬過程的事實

生成個體行進路徑的隨機流向

生成個體到達或進入場所的隨機時間

生成伺服器滿足個體處理需求的隨機時間

上市模擬軟體的演進

1. 1960 年代 Geoffrey Gordon 在 IBM700 系列建置 GPSS。
2. 1974 年 Alan Pritsker 教授整合 GASP 的電腦程式與 Q-GERT (Graphical Evaluation and Review Technique) 的系統程序流程圖庫，發行 SLAM。
3. 1984 年 Pritsker 與學生 Dennis Pegden，合作開發系統物件可在線上互動的套件 CINIMA，接著發表可在個人電腦執行的 SIMAN。
4. 1993 年 Rockwell International 推出 ARENA。
5. 2000 年 PROMODEL Cooperation 發行 ProModel。

模擬軟體的主要元件

建立模式介面 Modeling Interface	輸入與編輯模式的圖形工具、文件與對話編輯器
模擬介面 Simulation Interface	顯示模擬過程動畫、互動模擬控制動畫速度、查詢、追蹤與偵錯系統狀態、選擇輸出格式
輸出介面 Output Interface	使用者互動統計圖表、分析與參數估計
模式處理器 Modeling Processor	語言編譯或解譯器、接受輸入參數、建立模擬資料庫、統計記錄器
模擬處理器 Simulation Processor	處理事件、更新系統變數與統計變數
動畫處理器 Animation Processor	與模擬資料庫互動及時更新系統狀態
輸出處理器 Output Processor	彙整統計數據建立輸出圖表資料庫

選擇模擬語言的考量因素

系統本質相似性 (Similarity to Nature of the System)

具備模擬離散、連續與混合的彈性 (Flexibility) 程度

學習與使用的效率 (Efficiency)、複雜性 (Complexity) 或困難度 (Difficulty)

編輯模式與模擬過程的錯誤偵測 (Error Detection) 功能

價格合理、市場占有率高、取得方便與可獲得性 (Availability)

5-5 學生版本

ProModel 是專注於模擬製造與服務等行業運作的一套過程導向模式的模擬器。使用者可以快速有效率地建立模式並模擬各種條件組合的活動流程，例如製造業系統的物料管理、傳輸帶、組合裝配線與服務業系統的倉儲作業、零售商店，以及各種行業的客服中心作業。

從在系統流動的種種物件通稱為個體 (Entities) 的角度，觀察典型佇列系統的基本運作行為，只是個體隨機到達加入伺服器之前的等待線，然後接受處理或進行交易，完成後進入下一個等待與處理活動，滿足必要服務需求就離開系統的過程。因此使用 ProModel 軟體打造，代表許多真實系統的模擬模式只需要個體、場所 (Locations)、到達 (Arrival) 與處理 (Processing) 等四個元件。

ProModel 是一套功能強大且易學易用的上市模擬軟體，能夠滿足許多行業系統模擬應用需求。由於初學者可以從網路免費下載學生版本 (ProModel Student Version)，也能夠隨時點選求援 (Help) 目錄取得使用說明，因此本章僅僅介紹後續模擬案例必要的基本元件。

啟動學生版本立即彈出的開啟畫面 (Opening Screen) 會顯示目錄列 (Menu Bar) 與常用功能物件的捷徑圖示 (Icon)，畫面中央的對話框說明學生版本的使用注意事項等。點選確定鍵出現模式布局 (Layout) 視窗與上層畫面，包括展示 (Demo) 範例模擬模式、快速上手 (Quickstart Video) 與訓練資源 (Training Resources) 等 6 個輔助使用者熟悉 ProModel 套裝軟體的圖示框 (Icon)，請參考本節的示意圖。

點選展示框，使用者可以自由點選任一個示範模式，檢視組成模式的元件、進行模擬與顯示輸出圖表。模擬這些系統的過程，觀察那些令人驚訝讚賞的擬真動畫，瀏覽示範模式設定相關物件屬性的細節，使用者除了驚嘆 ProModel 強大的功能與廣泛應用範圍，也能增強自己研發模擬模式的能力。

點選快速上手圖示框，開始播放約 16 分鐘的視訊，內容包括在布局視窗安排等待線與處理器等場所元件，定義在系統流動的個體，輸入到達系統的個體屬性，個體在系統的流向與處理條件，輸入執行模擬選項，進行模擬與檢視輸出等建立模式與執行模擬過程。

點選訓練資源，出現教學視訊 (Tutorial Video)、線上求援 (Help) 與技術 (Technical) 支援 (Support) 等圖示框。

典型等待線系統的運作流程

在系統流動的
個體 (Entities)，隨機
到達 (Arrival) 一個
場所 (Location)，例如機器或工作站，進行一段隨機時間的
處理 (Processing)，執行過程或許需要操作員或工具協助等
資源 (Resource)，然後選擇到達下一個場所的
路徑 (Routing)，持續行進到達必要的下一個處理或交易場所，直到完成各項作業然後離開系統。

ProModel 學生版開啟畫面示意圖

File, ..., Build, Simulation, Output, ..., 等 9 欄位的目錄列 (Menu Bar)

常用元件捷徑圖示 (Icon) ......

布局 --- 學生版

Demos, Quickstart Video, Support
等 6 個捷徑圖示

輔助快速入門 ProModel 的視訊

- 開啟、執行與瀏覽數個 ProModel Demos 的模擬模式。
- 點選快速開始視訊 (Quickstart Video)：一段約 16 分鐘的影片，以一個包含兩個序列工作站與各站之前的等待線／暫存區的離散系統，展示建立模擬模式的過程。
- 教學視訊 (Tutorial Video)：總共 40 分鐘左右，包含使用者可以自由選取的 20 餘個主題的短片，相當詳細地介紹建立模式的元件、執行模擬與檢視模擬輸出等選項的功能。

5-6 建模基本元件

ProModel 開啟畫面本身就是一個強大的介面，使用者能夠直接在這平台輕鬆又快速建立代表一個真實系統的模擬模式、進行模擬與檢視輸出。

點選開啟畫面目錄列的建立 (Build) 欄位，螢幕出現一個集合建立模擬模式相關功能的下拉式選單，利用其中的場所 (Locations)、個體 (Entities)、處理 (Processing) 與到達 (Arrivals) 等四個元件，就足以建立許多完整、實用又有效的模擬模式。

點選場所 (Locations) 元件，畫面出現三個視窗，在上方的場所編輯表 (Location Edit Table) 用來輸入組成模式每一場所的屬性，下方包括左邊的圖形 (Graphics) 視窗與右邊的布局 (Layout) 視窗。圖形視窗集合一些內建場所圖示庫，布局視窗提供使用者安排每一個場所的位置，以供動畫功能顯示個體在場所移動的過程。

在布局視窗安置一個新場所的步驟為，首先在圖形視窗勾選 New，點選一個場所圖案，然後安放在布局視窗的適當位置。系統將會自動在編輯表填入一個場所名稱，例如 Loc1，為了提升在布局視窗圖案的可讀性，使用者可以在圖形視窗取消 New，點取文字圖示，附加放置在場所圖案的下方，然後在編輯表的名稱欄位或文字圖示更改場所名稱。重複上述步驟，使用者可以依次在布局視窗填入組成模式的佇列、暫存地點與伺服器等場所，建立代表系統的物件導向模式的示意圖。

如果不擬檢視動畫，使用者不必選取或在布局視窗安置場所圖示，而是直接在編輯表鍵入或修改每一場所的名稱 (Name)、容量 (Cap.)、數量 (Units) 等屬性。

點選個體元件，畫面也是出現三個視窗，使用者可在上方的編輯表視窗鍵入組成模式的每一個體名稱與屬性，下方圖形庫與在布局視窗安置個體的方式同於場所元件的做法。當然使用者必須在圖形視窗點選代表個體的圖示，才能檢視在模擬過程個體流動的情況。

點選處理 (Processing) 元件，畫面出現四個視窗，使用者在左上方的 (Process) 視窗點選相關欄位選取或鍵入個體名稱、在哪一個場所與停留或作業時間；在右上方的路徑 (Routing) 視窗，點選相關欄位選取或鍵入個體名稱、前往哪一個場所與路由規則等屬性。左下方的工具 (Tools) 視窗提供使用者輸入停留或作業細節的指令，右下方布局視窗也會同時顯示帶箭頭線段指向之前布置的目的場所。

點選到達 (Arrivals) 元件，使用者在視窗上方個體到達 (Arrivals) 編輯表，鍵入每一個到達個體名稱、到達場所、數量、到達次數與頻率等屬性。

ProModel 建模動作主畫面

包含 File, ..., Build, Simulation, Output, ..., 等 9 欄位的目錄列 (Menu Bar)	
常用活動捷徑圖示區	
對應 Build 欄位建模物件的編輯表	
Graphics/Tools	Layout

等待線系統建模的四個基本物件

- 個體：在系統流動的各類有形與無形的物件通稱為個體，例如醫院的病患、銀行或商店的顧客、客服中心的來電、網路訂貨單等。
- 場所：代表系統的某些固定設施或設備，例如等待線、伺服器、等待判斷分派流向等。
- 處理：描述在場所進行運作的方式或處理時間、物件進入下一個場所的路徑或條件、目的場所從等待線選取物件的規則等。
- 到達：描述物件進入系統或場所的方式，例如零售店每隔兩週盤點一次、顧客依據某個隨機時間進入等待線等。

簡易佇列系統建模步驟

點選目錄列的建立 (Build) 欄位

- 點選開啟場所 (Locations) 視窗，安置每一個場所並輸入名稱
- 點選開啟個體 (Entities) 視窗，鍵入個體名稱
- 點選處理 (Processing) 選項，同時開啟處理 (Process) 與 (Routing) 視窗
  - 在左邊視窗選擇或鍵入哪一個個體、哪一個場所與延時
  - 在右邊路徑視窗建入目的場所與流動規則等
- 點選開啟到達 (Arrivals) 視窗，鍵入個體到達數量、次數與頻率

5-7 元件屬性編輯表

場所編輯表 (Location Edit Table) 提供鍵入組成模式的每一場所的屬性。圖示 (Icon) 與名稱 (Name)，可以在布局視窗安置場所自行設定或使用系統預設值 (Default)。(Cap.) 可同時容納個體的容量。(Units) 容許獨立運作的平行 (Paralell) 場所或平台 (Station) 數量。(Dts...) 定義班次轉換，預定維修或設備不定時失靈等中斷場所作業的方式，沒有考慮中斷情景，系統自動填入 None。定義收集統計數據 (Stats)，None 沒有收集，Basic 收集相關變數的事實，Time Series 除了 Basic 數據還加上記錄場所歷程 (Contents) 的時間序列，若沒有指定則系統內設為 Time Series。(Rules...) 選擇下一個服務的個體與路徑的規則，若沒有特別定義，系統自動填入內建預設值，如 FIFO 表示從佇列依據先進先出 (First In First Out) 規則選取個體。Note... 備註欄位。如果當初沒有考慮動畫顯示模擬過程，而沒有在布局視窗安置場所元件，使用者必須在場所編輯表手動鍵入相關欄位。

使用者在 Entities 編輯表格的 Name 欄位，輸入個體名字如 Customer 或 Box，Speed 代表個體在路徑網路 (Path Network) 的移動速度，若沒有使用路徑網路元件，系統自動填入傳輸帶移動速度的預設值 150，Stats 與 Notes 欄位同場所編輯表的用法。如果沒有選用個體圖示，進行模擬過程就不會顯示個體在系統流動的軌跡。

點選 Build 選單的處理元件 (Processing) 選項，展開處理 (Process) 與路徑 (Routing) 等兩個編輯表。處理編輯表用來定義哪一個個體、在哪一個場所、停留或接受什麼處理；路徑編輯表用來定義一個個體離開處理場所，分成幾個行進路線、保留原個體或演變成為新個體、進入哪一個場所、路徑規則以及移動邏輯。

通常使用者不會在處理與路徑編輯表手動鍵入個體 (Entity)、場所 (Location)、輸出 (Output) 個體以

及目的場所 (Destination) 的名稱，而是在點選個別欄位的下拉對話框直接選取。操作 (Operation) 欄位，定義處理時間，一個常數或包含參數的機率函數，也可能是一段處理邏輯的指令。點選路徑規則 (Rule) 欄位，系統自動填入 First 1 選擇第一個可用的場所，當然使用者可在對話框選取適當的規則。路徑數目 (BLK) 欄位系統依據路徑規則的對話框點選啟用新路經區 (Start New Block) 的次數而自動填入。Move Logic 定義移動方式與時間。

顧客到達編輯表，定義個體、到達場所名稱、每次到達數量 (Qty Each...)。發生次數 (Occurrences)，可以鍵入一個常數或代表無限次數的 INF。間隔時間 (Frequency) 也可以是一個常數，不過通常是一個已知參數的機率分布函數。第一個物件到達時間 (First Time...)、邏輯條件 (Logic...)、取消作用 (Disable) 等三個欄位如果使用者沒有定義，系統自動分別填入內建的 0、空白與 No。

場所 Locations 編輯表

Icon 圖示：代表場所的圖示，通常從場所圖形視窗直接選取。

Name 名稱：由字母為首的文字數可長達 80 字元。

Cap. 容量：任何時候可容納的個體數量，INF 代表無限大。

Units 單元：一個場所容許最多 999 單元。

DTs... 當機時間：換班、固定維修或其他原因而停止運作，內設為 None。

Stats 統計：收集數據的詳細程度，None 不收集、Basic 僅收集變數當時儲存的數值、Time Series 收集變數在模擬過程的時間序列。

Rules 規則：選擇物件到達與離開的規則，內設為 Oldest, FIFO( )。

個體 Entities 編輯表

Icon、Name、Stats 等三個欄位同場所定義。

Speed 速度：傳輸帶轉動速度，內設為 150 呎 / 分。

處理 Processing 編輯表

左方視窗的處理 Processing 編輯表，選取

Entity... 個體名稱與 Location... 場所名稱，輸入

Operation... 操作時間或處理邏輯

右方視窗的路徑 Routing 編輯表，對應左方的一個場所與作業方式

BLK 路徑區塊編號：每條路徑依序執行

Output... 輸出個體名稱：保持原來或轉為另一個名稱

Destination... 目的場所名稱：個體離開系統內設為 Exit

Rule...：選擇路徑目的場所的規則

Move Logic... 移動邏輯：移動規則與時間，預設值 = 0

到達 Arrivals 編輯表

Entity 與 Location：同其他物件的定義。

Quantity Each 每次到達個體數量：正整數或無限數 INF。

First Time：第一個個體到達時間，預設為空白。

Occurrence 到達次數：正整數或無限數 INF。

Frequency 間隔時間：常數或已知參數的機率分布函數。

Logic 到達邏輯：指定個體屬性或其他邏輯的指令，預設為空白。

Disable 暫停到達：用來模式除錯，預設為 No。

5-8 校園美髮師模擬模式

台中市郊區有一所著名的私立大學，除了在校舍建立之初，時任美國副總統尼克森先生曾前來主持破土典禮，加上優美校園、自由學風與充滿文化氣息等，不但提供師生優良學習環境，也是民眾假日嚮往的休憩場所。由於學校距離市區十餘公里，加上當時交通不夠方便，大多數男性學生與教職員當然就構成男生宿舍理髮廳的主要客源。多年來，設備不但沒有大幅更新，當年的少女美髮師也隨著歲月飛逝慢慢變成資深美女，然而簡陋的理髮廳仍然不缺忠誠顧客，活動流程如下圖：

本節費心建立代表校園理髮師的一個典型工作天活動的模擬模式，並非只是為了重現當年的情景而小題大作，而是希望藉此一個不是瑣碎的例子，引導讀者初步了解使用 ProModel 建立模式與進行模擬的過程。

從街頭、夜市與假日市集小吃或精品攤位，到小型商店、大型機構的客服中心或診所等，都是常見的類似於上述單人服務理髮廳活動的例子。研究單人運作系統的緣起如同其他模擬計畫，主要目的大多為了解目前狀況，以及尋找改善系統效率與效果的可行方案。模擬模式用來度量系統狀態的變數，主要包括處理者或服務者等通稱為伺服器的

使用率 (Utilization)、完成處理、平均等待處理與不耐等待而離開系統的個體數量等。考慮改善系統營運的可行方案，一般包括個體在系統流動的路徑、伺服器數量、佇列空間與環境等條件或因素。

底下列舉模擬校園理髮師活動的 ProModel 模式的假設條件：

- 顧客隨機到達理髮廳的間隔時間符合一個平均 15 分鐘的指數分布 e(15)。
- 顧客到達加入容量充足的佇列。
- 一旦理髮師空閒，佇列最前端顧客立即開始接受服務，不計轉換時間。
- 在佇列等候的顧客依序 (FIFO) 接受服務，顧客完成服務後立刻離開系統。
- 理髮時間符合一個介於 8 至 12 分鐘的均值分布 u(10, 2)。

符合上述假設條件，單人運作系統的流程可以簡化為：個體 (Entity) 間隔 e(15) 分鐘指數分布隨機到達 (Arrival)，立刻加入佇列場所 (Location)，當伺服器 (Server) 空閒，個體根據先進先出 (FIFO) 的策略，隨著路徑 (Routing) 接受處理 (Process)，服務時間符合介於 8 至 12 分鐘之間的均值分布，完成處理隨即離開系統。

模擬單人營運系統的元件編輯表

使用 ProModel 元件建立如美髮工作室等簡單佇列系統的模擬模式，只需要定義在系統流動的物件或個體、佇列或等待線與處理的人員或設備等兩個場所、處理細節與路徑，及個體到達或進入系統等四個基本元件。ProModel 包含表示多種不同模擬場景的元件，底下只有顯示本例相關安置場所的布局視窗、場所、個體、處理與到達等元件的編輯表內容。

Graphics	Layout
場所圖示庫	Queue → Server

場所 Locations 編輯表

Icon	Name	Cap	Units	DTs	Stats	Rules	Notes
	Queue	INF	1	None	Time Series	Oldest, FIFO	
	Server	1	1	None	Time Series	Oldest	

個體 Entities 編輯表

Icon	Name	Speed	Stats
	Client	150	Time Series

處理 Processing 編輯表

Process			Routing			
Entity	Location	Operation	BLK	Output	Destination	Rule
Client	Queue		1	Client	Server	First 1
Client	Server	WAIT u(10, 2)	1	Client	EXIT	First 1

到達 Arrivals 編輯表

Entity	Location	QEach	FTime	Occur	Freq	Logic	Disable
Client	Queue	1	0	INF	e(15)		No

5-9 建構完整模擬模式

利用功能目錄列 (Build) 欄位的下拉式選單 Locations、Entities、Processing 與 Arrivals 等四個元件建立的模式，還不是一個可以及時執行的模擬模式 (Rum-Time Model)，必須另外選取模擬時鐘的時間單位、輸入模擬期間與重複模擬次數並儲存這個模擬模式，方能在 ProModel 平台進行模擬。

使用者可以點選功能目錄列 (File) 欄位的下拉式選單點選 (New)，或功能目錄列 Build 欄位的下拉式選單點選展開一般資訊 (General Information) 的對話框。對話框中右方的時間單位 (Units)，有 Seconds、Minutes、Hours、Days 四個選項。從電腦軟體的角度來說，時間單位與模擬期間只是抽象的對比關係，當然模式各項活動的時間單位必須維持一致性。例如一個計數活動時間單位為 1/1000 秒的真實系統，假設模擬期間是 1 分鐘，使用者可以選擇 Seconds 的時間單位，然後在模擬期間輸入 60000。一般資訊對話框還有許多選擇性與預設值欄位，因為後續模擬案例也用不著，就不再詳述。

點選目錄列模擬 (Simulation) 欄位的選項 (Options)，展開一個包含數個按鈕與欄位的視窗，一般應用只要在模擬時程 (Run Time) 與重複模擬次數 (Number of Replications) 等兩欄位輸入預定數值，其餘欄位或選項就直接使用內設值。

輸入或選擇模擬期間欄位的內容必須配合模擬長度 (Run Length) 的選項，當使用者點選以時間計數 (Time Only)，可以直接輸入以時 (Hours) 為內設單位的數值，例如模擬期間欄位輸入 8，代表本次模擬期間等於 8 小時；暖機時間 (Warmup Time) 欄位輸入 1，代表本次模擬的暖機時間為 1 小時，若沒有勾選預轉期間則系統不會顯示欄位對話列。假設點選星期為模擬長度單位，使用者在對應欄位的對話列選擇模擬期間與暖機期間起始與結束的星期、日、時與分鐘。假設點選日曆 (Calendar Date) 為模擬長度單位，必須在對應欄位的對話列選擇模擬期間與預轉期間起始與結束的年、月、日、時與分鐘。

整體來說，模擬方法可以應用在沒有包含隨機因子，但沒有解析方法或演算過程太複雜等確定性系統，例如族群成長或函數積分等連續系統。當系統本身包括隨機因子，例如等待線問題，模擬技術可能就是求解的主要（就算不是唯一的）選擇。因此無論是連續或離散、確定 (Deterministic) 或隨機 (Stochastic) 系統，只要模擬模式包含隨機變數，一次模擬結果只是系統隨機因子的一個出象。如此在確保模擬模式忠實反映系統運作邏輯之後，研究人員應該在重複模擬次數欄位鍵入適當數值，以獲得足夠進行統計分析的輸出數據。

一般資訊 General Information 對話框

一般資訊對話框容許使用者指定 (Specify) 模式的基本資訊，如選擇 (Optional) 簡短的模式名稱 (Title)、內設時間與距離單位、圖案庫、模式初始值與結束模擬的邏輯等。模擬許多簡易但實用的等待線系統可以直接使用內設數值，例如模擬時鐘單位的內設數值為分鐘，也不須定義距離、布局背景圖案等，開啟方式有底下兩種：

- 建立新檔案之初在 File 欄位的下拉式選單點選 New。
- 或在功能目錄列 Build 欄位的下拉式選單點選 General Information，除此之外 Build 欄位的下拉式選單包括建立模式所需的各項元件。

模擬選項 Options 對話框

選項對話框提供使用者一些控制模擬過程的選擇，例如模擬長度 (Run Length) 計數單位的選項、模擬時程 (Run Time)、暖機時間 (Warmup Time)、時鐘精準單位 (Clock Precision)、輸出路徑 (Output Path)、輸出統計數據型態 (Type of Statistics Reporting)、重複模擬次數 (Number of Replications) 等。本例只需在模擬時程欄位與重複次數欄位鍵入適當數值，其餘欄位或選項直接使用內設數據。

重複次數欄位

對於大量快速且容易產生輸出數據的模擬研究，只要看到一次模擬輸出，許多人就認為已經獲得問題的答案了。然而只要模式包括隨機因素，例如在系統流動的個體隨機進入系統、不確定性的等待與處理延時等，一次估計某一伺服器使用率的模擬輸出，只是真實使用率的這個隨機因子的一個出象。從機率統計的觀念來看，任何系統隨機因子的研究成果應該建立在至少重複 30 次的獨立模擬輸出，才有應用價值。

啟動模擬

點選目錄列的模擬 (Simulation) 選項，如果已經事先儲存，只要點選 (Run)，否則點選儲存與執行 (Save & Run)

5-10 輸出檢視器

建立 ProModel 模擬模式當然是為了進行模擬，完成預定模擬時程後系統將會自動彈出完成模擬 (Simulation Complete) 對話框，對話框內容包含「是否要查看結果？ (Do you want to see the results?)」，以及是 (Yes) 與否 (No) 兩按鈕。點選是 (Yes) 按鈕，系統自動啟動一個整合模組，稱為輸出檢視器 (Output Viewer) 的圖表系統。

預設輸出檢視器 (Output Viewer) 畫面可以大致分為三個區塊，螢幕上方為選單與圖示區，除了顯示在一般資訊對話框鍵入的模擬模式名稱，主要選項有檔案 (File)、圖表 (Chart)、匯出 (Export) 等。點選檔案選項出現一個下拉選單包含開啟與儲存輸出檔案等項目。圖表選項有彙整 (Summary)、使用率 (Utilization)、狀態 (State) 與時間序列 (Time Series) 等四項。使用者可以點選匯出選項複製圖表成為如試算表 Excel 的外部檔案。左下方的篩選器 (Filters) 視窗包括場景 (Scenarios)、項目 (Items)、欄位 (Columns)、統計 (Statistics) 與選項 (Options)。右下方為圖表顯示區，請參考如下圖表選項畫面示意圖：

<table>
<tr><td colspan="2">圖表選項
彙整　使用率　狀態　時間序列</td></tr>
<tr><td>篩選器</td><td>圖表顯示區</td></tr>
</table>

圖表顯示區 (Report View) 預設畫面包含四個橫向柱狀圖 (Chart)，以一個 U 字形圍繞一個計分板 (Scoreboard)，如下示意圖：

Entity States	Scoreboard	Resource States
Single Capacity Location States		Multiple Capacity Location States

這四個柱狀圖與記分板顯示模擬結果的簡要資訊，記分板 Scoreboard 系統預設 Baseline 顯示第一次模擬輸出摘要表，包括個體名稱 Name、個體平均停留在系統的時間 Average Time in System (Min)，以及平均處理或服務時間等欄位。個體狀態 Entity States、資源狀態 Resource States、單一容量場所 Single Capacity Location States 與多重容量場所 Multiple Capacity Location States 等四個柱狀圖，系統採用不同顏色與長度，表示模擬過程相關元件處於不同狀態延時的百分比。

美髮師模式輸入數據

顧客隨機到達間隔時間 e(15) 分鐘，美髮時間 u(10, 2) 分鐘

模擬時程 8 小時，重複模擬次數 10

篩選器選項

使用者可以在篩選器的場景 Scenarios 選取，平均 <Average>、所有 <All> 與個別次數 1, 2, …, 等任何一次模擬，欄位 Columns 允許選擇顯示欄位，統計 Statistics 容許選擇顯示個體狀態的多項統計數據，一旦選取，記分板內容隨之更改。

檢視器預設畫面摘要

記分板顯示第一次模擬輸出，在此僅列出前四個欄位。

Replication	Name	Total Exits	Average Time in System (Min)
1	Customer	29	18.57

註：Replication 重複次數　Name 個體名稱

Total Exits 完成服務個體數量

Average Time in System (Min) 平均停留在系統時間（分鐘）

Entity States 個體狀態：以一長條圖的不同顏色段落顯示，移動 in Moving Logic、等候 Waiting、操作 in Operation、受阻 Blocked 等狀態的百分比 %。

Resource States 資源狀態：本例沒有使用資源元件。

Single Capacity Location States 單一容量場所：以一長條圖的不同顏色段落顯示，操作 Operation、設置 Setup、空閒 Idle、等候 Waiting、受阻 Blocked、離線 Down 等狀態的百分比 %。

多重 Multiple 容量場所：以一長條圖的不同顏色段落顯示，空的 Empty、部分占用 Part Occupied、 滿的 Full 等狀態的百分比 %。

圖表顯示區

圖表顯示區是一個使用標籤區別的多功能視窗，Reports1 標籤表示預設畫面。顯示區左上方圖表功能的彙整項目包含個體、場所、資源、變數等元件的彙整表格 Tables 與欄位圖 Column Charts 選項，每一個被選取的元件與篩選器的項目、欄位與統計等選項的組合，構成一個獨立視窗與標籤，使用者可以點選標籤自由切換視窗。

5-11 圖表顯示區

預設圖表 (Charts) 的彙整 (Summary) 功能，提供使用者顯示個體 (Entity)、場所 (Location)、資源 (Resource)、變數 (Variable) 等元件，以及其他如模擬資訊 (Simulation Information) 的彙整表格 (Tables) 與欄位圖 (Column Charts) 等兩選項圖示。

點選表格圖示，彈跳而出的視窗包括個體與場所等元件的相關圖示。點選個體彙整圖示，並在篩選器點選場景、項目、欄位與統計等選項，圖表顯示區自動展開一個視窗，顯示個體與篩選項目組合的表格。點選個體欄位圖圖示，並在篩選器點選場景、項目、欄位與統計等選項，圖表顯示區自動展開一個視窗，顯示個體與篩選項目組合的長條圖。每一個視窗將會覆蓋整個圖表顯示區，並有一個可以隨意切換的獨立標籤，請參考底下共有三個標籤的顯示區示意圖。

Report1 x	Entity Summary Table x	Location Summary Table x

點選標籤名稱之後的 x，直接關閉視窗。

Report1：預設顯示區畫面，共有個體、資源、單一場所與多重場所等四個橫向條狀圖視窗，與顯示彙整個體第一次模擬輸出的計分板視窗。

Entity Summary Table：個體彙整表視窗，容許使用者自由搭配篩選器的相關選項的組合。

Location Summary Table：場所彙整表視窗，容許使用者自由搭配篩選器的相關選項組合。

顯示區的每一個表格，可以使用匯出 (Export) 功能，點選表格資料 (Chart Data) 的試算表 (Excel) 圖示，接著在彈出的視窗點選圖表 (Chart) 圖示，然後在後續彈出的視窗選取檔案名稱並點選確定，即可將表格內容儲存成為一個試算表檔案。

顯示區的每一張圖，可以使用匯出 (Export) 功能，點選剪貼版 (Clipboard) 的圖片 (Picture) 圖示，接著在彈出的視窗點選圖表 (Chart) 圖示，然後打開一個試算表將圖片貼上，即可將一個欄位圖儲存成一個試算表 (Excel) 檔案。

輸出檢視器的圖表功能除了彙整 (Summary)，另外有使用率 (Utilization)、狀態 (State) 與時間序列 (Time Series) 等選項。這三選項內建數個常見的敘述統計圖形，如長條圖 (Bar Chart)、直方圖 (Histogram)、圓形圖 (Pie Chart) 與折線圖 (Time Plot) 等，提供使用者顯示個體與場所等元件在模擬過程的狀態。當然每一個圖形都會在顯示區有一個獨立的視窗與標籤。

美髮店模式 10 次模擬輸出摘要圖表

次數	完成數量	平均整體	平均服務	平均受阻 (分)
1	29.00	18.57	13.80	4.78
2	26.00	15.02	11.48	3.53
......				
10	34.00	20.95	14.92	6.04
Avg	29.90	17.76	12.79	4.97
Min	24.00	15.02	11.27	3.53
Max	34.00	22.97	16.63	6.34
St. Dev.	3.96	2.54	1.79	0.90
99.5% C.I. Low	25.28	14.80	10.70	3.93
99.5% C.I. High	34.52	20.72	14.87	6.02

單一容量場所狀態條狀圖：複製螢幕畫面

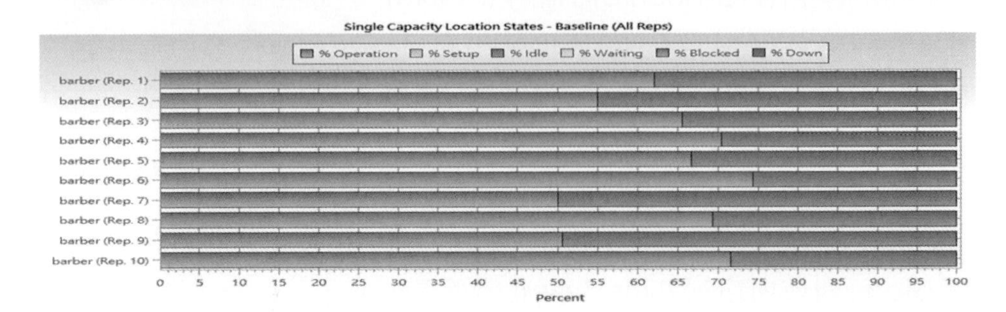

場所使用率條狀圖：複製螢幕畫面

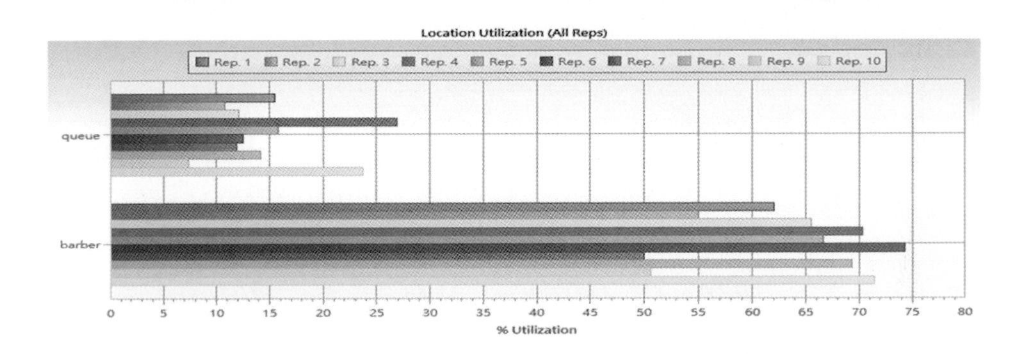

佇列與伺服器 (Barber)，10 次平均時間線圖 (Time Plot)：複製螢幕畫面

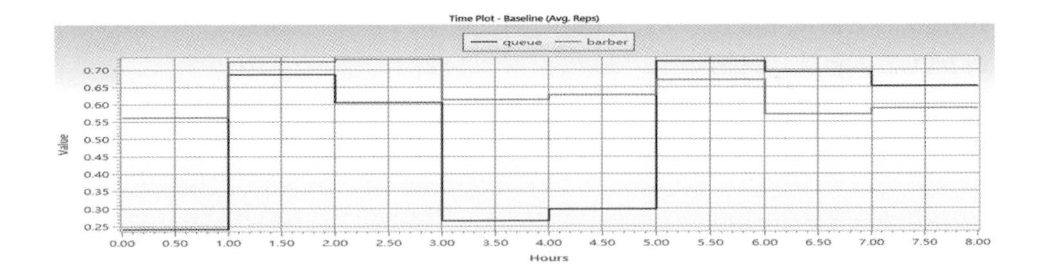

Chapter 6

過程導向模式

6-1 沒有重來的旅程

為了研究不可預測性、不確定性或變異性等隨機現象問題，存在沒有範圍、沒有開始、沒有結束的系統，專家學者定義一個稱為隨機試驗的機制藉以計算一個隨機現象出現的機率。一個隨機試驗有三個條件，試驗可以在相同時空重複進行，所有可能發生的出象 (Outcome) 集合稱為樣本空間，為已知以及不能事前預知發生哪一個出象。如果一系列相互作用產生一個結果的一次過程，可以類比一個隨機試驗的一個出象，當然無法形成任何符合科學精神的結論。如此隨機發生一次的事件，不具任何意義，等於沒有發生過？已知人生旅程是只能往前邁進的一連串過程的集合，不存在永劫回歸 (Eternal Return) 或多次重複的假設前提，既不能重來也不知能否輪迴，所以個人無從建立或選擇生命旅程的最佳路徑與情景。難怪《聖經．傳道書》作者直言：「虛空的虛空，人生是一場虛空，一切都是虛空。」

6-2 摘要

研究等待線問題的緣由大多是為了了解或改善固有或潛在系統運行的效能。讓我們首先將被處理的物件稱為個體，著手處理或能夠滿足個體服務需求的物件通稱為伺服器，如此各類個體加入各個伺服器之前等待線的時程與數量，以及伺服器作業時間，將是運作流程造成瓶頸的主要因素。模式化一個等待線系統，直覺的流程就是個體到達系統、加入伺服前方的等待線、接受處理、離開系統或加入另一條等待線，直到完成必要處理或交易再離開系統。如此以個體在抽象模式的流動過程，模仿系統實際運作行為，就稱為過程導向模式。這個模式是一種系統抽象化的結果，比較符合人們思考與溝通方式，不過必須經過編譯轉換成為電腦能夠了解的語言或指令，方能在資訊平台執行模擬。隨著資訊科技的演進，將過程導向模式轉換成為可以執行的電腦模擬程式的鴻溝已經不存在了，因為許多市售模擬軟體例如 ProModel，提供使用者直接在可用平台，建立以視覺式圖形代表組成系統重要物件互動邏輯的過程，在鍵入個體與伺服器的屬性以及模擬過程的參數之後即可執行模擬。本章使用 ProModel 基本元件，建立代表數個常見又有趣的等待線系統的過程導向模擬模式。然後只要點選目錄列模擬欄位的下拉式選項，在一般資訊元件的視窗填入模擬期間與重複次數等數值，即可在平台直接進行模擬並檢視輸出圖表。

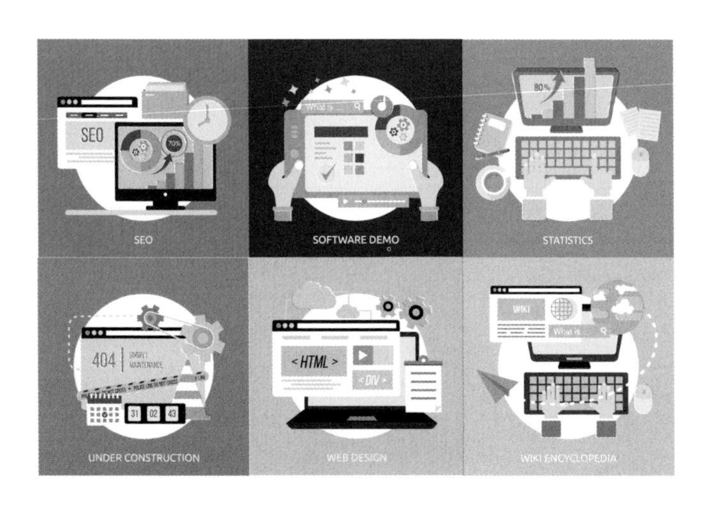

6-3 個體流動過程

考慮一般賣場的營運系統，構成這個系統的物件繁多，包括顧客與賣場員工等個體、販賣的貨品、擺設貨架、動線、購物車、停車場、倉儲等等物件，還有到達、加入停車場入口的車陣、停妥車子、步行到賣場入口、取用購物車、進入賣場、選購貨品、結帳等等活動。理論上如果一個系統運作正常順暢，已經夠忙碌的各層管理者不會沒事找事做。當賣場管理階層預計針對這麼一個龐大複雜的系統進行全面性的模擬研究，計畫執行團隊首先必將採取逐步抽象化與系統分割，直到成為能夠處理的子系統或模組。

過程導向的模式設計師，接手計畫後大多從辨識研究關切在系統流動的個體，以及各個活動的運作流程。一個賣場營運系統，重要物件至少包括顧客、員工、購物車、停車場、貨品與倉儲等，這些物件各有各的流動過程。底下簡要繪製顧客個體在賣場系統的典型流動，以及員工流動過程的示意圖：

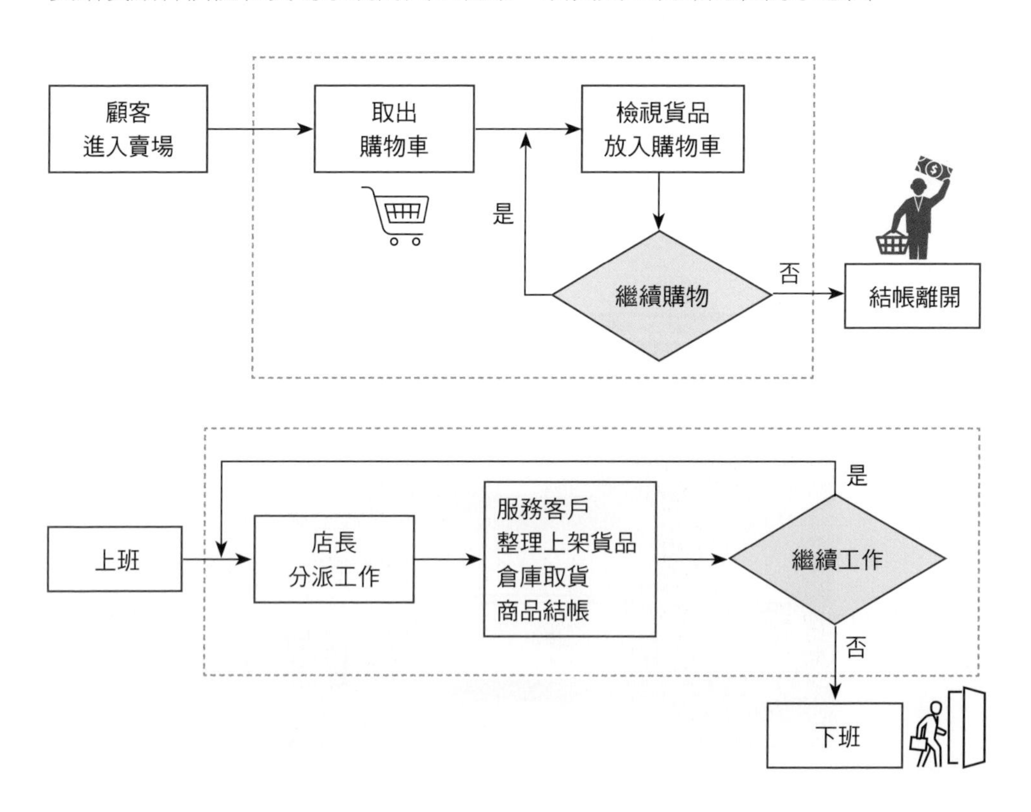

如果去除或隱藏細節，等待線系統都可以歸類為「到達→等待→處理→離開」的活動過程模式，而數個單純模式組合就能代表更為複雜的系統。

單純過程導向模式

為了清晰系統行為與關鍵流程，分析師時常使用逐步抽象化 (Stepwise Abstraction) 或細緻化 (Refinement) 的觀念，將系統運作邏輯分階層隱藏某些細節，包裝成為層次分明的「到達→等待→處理→離開」模式。

個體在一個佇列以及一個伺服器流動的單純過程導向模式：

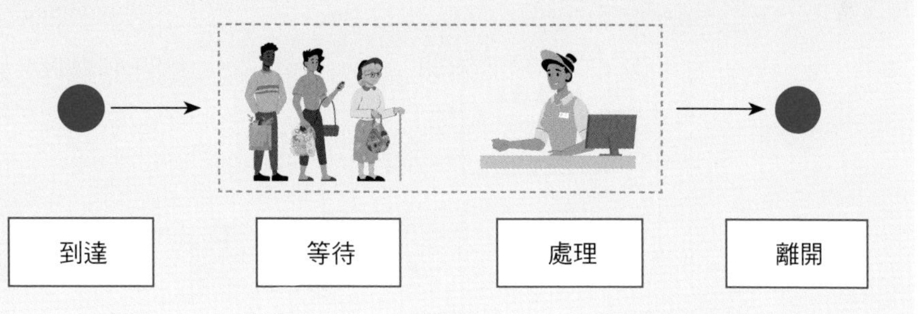

模式裡的模式

考慮一項申辦證照事宜可能的一個場景如下：民眾到達場所排隊檢查身分證件並領取相關表格，填入相關資料，排隊等候繳交表格，工作人員檢查表格，假設合格機率 = p，若有缺失就請民眾補填資料再加入等候收件的佇列，收件後民眾離開，請參考下圖。

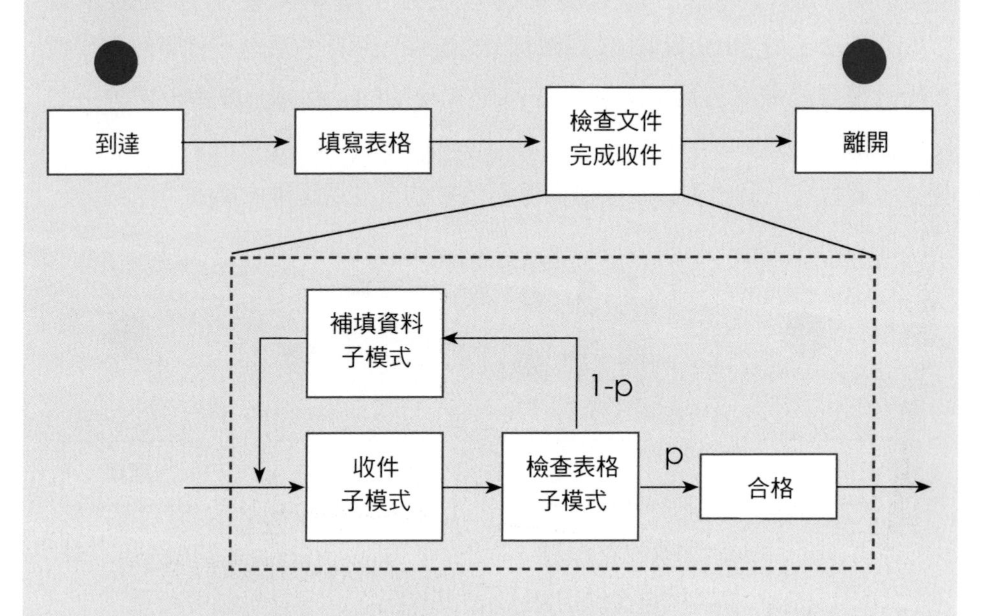

建立模式初期，可以自由進行系統分割與抽象化，使成為邏輯清晰明白或是單一功能的子模式，然後再組合成為完整的模擬模式。

6-4 模擬佇列系統

建立一般等待線或先進先出的佇列過程導向或其他導向模式，都是應該依據緣由、目的、範圍、人員、金錢與時程等資源以及假設條件等等前提之下進行。不同於只在意事件發生的當時，處理系統運作行為的事件導向模式，過程導向模式則關注在系統流動的個體或物件，以及他們從事的活動與路徑。

許多代表等待線系統的過程導向模式只需關切個體到達、加入佇列、伺服器處理與離開等活動。這四項活動可以對比 ProModel 表示佇列 (Queue) 與伺服器 (Server) 的場所 (Location) 元件，在場所之間流動的物件通稱為個體 (Entity) 元件、個體到達 (Arrival) 元件以及包括處理 (Process) 與路徑 (Routing) 的處理過程 (Processing) 元件。

在系統流動的個體泛指組成系統研究相關的人事物，例如進入大賣場的顧客、進入停車場的車輛、員工與貨品等。有些計畫只有關切單一個體，有些則同時考慮數種個體，模式必須明確訂立各類個體進入或到達系統的方式、頻率與數量。雖然有些個體定時進入系統，譬如火車與捷運等公共運輸載具，如果個體以不確定方式到達系統，通常使用常見易懂易用的機率分布代表對應的隨機因子，例如以指數分布代表個體陸續進入系統的間隔時間。

使用 ProModel 建立過程導向模式，使用者不必關心模式內部運作邏輯的演算細節，只要在相關元件的編輯表填入必要欄位內容。例如鍵入各類個體名稱、命名與定義場所的容量、敘述個體到達場所的機率分布、數量與離開場所的規則、收集數據方式，以及確定個體流動路徑與伺服器滿足處理需求的隨機時間等。

假設一個客服中心只有一位櫃檯員，為了降低顧客等候時間，客戶服務部門同事或管理者常常需要插手幫忙，因此組織決定進行一項模擬研究以了解：

- 櫃檯員忙碌程度？
- 顧客平均等待服務時間與人數，以及停留在客服中心的整體時間？
- 另外預期研究能夠解答，如果平均等待服務的顧客少於 3 人，顧客平均等待時間少於 5 分鐘，客服櫃檯需要多少工作人員？

使用 ProModel 建立上述客服中心的一個可行模式，只需一種命名為顧客的個體，還有先到先加入的佇列和處理顧客需求的伺服器等兩個場所，以及適合代表個體到達與伺服器處理等隨機因子等元件。又假設個體到達當時如果伺服器空閒就會立即進行處理，否則個體加入佇列，伺服器完成一件處理後佇列前頭的個體立即接受處理，如果沒有尚待處理的個體，伺服器處於空閒狀態。

客服中心系統的隨機因子

客服中心系統運作活動，通常包括解析法不易處理的隨機因子，如顧客隨機到達，以及櫃檯員滿足顧客處理需求的時間。

可以依據經驗或歷史記錄推論一個理論或經驗機率函數，如以指數機率函數隨機生成個體或物件到達的間隔時間，以常態機率函數模擬伺服器處理交易時間等都是常見的方式。

組成過程導向模式的基本元件

管理者與模式設計團隊在研究目的、表示系統詳細程度以及可用必要資源與條件等共識之下，可以使用 ProModel 的元件，命名與定義：

- 處理或暫存個體的場所 (Location)
- 在系統相關場所流動的個體 (Entity)
- 個體到達 (Arrival)
- 個體活動路徑與處理 (Processing)

個體在相關場所流動路徑示意圖

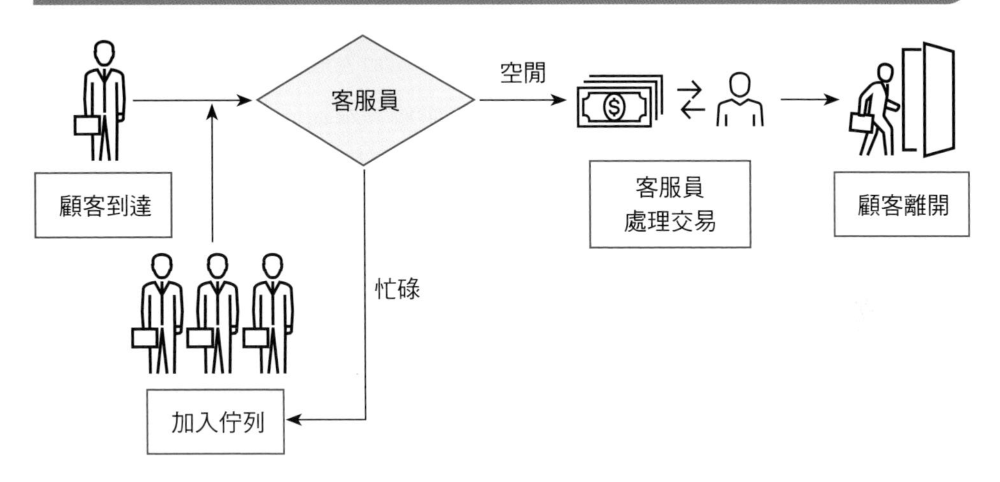

客服中心模擬輸出

ProModel 輸出包括多項個體與伺服器的相關圖表，但是尋求平均等待服務的顧客小於多少人、平均等待時間小於多少分鐘，以及客服中心需要幾位櫃檯員等答案，必須使用元件相關屬性的不同數值組合並各自進行多次，例如 30 次的重複模擬，方能製作適當結論。

6-5 模式分類原則

也許一個單一伺服器單一佇列 (Single Server Single Queue) 的基本模式，就足以代表好多實際系統的運作行為。然而許多系統可沒有那麼單純就能建立一個物件導向模擬模式，底下我們介紹一些常見的模式，這些各有特色的組合可以形成抽象化程度更高階的模式，使得模擬計畫在不同研究目的之下得以順利完成。

構成系統的主要物件的屬性，必定影響系統運作效能，因此可以依據在系統流動的個體型態、伺服器的任務與數量等不同，將模式分類以備日後應用。

觀察顧客在賣場停車場入口大排長龍、尋找停車格、停車後進入賣場、購物與結帳，然後離開停車場的過程，如果只是為了了解車輛進入停車場的平均等待時間與平均等待數量，設計師只須獲得車輛加入等待車陣的機率函數，以及購物與結帳時間的機率分布，並忽略某些細節如車輛種類、停車與從停車位置往返賣場入口的時間等，可以建立一個單一種類個體單一佇列單一伺服器 (Single Entity Single Queue Single Server) 的單純模式。

假設賣場主管為了了解顧客結帳平均等待時間，預計進行一項模擬研究顧客完成選購活動，推著購物車加入僅有的一條等待結帳的隊伍，然後依序到數個可用的其中之一的櫃檯結帳後離開系統。如果不去考慮購買貨品的種類與數量，又假設每一結帳櫃檯的任務相同 (Identical)，可以單純地建立一個單一個體類別單一佇列多重伺服器 (Single Entity Single Queue Multiple Servers) 模式。

假設單一結帳等待線的長度或空間造成問題，進行研究顧客在個別結帳櫃檯之前各自形成一條等待線，評估顧客等待結帳時間的變化，模式就將包括任務相同但獨立作業的數條 (Multiple) 平行佇列 (Parallel Queues) 模式。

如果區別顧客步行與開車到達賣場，但進入賣場就成為單一個體，購物結帳後離開賣場又分為兩類個體，可以建立多重個體模式代表這類系統。

觀察在賣場餐廳，顧客排隊繳費、等待取餐、尋找座位的序列過程，可能構成一個單一個體類型 (Single Entity) 的序列伺服器 (Sequential Servers) 模式。當然一個序列模式的運作邏輯也許只有包括數個單純模式，例如模仿民眾前往數個不同攤子試吃的系統。假如模擬顧客到達賣場到離開的整體過程，模式可能同時考慮車與人兩種不同個體進入賣場、變成顧客個體、排隊試吃、繼續購物與結帳等數個活動，就會形成非常複雜的多重序列多重伺服器模式。

● 到達停車場的車或人兩類個體，進入賣場變成單一類別個體 ●

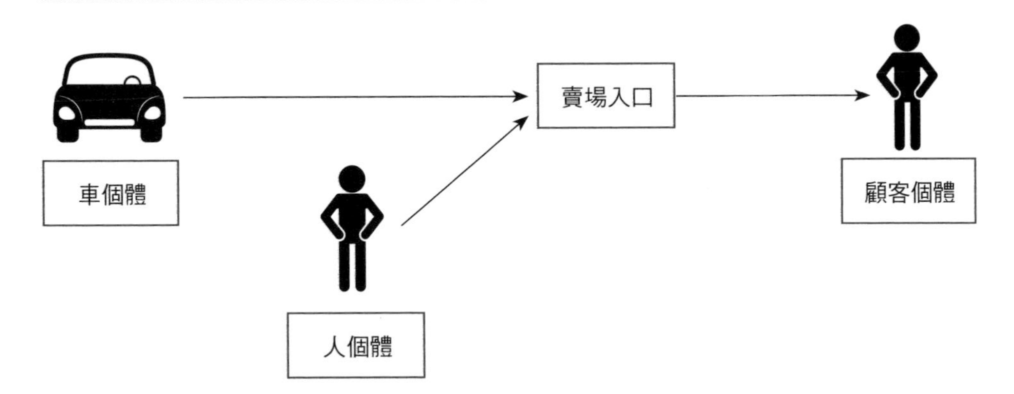

顧客個體結帳並離開賣場示意圖

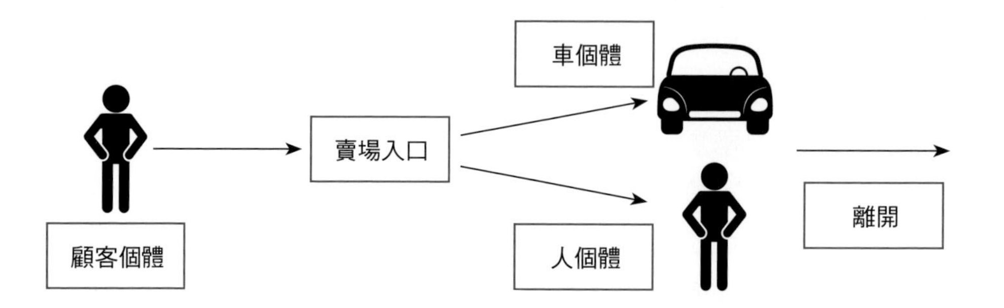

模式分類原則

- 緣由：依據在場所流動的個體類別，使用單一或數條等待線以及伺服器任務異同分類模式，方便入門者加快熟悉建立模式的步驟。
- 單一佇列伺服器：適合模擬單人工作室系統或複雜系統高度抽象化成為單純等待線問題。
- 單一佇列平行伺服器：數個任務相同伺服器之前共用一條等待線，例如郵局處理匯兌業務共有數個窗口，民眾依序掛號等候交易。
- 序列伺服器：代表個體歷經數個不同任務伺服器處理的過程，例如在選舉投票活動，投票者身分驗證、領取選票、進行投票與投入票箱等序列活動，每一伺服器之前可能包括單一或數條獨立等待線，或者數個平行或不同功能的伺服器。
- 分段共享伺服器：假設伺服器工作效率很高，可以讓數個等待服務的個體輪流占用伺服器的一個固定時段，以提高整體效率。
- 多重個體類型：為了分別估計顧客燙髮、染髮與剪髮等不同服務項目的收入分布，可將顧客分類，又如銀行依據不同交易需求區別顧客，庫存系統以不同個體類別代表顧客與貨品盤點。
- 多重非平行伺服器：多重個體類別多重伺服器集合的某些系統，也許可以預先進行分割成為數個子系統，再各自建立合適模式。

6-6 單一個體模式

考慮賣場結帳系統，顧客推著裝載欲購貨品的購物車來到結帳區，選擇一條結帳佇列，如果等待過程中發現另條佇列結帳速度較快或等待長度較短，可能會轉換佇列以減少等待時間。假設所有結帳櫃檯的功能都相同，每一個結帳櫃檯與前方的佇列將各自形成一個單一佇列伺服器模式。

通常顧客到達結帳區必定會選擇較短的結帳佇列，如果不巧前方某顧客在結帳過程中出現麻煩而拉長結帳時間，例如選購的貨品缺少條碼、質疑貨品價格或其他問題，可能造成其他較遲到達者比起先進入結帳區的顧客先行離開系統。因此從整體顧客角度來看，多重單一佇列伺服器模式不是一個公平的機制。假設結帳區空間足夠，可以讓數個功能相同的結帳櫃檯構成一組平行伺服器，所有等待結帳的顧客或個體共用一條佇列，形成單一佇列平行伺服器模式，不但各個伺服器使用率較均衡，所有個體停留在結帳區的整體時間也較為相近。

觀察現行公職與民意代表選舉活動，人們只能在特定時間區間與投票所進行投票，不可任意而只能加入被指定的投票所佇列，因此每一投票所各自形成獨立的單一佇列伺服器系統。當民眾進入投票所的頻率高出投票速度許多，等待投票的佇列長度就非常可觀。若是投票所劃分不夠周全，等待時間太久或投票所開票時程差異太大，必定造成民怨而爭議不斷。

假設合格選民可以在某段期間前往任一個投票所進行投票，這就形成一個多重平行佇列伺服器系統。這個投票系統有許多優點，其中之一是提高投票率，因為人們不用撥出特定日子專程參與這項活動。如果將系統建立在超商或超市之內的電腦工作站，除了公信力可能被有心人士質疑外，其實這個系統可行性甚高，因為身分辨識與資料加密等技術層面過程都不是問題。

儘管單一佇列平行伺服器系統優點較多，但是當空間不足、平行伺服器數量很多以及佇列長度不長或其他環境條件限制，數個或多重單一佇列伺服器系統還是有不可避免的理由。多重單一佇列或平行佇列？不是單純的效率問題！

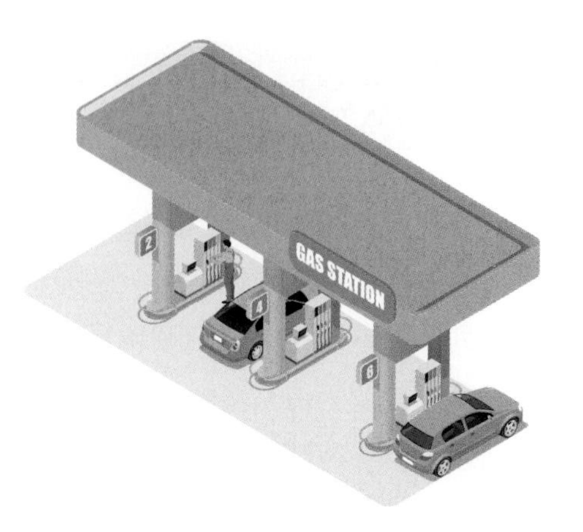

如果一家加油站面積夠大，經營者當然可以採用單一佇列平行伺服器的商業模式，不過這可能形成長條佇列而占用外圍道路。在現實環境下，讓每一加油台前方各自擁有一條佇列，成為多重單一佇列伺服器系統似乎較為實際可行。假設考慮增加模式詳細程度而將個體類別加以分類，例如加油站區別摩托車、普通汽車與大型車——如此就會形成多重個體類別多重佇列伺服器模式。

單一或多重佇列模式選擇原則

上述兩種模式何者較有效率、對消費者較為公平？只要觀察高鐵售票櫃檯、機場驗票並領取登機卡的櫃檯、遊樂場熱門遊樂設施的售票亭、廟宇開放各類點燈登記、銀行與郵局等，大都採用單一佇列平行伺服器模式，答案就很清楚了——如果備有足夠等待線容量。

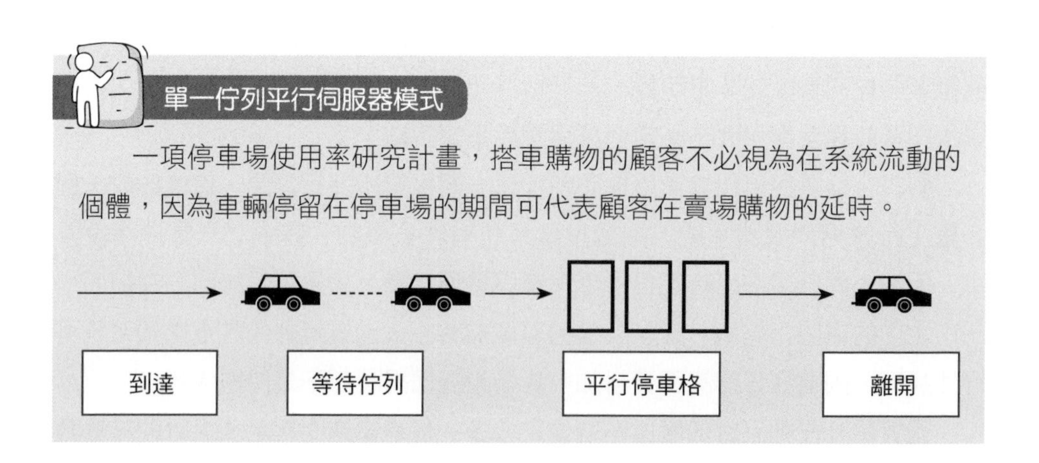

單一佇列平行伺服器模式

一項停車場使用率研究計畫，搭車購物的顧客不必視為在系統流動的個體，因為車輛停留在停車場的期間可代表顧客在賣場購物的延時。

單一個體多重佇列伺服器模式

假設某車站共有 3 個售票窗口，旅行者到達售票區前方自由決定加入佇列最短的佇列、隨機加入一條佇列，可選擇最短或習慣偏好的窗口。

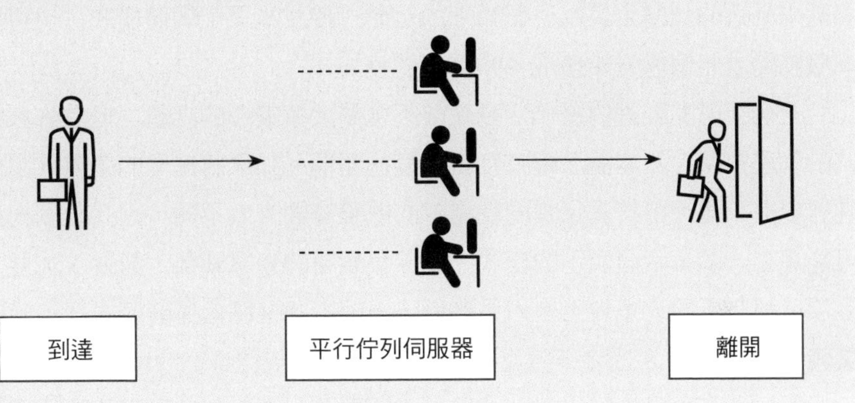

序列伺服器模式

假設個體必須依序完成數個伺服器的處理才會離開系統，如選舉系統的投票流程包括：到達→身分驗證→領取選票→圈選→選票入櫃→離開等活動。一項動線規劃模擬研究，可以採用一個序列伺服器模式，如果必要也可以在可能造成壅塞的伺服器之前加上一個佇列場所元件。

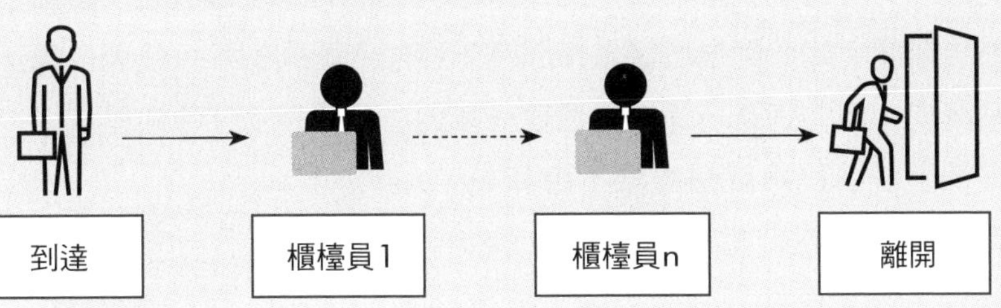

6-7 多重個體模式

隨著研究目的、敘述系統詳細程度的不同或其他因素，我們可以將某些服務需求相近的個體合併為一個類別的個體，使成為單一個體模式，也可以依不同服務需求將個體分類使成為多重個體模式。

一個社區美髮廳的運作活動應該不會是大家關心的話題，但是許多複雜系統的營運邏輯，基本觀念確有相當程度的雷同。如果將民眾的美髮需求分成單純剪髮與染燙，由於滿足這兩種需求的服務時間大大不同，因此一個模擬計畫可能建立一個多個體類別的模式。如果美髮廳的生意興榮，剪髮、洗髮、護髮等項目都有不同或多人工作人員參與，一個模擬整體營運的模式就將變成非常複雜。

觀察進入郵局的民眾，有些只是購買郵票、寄信、領取掛號郵件或包裹，有些使用自動櫃員機，有些必須臨櫃辦理存提款等相關匯兑項目，有些民眾則需要分別辦理多項業務才會離開系統。如此一個研究計畫可能將到達郵局的民眾個體，依據服務需求分成郵務、自動櫃員機與匯兑等個別建立一個單一個體模式，當然也有可能建立一個同時考量不同業務的多重個體模式。

基於健保制度建全，大小醫院診所林立，醫療費用低廉又方便就醫，養成許多民眾過度關心健康狀況，偶有不適就急忙掛號看診。粗略來看，已經完成預約的民眾到達醫院就直接加入個別診療室的佇列，待醫師完成診斷，繳費、領藥然後離開。如此到達個體依據服務項目加入不同的等待佇列，每一服務項目分別構成一個「到達→等待→處理→離開」的單純物件導向模式。

實際上許多民眾就醫經驗不會如先前的敘述那麼輕鬆，尤其熱門科目或名醫的診間，或需要進行其他檢驗，繁複的過程與冗長的等待實在令人不敢生病！不難想像一家大型醫院整體運轉活動有多麼複雜，不過行政者可以借用模擬技術獲得適當輔助管理的資訊，例如

醫療用具、消耗品與藥品等的庫存水準，診斷、檢驗、繳費與領藥等動線的潛在瓶頸，以及人員忙碌程度等。

在系統流動的多重個體有些是獨立進入系統，例如不同服務需求的顧客隨機到達銀行、郵局與美髮店。有些系統不同個體類別是間接生成加入系統，例如商品運送系統，一車蔬果分裝成為箱或籃，再分裝成為小箱或顆，如此籃、箱與顆等個體就是間接轉換生成。另外有些系統的某一類個體則是在其他類別個體運作當中，在某種條件下觸發產生，例如商家定期盤點庫存，假如庫存量小於安全庫存水準才會觸發一個訂貨個體，又如必須數個相同物件同時運作的系統，當系統運作失靈，才會生成物件維修個體類別。

多重個體類型

- 單一佇列：代表不同服務需求的個體加入單一佇列或平行伺服器系統，例如到達美髮店的個體可分類為單純理髮、洗髮、染燙與數種組合服務需求等多重類別。
- 多重佇列：到達系統的不同類別個體，依據服務項目加入適當佇列，例如銀行以不同服務項目區別顧客，每一服務項目可有單一或數個平行櫃檯。相當於數個獨立單一或平行佇列伺服器系統的組合，可分別建立專屬某一服務項目的模式。
- 非序列伺服器：假設一個系統包含數類個體，各自在場所中流動，流動過程可能改變某些系統狀態。例如顧客上門購買物品，店家只能出售當前庫存數量，店家定期盤點庫存決定訂貨數量以填滿庫存，購買商品的個體與盤點個體各自構成一個非序列伺服器模式。如此某類個體可能經由另一類個體在流動過程間接生成。

多重個體類別單一佇列伺服器

左圖假設 3 種個體類型隨機到達，加入單一佇列，滿足個體服務需求可以只是單一伺服器，也有可能是一組平行伺服器。如果個體服務需求可以分段進行，考慮使用分時模式，可以減少個體等待時間。

互動過程生成其他個體

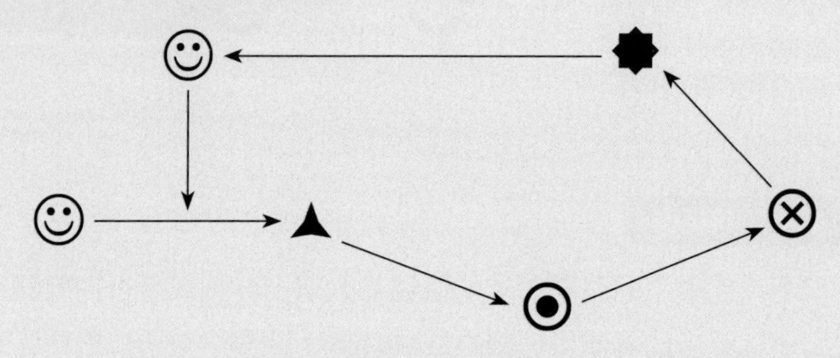

上圖個體由 ☺ 同時上線的數個物件組成，運行過程若某物件失靈進入場所 ▲ 生成瑕疵物件個體 ◉，瑕疵個體進入維修場所 ⊗，修護完成加入備用零件場所 ✹。當可同時上線零件無法組成個體 ☺，系統停止運作。

6-8 停車場營運模式

觀察超商的一部自動櫃員機 (Automatic Teller Machine, ATM)，前往轉帳或領取現金的民眾，若是 ATM 空閒即直接進行交易，否則便加入等待線。如果民眾到達間隔時間以及處理交易的延時各自符合同一機率函數的分布規則，一個代表單一佇列伺服器的模擬模式就能直接估計這部機器的使用率與民眾平均等待時間。

如果自動櫃員機無法滿足交易需求，顧客必須進入銀行領取一個掛號單再加入一條虛擬佇列等待臨櫃辦理。假設數名櫃檯員都能處理顧客的種種需求，他們可稱為一組平行伺服器，又假設民眾都被歸類為同一型態的個體，其到達間隔時間以及處理交易的延時各自符合同一機率函數的分布規則，當平行作業其中之一的櫃檯員變成可用 (Available) 狀態，在等待線的個體依循掛號先後次序或其他規則離開佇列，前往可用櫃檯進行交易，如此形成一個單一個體單一佇列平行伺服器模式。

觀察百貨公司每逢假日或促銷期間，停車場入口之前車輛大排長龍，不但造成周邊道路交通打結，不耐冗長時間等待的顧客與附近居民更是抱怨連連。為了解決困擾，管理者預計進行一項模擬研究以估算櫃檯忙碌程度、停車位使用率，以及民眾前往購物或車輛進入停車場的平均等待數量與時間等計畫，也可以考慮單一個體單一佇列平行伺服器模式表示真實系統的活動。

單一個體單一佇列平行伺服器模式的研究目的至少可以估計如下變數：

- 佇列的平均等待人數與最大長度。
- 整體與個別伺服器平均使用率。
- 個體平均等待服務時間。
- 個體到達至離開系統的平均延時。

通常這類模式假設條件包括：

- 個體到達佇列間隔時間符合一個隨機變數的隨機行為。

- 所有平行伺服器滿足個體服務需求時間符合同一隨機變數的機率行為。
- 每一個伺服器狀態都只有兩種：空閒或忙碌。
- 當數個或其中一個伺服器空閒，佇列個體依既定規則前往進行處理。

考慮一個賣場停車場模擬模式的假設採用如下規則：

- 假設尚有空位，到達車子直接進入停車場，否則加入佇列，而車子離開系統後原停車格立即成為空位。
- 車輛找尋停車格、顧客在賣場購物與結帳，以及回到停車格並駛離賣場等時間，合併為伺服器處理時間或停車格的使用期間。

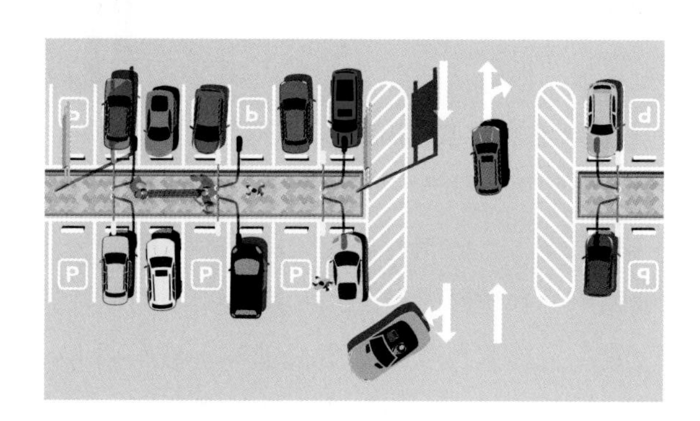

停車場營運模擬模式的參數

底下使用 ProModel 的場所、個體、處理與到達等 4 個元件，建立一個物件導向模擬模式代表一處共有 50 個規格相同停車位的停車場營運系統，假設車輛隨機到達間隔時間符合平均 15 分鐘的指數分布，停車時間符合參數 α 與 β 分別等於 4 與 9 分鐘的蓋瑪分布。

場所 Locations 編輯表

Icon	Name	Cap	Units	DTs	Stats	Rules	Notes
	Queue	INF	1	None	Time Series	Oldest, FIFO	
	Lots	50	1	None	Time Series	Oldest	

個體 Entities 編輯表

Icon	Name	Speed	Stats
	Car	0	Time Series

處理 Processing 編輯表

Process			Routing			
Entity	Location	Operation	BLK	Output	Destination	Rule
Car	Queue		1	Car	Lots	First 1
Car	Lots	Gamma(4, 9)	1	Car	EXIT	First 1

Graphics	Layout
內建場所 圖示區	Queue → 50 Lots

到達 Arrivals 編輯表

Entity	Location	QEach	FTime	Occur	Freq	Logic	Disable
Customer	Queue	1	0	INF	e(15)		No

6-9 投票動線規劃

每年十月底開始民眾陸續前往健康中心施打流行性感冒疫苗，首先志工幫忙量體溫、再前往櫃檯排隊掛號、依序等候醫師檢查、等候注射、最後觀察數分鐘再離開，假如整個過程超過 2 小時，必定引起另有要事待辦的民眾抱怨。細看之下發現掛號、審查與注射時間都很短，冗長過程的原因主要是等待醫師診斷。為了評估施打疫苗過程的瓶頸，主管部門擬定一項模擬研究。模擬模式設計師可能建立一個如下序列伺服器模式：

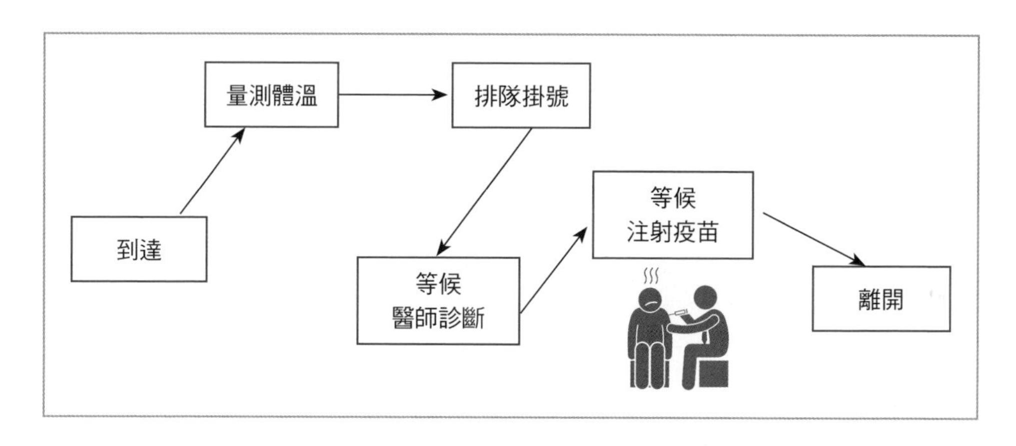

觀察大型選舉活動，尤其民調呈現競爭激烈的狀況，踴躍前往投票的公民可能暴增，如果投票所規劃不良，例如地點、動線、完成投票時間、合格公民人數等因素未完善考量，再加上開票時程沒有適當規範，可能會發生許多投票所已經完成開票活動，某些投票所的選民卻還在大排長龍等候投票，造成民眾抱怨連連甚或提出選舉無效的爭議。如何降低這類選舉活動引起的問題？借助模擬方法必然是一個可行解決的方案。

假設某次選舉活動比較單純，只有一張選票，又只關切選民從到達投票所直到完成投票平均花費的時間，可以採用如下單一序列伺服器模式進行模擬。

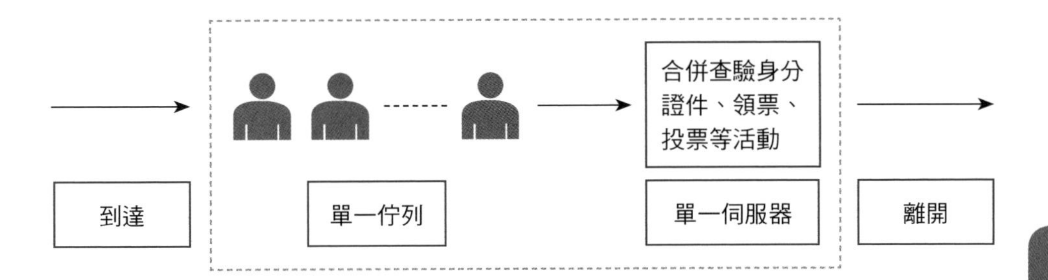

假設模擬計畫關切前往投票的民眾歷經查驗證件、蓋章領票、圈選與投入票匭等活動細節，可以考慮如下序列伺服器模式，藉以研擬最佳化動線。

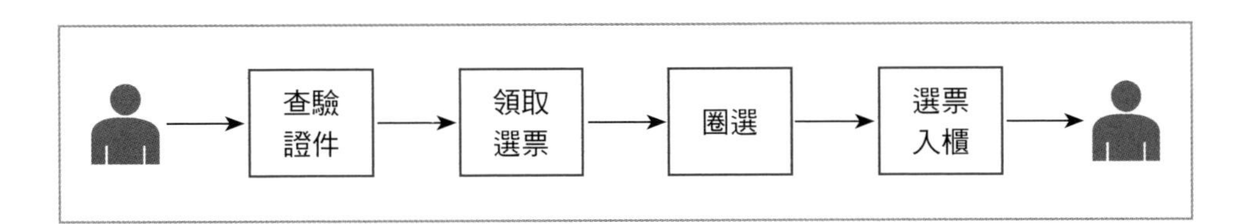

投票活動模擬模式的參數

讓投票所包括四個場所，佇列 Queue、查驗證件 S1、領票櫃檯 S2、投票亭 S3。一種個體，公民 Voter。假設公民隨機到達投票所加入佇列的間隔時間符合平均 0.5 分鐘的指數分布行為。1 位人員在 S1 查驗身分，3 位任務相同核對名冊並發送選票的 S2，3 個同樣規格的投票亭 S3，讓公民在這三類伺服器的活動所需時間符合均值分布，分別介於 0.4 與 0.6，0.5 至 1.5，1.5 至 2.5 分鐘之間，沒有考慮投入票匭活動。

註 1：個體編輯表與到達編輯表內容簡單，與前例相同，因此不再贅述。

註 2：每分鐘平均有 2 位民眾前往投票所的假設，要求 960 位選民在 8 小時之內完成投票過程幾乎是不可能的任務。假設代表公民到達投票所以及各項作業與轉換時間的機率函數可以正確獲得，雖然本例只有考慮三個序列伺服器模式，不過如果必須額外增加佇列與伺服器等場所，只要稍加修改就能形成具有實用價值的序列平行伺服器模式。

場所 Locations 編輯表

Icon	Name	Cap	Units	DTs	Stats	Rules	Notes
	Queue	INF	1	None	Time Series	Oldest, FIFO	
	S1	1	1	None	Time Series	Oldest	
	S2	3	1	None	Time Series	Oldest	
	S3	3	1	None	Time Series	Oldest	

處理 Processing 編輯表

Process			Routing			
Entity	Location	Operation	BLK	Output	Destination	Rule
Voter	Queue		1	Voter	S1	First 1
Voter	S1	U(0.5, 0.1)	1	Voter	S2	
Voter	S2	u(1, 0.5)	1	Voter	S3	
Voter	S3	u(2, 0.5)	1	Voter	EXIT	First 1

Graphics	Layout
內建場所 圖示區	S1 S3 Queue S2

6-10 檢查維修模式

考慮製造或組合商品的過程，商品陸續送達一處檢查工作站，產品合格就直接裝箱或進行下一步製程，否則加入待修佇列，維修後的商品再加入之前的待檢佇列，經過必要的一個或數組檢查與維修活動以保障出廠產品品質。假設公司進行製造或組裝商品的模擬研究，主要目的是藉以發掘作業程序的瓶頸，模擬工作站機台與人員數量，以及等待線、工作站與動線等不同組合的可行方案。

考慮只有一組檢查與維修活動，組合成為系統的實體物件包含人員、商品、空間、儀器或設備，在模式流動的個體我們可以簡化為只有商品，不包括搬運或移動商品的人員與設備。假設研究目的是為了解商品在系統流動的過程，模擬不同檢查與維修工作站的數量造成產能的差異等。

在此使用 ProModel 建立代表一個檢查維修系統的模擬模式，假設條件有：

商品檢驗合格率等於 p。

商品隨機到達系統，檢查與維修時間各自符合一個機率函數的隨機行為。

商品在各場所之間搬移時間都是常數。

模擬模式使用下列 ProModel 元件：

- 三個場所：
  1. 暫存產品隨機到達的佇列 Queue。
  2. 一名檢查工程師或檢查站 Inspector。
  3. 一位維修工程師或維修站 Fixer。
- 只有一類在系統流動的個體：商品 Goods
- 個體流動路徑與處理細節：
  - 到達商品加入場所 Queue。

- 檢查工程師取出 Queue 前端個體 Goods 執行檢驗，隨機檢驗時間符合一個機率函數 F 的分布，假設商品檢驗結果符合一個機率函數 U 的分布，生成一個 U 的隨機數值 u，如果 $u < p$，商品合格離開系統，否則商品到達維修站，如此形成一個迴圈序列活動。
- 維修工程師維修時間符合一個機率函數的分布，作業完成，商品重新加入 Queue。

雖然上述模式規範較小，但是容易擴充成為比較複雜的多重單一佇列、平行佇列序列伺服器，或如本例迴圈伺服器的混合模式。

模式概述

- 檢查維修系統模式與上一個例子投票所運作模式，同樣都屬於序列伺服器模式，不同的是檢查維修模式在一個場所完成處理需求之後，加上一個選擇流動路徑的機制。
- 假設貨品到達系統的隨機間隔時間符合平均數 5 分鐘的指數分布。
- 假設檢查所需的隨機時間符合介於 2 至 6 分鐘的均值分布。
- 假設滿足維修需求的隨機時間符合介於 3 至 7 分鐘的均值分布。
- 假設商品合格率等於 0.9，當生成一個 0 與 1 之間的隨機數值 $u < 0.9$，合格商品離開系統，否則商品進入檢查站。

個體編輯表以及到達編輯表與之前例子相似而不再列出。

為了節省表格寬度，場所編輯表省略 Notes 欄位。

場所 Locations 編輯表

Icon	Name	Cap	Units	DTs	Stats	Rules
	Queue	INF	1	None	Time Series	Oldest, FIFO
	Inspector	1	1	None	Time Series	Oldest
	Fixer	1	1	None	Time Series	Oldest

處理 Processing 編輯表

Process			Routing			
Entity	Location	Operation	BLK	Output	Destination	Rule
Goods	Queue		1	Goods	Inspector	First 1
Goods	Inspector	Wait u(4, 2)	1	Goods	Exit	0.9 1
					Fixer	0.1
Goods	Fixer	Wait u(5, 2)	1	Goods	Queue	First 1

Graphics	Layout
內建場所 圖示區	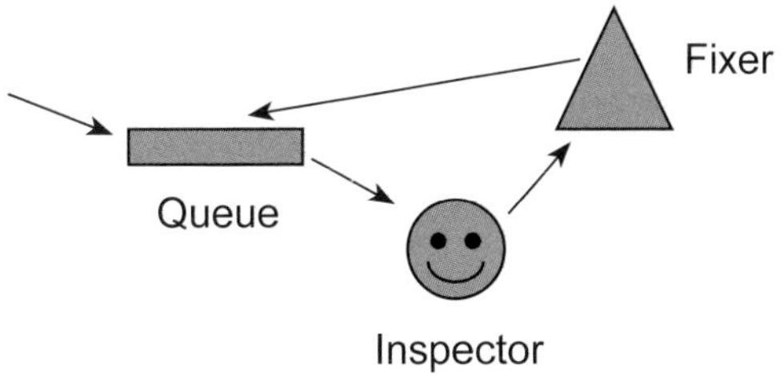 Fixer Queue Inspector

6-11 資源共享模式

傳統車輛引擎使用一組汽缸點火產生動力，當然並不是每個汽缸同時點火，而是任何時候只有一個汽缸被點燃。工程師為了平衡震動作用而制定一套汽缸點火次序，再利用一個分電盤輪流點燃汽缸。如此一部 8 缸的引擎，每一汽缸只占用 1/8 分電盤運轉一周的片段時間。

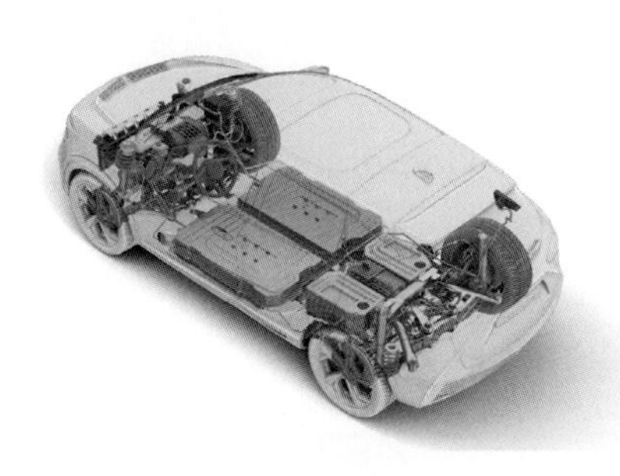

萌芽時期的電腦系統不但價格昂貴且功能有限，每次只能載入 (Load) 與執行 (Execute) 一個電腦能夠理解的程式檔案，簡稱為一個工作 (Job)。隨著使用率增加，為了分享有限資源，專家便將待執行的數個工作序列串成一批再載入，讓電腦不必為了轉換工作而中斷運轉，這種作業方式稱為整批處理 (Batch Processing)。然而就算資源管理者也有分類使用者並訂定優先執行的規則，眾多使用者載入的多項工作還是必須耐心等待執行 (Run)。如果碰上某一個工作需要很長的電腦運轉時間，後續待執行的所有工作就有得等了。當年需要大量演算時間的模擬工作，大多在隔天才能拿到輸出報表，因此整批處理作業系統不是一個有效率的資源共享系統。

電腦系統運行的核心裝置是一個稱為中央處理單元 (Central Processing Unit, CPU) 的處理器，在一部電腦進行運算的所有工作，都必須共享 CPU 這個有限資源。隨著科技的演進，CPU 處理功能當然隨著增強，假設多位使用者隨機載入工作並在處理器之前形成一條佇列，CPU 不斷輪流從佇列前端取出一個工作進行運算，如果在一段固定的時間片段 (Time Slice) 之內滿足這個工作的運算需求，就將結果回傳送達這個工作的載入者，否則將剩餘工作加入佇列的後端，等候下一輪分派的 CPU 時間片段，這種共享資源的方式被稱為分時 (Time Sharing) 作業系統。

汽缸輪流點燃或 CPU 分時運算電腦指令等有限資源並不會發生問題，因為機器只會依據預定程序操作，沒有例外。但是觀察社區運動中心人們共用水療池有限數量的熱門設備的狀況，不管有多少人在等待，有些人仍然漠視告示牌限制使用兩次的標語，一次又一次地連續使用。要有效降低使用者無奈地等待，大概只有增加同型設備與寄望人們遵守規定，才能解決共享有限資源的瓶頸。

假設一個家庭有二個兒子、一個女兒，他們的家長負責熱心教養孩子分享有限資源的觀念，訂定孩子們只能在星期六與星期日下午一點到五點共同輪流使用家中一台電視遊戲機的規則。假設三個孩子每次預訂隨機使用時間是一個隨機變數，但是具有保護眼睛意識的爸爸規定每次只能使用 30 分鐘，之後如果沒有剩餘預定的隨機使用時間，就讓他去神遊一段隨機時間，再生成下一次隨機使用時間，否則將原預定隨機使用時間減去 30 再加入佇列的後端。

模式概述

計畫目的：估計三個小朋友使用遊戲機的次數、遊戲機的使用率等。

- 三個小朋友輪流使用一台遊戲機的 ProModel 模擬模式只需要場所、個體、處理與到達四個元件，以及四個變數 (Variable) 元件。
- Kid1、Kid2、Kid3 分別代表三個小孩個體的名稱。
- 變數元件 q = 30 分鐘代表單次使用遊戲機的時段。
- 變數元件 Job1、Job2、Job3 分別代表他們各自預計使用的時間，分別符合 (10, 30)、(10, 50)、(20, 80) 均值分布的機率行為。
- Kid1 流動過程，首先讓 Think1 代表編號 Kid1 到達模式的場所，在此生成這回預計遊戲時間 Job1，然後延遲一段平均 20 分鐘的指數分布的時間，再加入等待場所 Queue，接著在遊戲機場所 Console 進行遊戲，若預期遊戲 Job1 時間小於等於 q 或 30 分鐘，Kid1 回到 Think1 場所生成下一回的 Job1，否則讓剩餘遊戲時間等於 Job1 - q，再加入場所 Queue 的後端。
- Kid2 與 Kid3 在模式流通路徑同 Kid1。

場所 Locations 編輯表

Icon	Name	Cap	Units	DTs	Stats	Rules
	Queue	INF	1	None	Time Series	Oldest, FIFO
	Console	1	1	None	Time Series	Oldest
	Think1	1	1	None	Time Series	Oldest
	Think2	1	1	None	Time Series	Oldest
	Think3	1	1	None	Time Series	Oldest

註：省略 Output 欄位，其內容同 Name。
　　省略原本就沒有使用的 Move Logic... 欄位。

個體 Entities 編輯表

Icon	Name	Cap	Rules
	Kid1	0	Time Series
	Kid2	0	Time Series
	Kid3	0	Time Series

到達 Arrivals 編輯表

Entity	Location	QEach	FTime	Occur	Freq	Logic	Disable
Kid1	Think1	1	0	1			No
Kid2	Think2	1	0	1			N0
Kid3	Think3	1	0	1			No

處理 Processing 編輯表

Process					
Entity	**Location**	**Operation**	**BLK**	**Destination**	**Rule**
Kid1	Think1	Job1 = u(20, 10) Wait e(20)	1	Queue	First 1
Kid1	Queue		1	Console	First 1
Kid1	Console	wait q Job1 = Job1-q	1	Queue	If Job1 > 0
				Think1	If Job1 < 0

註：Kid2 與 Kid3 處理與路徑同於 Kid1，只是各自生成 Job2 與 Job3 隨機時間的機率分布分別為 u(30, 20) 與 u(50, 30)，考慮篇幅與雷同 Kid1，省略 Kid2 與 Kid3 的處理編輯內容，省略 Output 欄位。

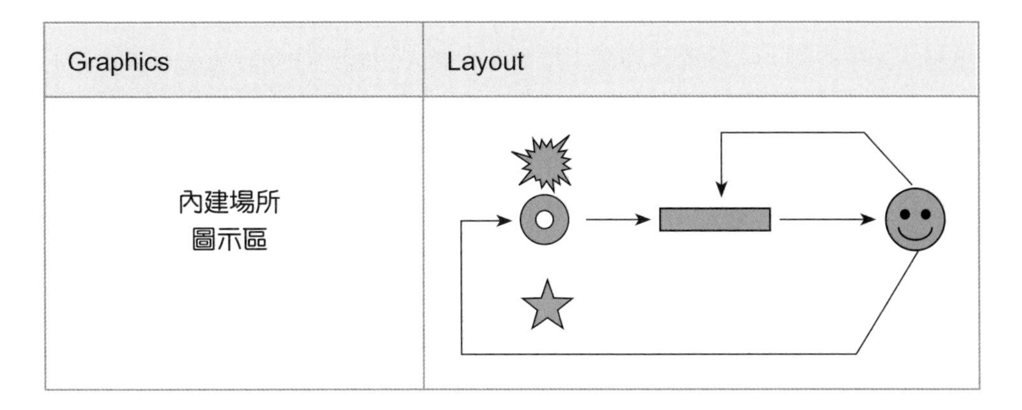

變數 Variables 編輯表

Icon	Id	Type	Initial Value	Stats
	Job1	Integer	0	Time Series
	Job2	Integer	0	Time Series
	Job3	Integer	0	Time Series
	q	Integer	30	Time Series

6-12 安全庫存模式

小到家庭生活的必要用品，大到政府組織維持正常作業所需物件，以及各行各業往來交易的流通商品，安全庫存都是一個重要觀念。

觀察一個製作、販賣紅豆餅或水煎包等單一產品的商家，一鍋一鍋的商品定時出籠填充庫存，顧客隨機上門購買產品。如果到達顧客未能直接取得商品，就加入等待佇列。當顧客臨櫃告知老闆購買數量，如果庫存充足，顧客可以購足需求數量，否則只能取走目前庫存數量。商家為了增加獲利、降低損失，訂定一個安全庫存水準當然是一項重要措施。如果去除一些細節，這個小型商業模式，可是一般商店貨品買賣過程的基本典型。

底下使用 ProModel 建立某商店某一產品的安全庫存系統的模擬模式。假設顧客個體隨機上門購買一個隨機數量的商品，如果庫存不足欲購數量，顧客只能取得目前庫存商品，已知商家定期盤點庫存水準。讓變數 iqty 與 sqty 分別代表當前庫存與安全水準數量，變數 sell 與 lost 分別代表累積銷售與因庫存不足造成損失的貨品數量。變數 dqty 與 oqty 分別代表顧客當次購買數量與每次盤點之後的訂購數量。讓 Demand 與 Evaluate 分別代表顧客上門購買貨品與定期盤點個體。

假設個體 Demand 依據 5 至 9 整數時間單位的均等分布隨機到達場所 Store，立即進入場所 WrHouse，經過固定 2 個時間單位的檢貨，並且隨機生成符合 3 至 9 個整數單位的均等分布購買數量 dqty。假設當時庫存量 iqty 小於購買數量 dqty，顧客只能取得 iqty，本次交易售出數量等於 iqty，損失銷貨數量等於 dqty - iqty，否則售出數量等於 dqty，損失銷貨數量等於 0，然後離開系統。

盤點個體 Evaluate 定期每隔 30 個時間單位在場所 WrHouse 計算採購數量 oqty，立即在場所 Delivery，假設依據 1 至 5 整數均等分布生成商品到達隨機時間，馬上更新庫存水準 iqty，然後離開系統。請參考底下列舉組成模擬模式的 ProModel 元件編輯表。

場所 Locations 編輯表

Icon	Name	Cap	Units	DTs	Stats	Rules
	Store	1	1	None	Time Series	Oldest
	WrHouse	1	1	None	Time Series	Oldest
	Delivery	1	1	None	Time Series	Oldest

註：沒有使用的 Move Logic... 欄位。

個體 Entities 編輯表

Icon	Name	Stats
	Demand	Time Series
	Evaluate	Time Series

註：省略 Cap., Units, DTs, Rules, Notes 等欄位。

處理 Processing 編輯表

Process			Routing		
Entity	Location	Operation	BLK	Destination	Rule
Demand	Store	dqty = INT(U(6, 3)	1	WrHouse	First 1

Demand	WrHouse	Wait 2
		If iqty >= dqty Then
		{iqty = iqty - dqty
		sell = sell + dqty}
		Else
		{sell = sell + iqty
		lost = lost -+
		(dqty – iqty)
		iqty = 0}
			1	EXIT	First 1

Evaluate	WrHouse	If iqty <= 0 Then
		oqty = sqty
		Else
		oqty = sqty - iqty
			1	Delivery	First 1

Evaluate	Delivery	Wait Int(U(3, 2) iqty = iqty+oqty	1	EXIT	First 1

註：個體在場所流動過程沒有改變名稱，為了減少篇幅省略 Output 欄位。

Graphics	Layout
內建場所 圖示區	Demand: arrive, Store, WrHouse, exit Evaluate: arrive, WrHouse, Delivery, exit

到達 Arrivals 編輯表

Entity	Location	QEach	FTime	Occur	Freq
Demand	Store	1	0	INF	INT(u(7, 2))
Evaluate	WrHouse	1	0	INF	30

註：省略 Logic 與 Disable 欄位。

變數 Variables 編輯表

Icon	Id	Type	Initial Value	Stats	Notes...
No	dqty	Integer	0	Time Series	
No	iqty	Integer	30	Time Series	
No	sell	Integer	0	Time Series	
No	lost	Integer	0	Time Series	
No	sqty	Integer	30	Time Series	
No	oqty	Integer	0	Time Series	

● 模擬 180 單位時間，輸出的場所使用率表格摘要以及庫存水準的時間序列 ●

Location Name	Total Entries	Average Time Per Entry (Min)	Average Contents	% Utilization
Delivery	5.00	2.00	0.06	5.56
Store	27.00	0.00	0.00	0.00
WrHouse	32.00	1.69	0.30	30.00

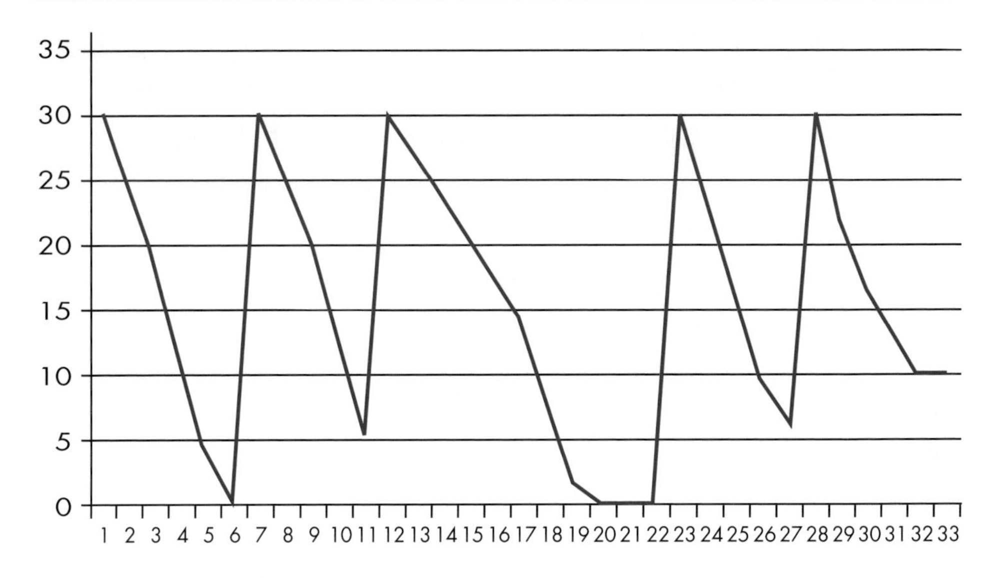

6-13 備用零件模式

轎車的四個輪子只要其中之一受損，在換裝備胎之前，這部車子就不能正常運作。當然，目前車子輪胎品質優良，也可能存在替代方案。類比必須有一定數量的物件共同運作，系統活動才能順利進行的例子並不罕見，請參考底下數個場景。

假設一群好友結伴進行一項登山健行活動，如果命運之神作弄，使得其中一位同伴摔傷而不能行走，好友們當然不會置之不理。他們馬上著手製作一台需要數人合力抬動的擔架，然後架上傷者，一面安慰一面往醫院或救援地點行進。如果同遊夥伴體力充足，大家可以輪流休息、輪流抬起擔架走走停停；如果替換人員不足或體力不支，那就只好停留原地等待救援了。觀察籃球場上 5 人組成隊伍的比賽過程，基於教練策略或其他因素，球員不時上場拚命、下場休息，因此必須備有數位候補隊員，以適時補足構成一支球隊的人數。模擬一場球賽某一球隊隊員替換過程的模式，可以將球隊當成一個個體，賽事開始後一段隨機時間，教練更換某位球員下場休息，另一位後備球員個體上場補足組成球隊的個體繼續賽事，如果沒有可用後備球員就結束比賽。下場球員變成另一種個體，休息一段隨機時間後，成為後備球員，下場休息個體離開系統。這個模式模擬過程當中，因其中一類個體改變狀態而觸發另一類個體間接進入系統。

球隊運行模式

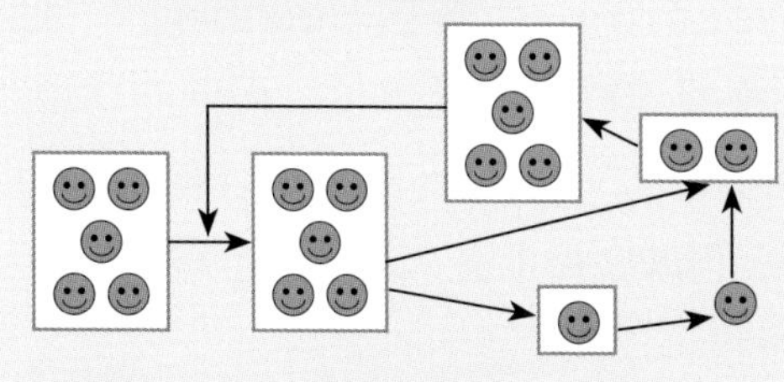

左圖 5 人球隊運轉一段隨機時間後更換球員，候補球員上場繼續賽事，若沒有可用候補球員即停止比賽。進入休息區的球員，一段隨機時間後加入候補球員區待命。

另一個有趣、需要數人合力運行的系統，當屬多數媒體關注的抬動媽祖神轎的盛況。每年春季，各大小廟宇幾乎都會進行相互拜訪或進香繞境活動，尤其某些歷史久遠的廟宇，參與活動的民眾高達數十萬人。假設神明乘坐 8 人大轎，數百公里繞境路程與期間的抬轎人力需求，絕對不是任何 8 位壯漢可以全程勝任，又每一個人體力不等，因此必須預備數位替代壯漢方能使得活動順利進行。底下使用 ProModel 元件建立 4 人抬轎活動的模擬模式。

合作運行模式概述

讓個體 Work 代表一組壯漢，個體 Mend 代表下場休息的某個壯漢物件。Work 到達場所 Working 行進一段隨機時間，例如 e(30)，到達需要換手的場所 Breakdown，更新備用人數變數 spare = spare -1，接著進入更新場所 Update，然後兵分兩路，如果 spare > 0，代表尚有足夠替代上場的壯漢，個體 Work 回到 Working 否則活動無法繼續進行，另一路變成個體 Mend 進入休息或維修場所 Repairshop，一段隨機時間例如 e(10) 更新 spare = spare +1 表示壯漢回到備用族群，然後個體 Mend 就離開系統。雖然這個模式不須明定組成個體 Work 的人數數量，但是如果沒有足夠的備用者可以組成一個 Work 個體，即將停止模擬。

本模式只要關切需要換手的隨機時間以及備用壯漢 Spare 人數是否足夠重組一個 Work。底下例子設定 Spare 的初始值為 4。使用 ProModel 的 Locations、Entities、Arrivals、Processing 與 變 數 Variables 等 元件編輯表建立一個模擬模式。執行模擬 600 個時間單位，可依序選取 Output Viewer/Export/Time Series Data/Variable/Spare 以獲得一個備用壯漢人數的時間序列 Excel 表格，再繪製如本書 255 頁的折線圖。

場所 Locations 編輯表

Icon	Name	Cap	Units	DTs	Stats	Rules
	Working	1	1	None	Time Series	Oldest
	Breakdown	1	1	None	Time Series	Oldest
	Update	1	1	None	Time Series	Oldest
	Repairshop	1	1	None	Time Series	Oldest

註：省略 Output 欄位，其內容同 Name。
　　省略原本就沒有使用的 Move Logic... 欄位。

到達 Arrivals 編輯表

Entity	Location	QEach	FTime	Occur	Freq	Logic	Disable
Work	Working	1		1			No

個體 Entities 編輯表

Icon	Name	Stats
	Work	Time Series
	Mend	Time Series

註：省略 Cap., Units, DTs, Rules, Notes 等欄位。

處理 Processing 編輯表

Process			Routing			
Entity	**Location**	**Operation**	**Output**	**BLK**	**Destination**	**Rule**
Work	Working	wait e(30)	Work	1	Breakdown	First 1
Work	Breakdown	spare = spare-1	Work	1	Update	First 1
Work	Update		Work	1	Working	IF spare > 0
			Mend	2	Repairshop	First 1
Mend	Repairshop	wait e(10) spare = spare+1	Mend		EXIT	First 1

Graphics	Layout
內建場所 圖示區	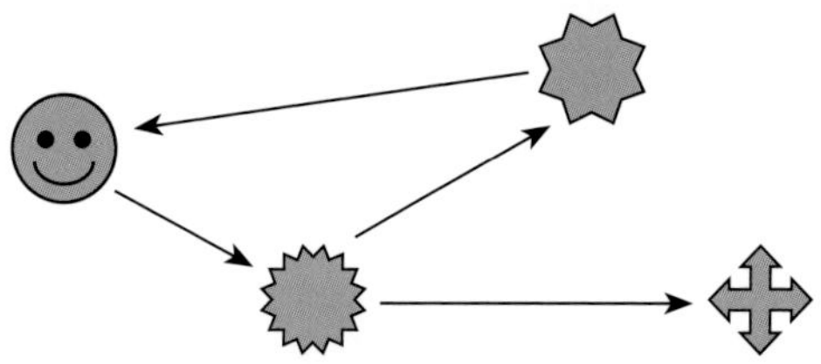

變數 Variables 編輯表

Icon	Id	Type	Initial Value	Stats
No	spare	Integer	4	Time Series

模擬期間 600 時間單位，備用物件數量的時間序列圖

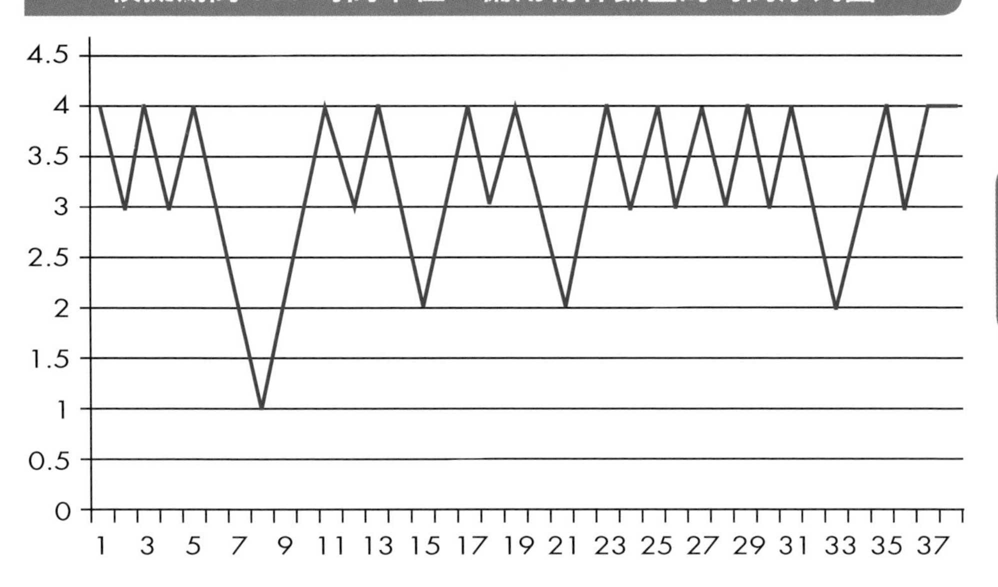

Chapter 7

事件導向模式

7-1 認真敬業的予希

觀察火車從起站開始一站一站地行進直到終點站，人生旅程何嘗不是一個事件接著一個事件進行的過程？前年六月才從研究所畢業的予希，從不遲到早退，認真敬業負責的工作態度深受經理賞識，正直誠實、待人接物的修養很快就和同儕打成一片，不到兩年的資歷就從程式設計師跳升專案經理。在一次聚會中，分享了一段她論文指導教授的人生經驗。話說多年前國內一般人民的經濟條件有限，出國留學費用可是父母用心籌措而來，在碩士博士學程之間的那個暑假，老師經同學介紹到當地一間養老院 (Nursing Home) 的廚房打工。這家養老院可接納 100 名左右的長者，廚房在一名領班領導之下，從清潔餐廳、食材處理、簡易烹煮、食物裝盤、送餐到座位、餐後收拾清洗等都是 2 位美國人、1 位墨裔與 2 位同鄉總共 5 人的分內工作。通常工作告一段落，但表定的當班時間還未結束，大家就會聚集在一張桌子吃吃喝喝、説説笑笑。一次閒聊中，院長突然來到餐廳，説是要倒個咖啡，老鳥們馬上站起來裝模作樣地工作。那時老師一臉納悶也跟著站起來，當他看到院長轉身的眼神，立即意識到：這時候還是上班時間啊！於是羞愧地覺察自己太不敬業了。這事件改變了老師與她的處世態度。

7-2 摘要

物件導向模式市售模擬軟體，確實大大降低使用模擬技術的門檻，但是套裝軟體不可能完全滿足使用者的種種資訊需求，因此進階使用者可能有必要自行發展合適的模擬程式。觀察一個等待線系統，不難發現系統狀態只有在事件時間點發生變化，而主要事件只有個體到達系統加入等待線，與完成交易或服務離開伺服器等兩種事件。假設我們能夠將系統運轉過程的各個事件依序定位在一條稱為模擬時鐘的虛擬時間軸上，然後依序在每一個事件時間點，更新敘述系統狀態的系統變數與收集模擬過程產生的統計數據，就能形成代表一個離散系統的事件導向模式。結合系統分割、抽象化，以及結構化程式設計理念，表示系統運作邏輯的事件導向模式的演算法或電腦程式可被分解成為主程式，也稱為模擬驅動程式與一些單一功能模組的副程式與或函數的集合，因而大大提升模式與程式的可讀性、維護性與移植性。本章應用模組化精神建立數個代表真實系統的事件導向模式，並使用簡單文詞的虛擬碼以及幾何圖形組合形成的流程圖表示主要模組的演算法。

7-3 在時間軸上的事件

考慮一間美髮個人工作室的營運活動，其營業時間是從下午二點到晚上十點。假設當地消費習慣為顧客不會事前預約而是隨機來店，如果美髮師正在服務其他顧客，到達的顧客就加入等待群體。美髮師處理完成一位顧客之後沒有休息，馬上處理下一位等待時間最久的顧客，也就是採用先到先服務的措施安排顧客接受服務的次序。如果沒有等待顧客，她就處於空閒的狀態。若美髮師空閒，到達的顧客馬上接受服務。另外，美髮師必須處理完成在打烊之前入店的每位顧客才算結束一天的工作。

美髮工作室的美女老闆阿嬌有一票定期聚會的朋友圈，最近一次聚會閒聊中，談到是否應該增聘助理以減輕工作負擔，以及訂立適當營業時間等話題，一位熟悉模擬方法的朋友阿明馬上毛遂自薦，願意幫忙發展一個美髮店營運模擬程式。以阿明的經驗來說，一個先進先服務 (First In First Out) 的佇列系統，使用市售模擬軟體 ProModel，建立模擬模式只需幾分鐘，加上搞定來客的間隔時間與服務顧客時間的機率分布，阿嬌很快就可以獲得輔助決策的資訊。

雖然使用過程導向觀念結合市售模擬軟體，能夠快速模擬這個單純系統的活動並獲得有用的資訊，但是為了滿足朋友圈強烈的求知慾，阿明就花一點時間整理了一個簡要的事件導向模式，藉以說明進行模擬過程的細節。

事件導向模式不同於過程導向模式，後者以在系統流動的個體角度看待系統活動邏輯，前者以發生系統狀態改變，稱為事件的虛擬時間點，記錄系統物件互動的事實。由於單一佇列幾乎是所有等待線系統的典型模式，換句話說，大多數代表等待線系統的事件導向模式，皆有類似這個簡單模式的運作細節。

事件導向模式的關鍵字就是改變系統狀態的事件，簡單佇列模式主要事件只有到達與離開兩種，主要運作邏輯如下表。

到達事件

更新 模擬時鐘、系統與統計變數
生成 下一個到達事件
IF (伺服器空閒) THEN
 {指定 伺服器成為忙碌狀態
 生成 下一個離開事件}
ELSE
 個體加入等待線
END IF

離開事件

更新 模擬時鐘、系統與統計變數
指定 伺服器成為空閒狀態
IF (尚有等待處理物件) THEN
 {計算 等待線人數減少一位
 指定 伺服器成為忙碌狀態
 生成 下一個離開事件
 }

發展事件導向模式過程

模仿複雜系統隨機行為可能牽涉繁複的計算作業，唯有結合資訊科技的軟體、硬體、資料庫與網路等高速計算、大量資料傳輸與儲存能力，才能使得模式得以進行模擬。

模擬一個實際或假設系統運作邏輯，研究者必須依據目的、範圍、詳細程度、資源限制與假設條件等建立代表系統行為的模式 (Model)。

研究人員在初步了解系統的運作邏輯後在腦海孕育一個心理模式 (Mental Model)，接著在一條虛擬模擬時間軸，定義改變系統狀態的事件，收集與推論隨機因子，發展一個使用事件導向方法 (Event Oriented Approach) 的觀念模式 (Conceptual Model)，建立事件導向模式 (Event Oriented Model)。

建立簡單事件導向模式要點

確認計畫目的：估計員工或設備使用率、偵測流程的瓶頸等

辨識在系統流動的個體：顧客實體或抽象物件

定義系統與統計變數

辨識個體流動過程的主要事件：到達與離開等

建立顧客隨機到達與滿足顧客處理需求時間的機率函數

設計事件導向模式的電腦程式

時間軸上的事件

讓 t 表示事件時間，到達或離開事件 (a/d)，下標代表事件、個體到達與離開系統先後次序的編號，請參考如下示意圖：

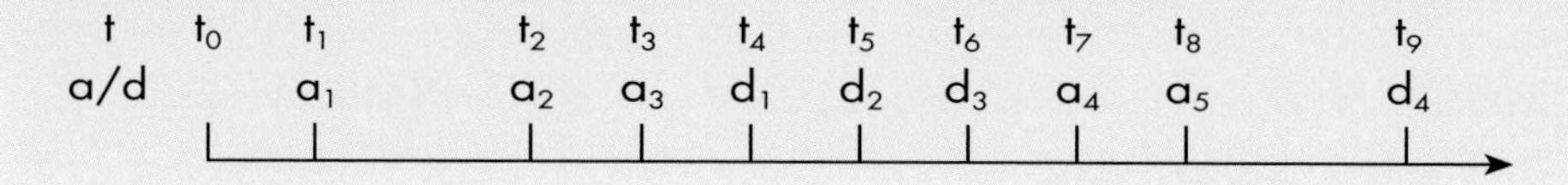

事件處理邏輯

- 到達事件：更新系統與統計變數，更新模擬時鐘，生成下一個到達事件時間，如果伺服器空閒立即生成離開事件，否則加入佇列。
- 離開事件：更新系統與統計變數，更新模擬時鐘，如果還有個體在等待線生成它的離開事件，否則更新伺服器狀態為空閒。

7-4 紙筆離散模式模擬

考慮只有一位醫師，沒有助手也沒有櫃檯人員的一個簡易牙醫診所，假設早上看診時段為九點到中午十二點。在一項計算平均等待人數、平均等待時間與醫師平均忙碌時間的模擬研究，使用的系統變數名稱有：醫生忙碌狀態 S、等待線人數 n、模擬時鐘 SClock（分鐘）與上個事件時間 LTime 等。

已知除了個體 (Entity) 進入系統時間，伺服器 (Server) 滿足服務需求的延時也是進行模擬必要提供的輸入項目，個體進入系統時間與接受服務延時當然可以預先生成與儲存，不過為了避免浪費儲存空間與執行效率，只在需要之時才由之前擬定的機率分布產生。但是完成服務離開伺服器的事件時間，未發生之前未知，因為它等於物件開始接受服務當時在模擬時鐘的位置與隨機服務延時的加總。

模擬計畫著手定義模擬過程使用的統計變數名稱與更新的運算方式如下：

第 i 位病患到達時間，等於上一位到達時間加上隨機間隔時間 $A_i = A_{i-1} + R_i$，

第 i 位病患離開時間，等於模擬時鐘加上隨機處理時間 $D_i = SClock + S_i$，

假如這是一個到達事件 n = 之前 n + 1，否則 n = 之前 n - 1，

累積醫師忙碌時間 CB = 之前 CB + (SClock - LTime)，

累積患者等待時間 CW = 之前 CW + n * (SClock - LTime)，

累積服務病患人數 SV = 之前 SV + 1。

為了方便進行紙筆模擬，首先使用 Excel 函數生成第一至第六位患者進入系統的間隔時間，分別為 $R_1 = 10$, $R_2 = 50$, $R_3 = 30$, $R_4 = 80$, $R_5 = 20$, $R_6 = 50$, ...，服務第一至第五位病患的延時分別為 $S_1 = 90$, $S_2 = 40$, $S_3 = 20$, $S_4 = 50$, $S_5 = 30$, ...。

接著宣告開始模擬的初始狀態，模擬時鐘 SClock = 0，等待人數 n = 0，醫師空閒狀態 S = 0，上個事件時間 LTime = 0，第 1 位患者到達時間 $A_1 = t_0 + R_1 = 0 + 10$，第 1 位顧客離開時間 $D_1 = \infty$，初始累積醫師忙碌時間 CB = 0，初始累積所有顧客等待時間 CW = 0，初始累積服務病患人數 SV = 0。

牙醫診所紙筆模擬過程

底下表格彙整牙醫師早班活動的模擬過程，欄位SClock為模擬時鐘，LTime 前一個事件時間，S 醫師忙碌 = 1 或空閒狀態 = 0，進入 A_i 或離開 D_i 事件代表第 i 位患者到達／離開時間，等待線人數 n，CB 累積醫師忙碌時間，CW 累積所有顧客等待時間，SV 累積服務病患人數。

SClock	LTime	S	A/D	A_i	n	CB	CW	D_i	SV
0	0	0	A	$A_1 = 10$	0	0	0	$D_1 = \infty$	0
10	0	1	A	$A_2 = 60$	0	0	0	$D_1 = 100$	1
60	10	1	A	$A_2 = 60$ $A_3 = 90$	1	50	0	$D_1 = 100$	1
90	60	1	A	$A_2 = 60$ $A_3 = 90$ $A_4 = 170$	1	80	30	$D_1 = 100$	1
100	90	1	A	$A_3 = 90$ $A_4 = 170$	2	90	50	$D_2 = 140$	2
140	100	1	D	$A_4 = 170$	1	130	90	$D_3 = 160$	3
160	140	0	D	$A_4 = 170$	0	150	90		
170	160	1	A	$A_5 = 190$	0	150	90	$D_4 = 220$	4
190	170	1	A	$A_6 = 240$	0	170	90		
220	190	0	D		0	200	90		5

註：表格內容記錄事件發生的更新數據，例如病患到達事件，如果醫生為空閒狀態，指定 S = 1，如果是一個離開事件，若是等待線人數 n = 0，指定 S = 0，累積服務病患人數則在開始接受服務時更新。

依據本書第 2 章說明的事件導向模式演算法，使用紙筆工具進行模擬，並繪製如上述的「牙醫診所紙筆模擬過程」表格，列舉模擬過程系統變數與統計變數的演算過程。

彙整模擬輸出數據

模擬輸出：

總共服務病患人數 SV = 5

醫師忙碌程度 CB/T = 200/220 = 0.91

病患平均等待時間 CW/SV = 90 / 5 = 18 分鐘

早班 9 點開始營業，打烊的時間 SClock = 220 = 下午 12 點 40 分

7-5 模組化事件導向模式

模式分割成為數個模組 (Module) 與系統分割成為數個子系統的理念相同，除了方便理解與溝通各模組的功能、輸入、輸出與運作邏輯，也提升軟體可讀性、維護性與移植性。代表典型等待線系統下個 (Next) 事件導向模式的模組，大致可分為主導模擬過程的驅動程式 (MainRoutine)，指定系統與統計變數初始狀態的初始模組 (Initialization)、儲存與管理未來發生的事件型態 (EventType)，以及在時間軸上的位置 (EventTime) 的未來事件陣列 (FutureEventArray, FE) 模組、擷取未來事件的事件驅動 (EventDriven) 模組、到達 (Arrival) 與離開 (Departure) 模組、輸出 (Output) 模組以及生成 (Generating) 模仿隨機出象的分布函數庫 (DistributionFunctionLibrary)，上述模組的作用與演算法請參考之後對應的流程圖與演算法。

由於多數等待線或佇列系統具有許多類似運作邏輯，早期有些市售模擬軟體使用傳統的電腦語言如 FORTRAN 與 C，開發數個常用模組的程式庫，方便使用者在模擬相關系統時只需要小部分甚或不需要修改，即能輕易建立一個模組化的模擬模式，當然使用者本身必須具備程式設計能力。

假設模擬作業的目的為在預定模擬期間 T，估計完成處理物件數量 k，物件接受處理的平均等待時間 (AverageWaitingTime)，平均與最大等待線長度 (MaxQLength) 與伺服器的使用率 (Utilization)，通常模式的假設與條件包括：

物件進入系統加入等待線的間隔時間符合一個機率函數 F 的分布行為，
伺服器服務或處理一個物件的延時符合一個分布函數 G 的隨機行為，
等待線長度足夠系統使用，

伺服器從等待線選取物件進行處理依據一個預定策略，

忽略伺服器轉換服務物件的時間，

設定結束模擬條件，如一個預定模擬週期。

物件進入等待線，當伺服器處於空閒 (Idle) 狀態立刻進行處理，否則加入等待線的後端。物件完成處理立即離開系統，接著伺服器從等待線選取一個物件並進行處理，如先進先出或預定優先 (Priority) 次序等策略。

系統變數敘述事件系統狀態，包括模擬時鐘 SimClock，伺服器狀態 (Status, S)，忙碌 S = 1，空閒 S = 0，等待線長度 QLength，以及為了計算統計變數必須記錄的上一個事件發生的時間 (LastEventTime, Tlast)。收集研究關切的統計變數包括累積伺服器忙碌狀態時間 CBusyT，累積物件等待時間 CWaitT，總共到達等待線物件數量 CA，與總共完成處理或服務的物件數量 CD。

驅動程式的虛擬碼與流程圖

```
// 宣告系統變數與統計變數為全域變數 (Global Vaiable)
CALL  Initialization  // 初始模組
WHILE (未來事件陣列長度 > 0) DO
   CALL  EventDriven  // 事件驅動模組
   指定  SimClock  // 模擬時鐘
   IF  (是一個結束模擬的事件) THEN
      CALL  Output  // 輸出模組
   ELSE
      CALL  Event Routine   // 對應事件模組，到達或離開
END WHILE  // 結束模擬
```

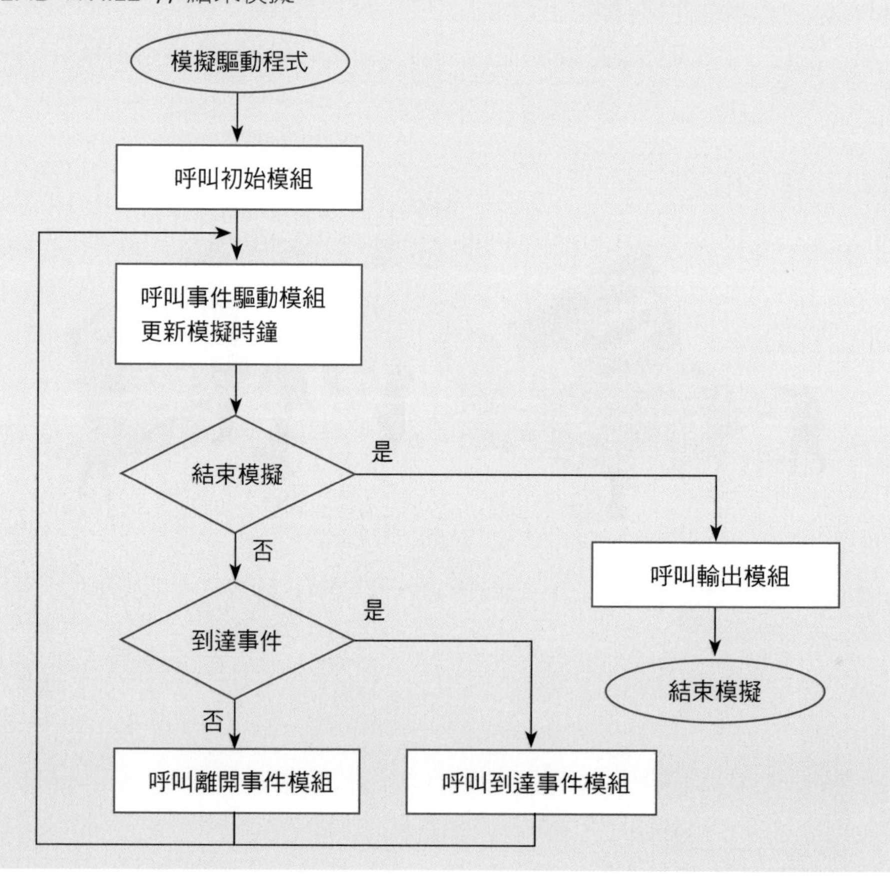

辨識事件型態

假設研究標的是一個單一伺服器單一等待線系統：

1. 到達事件，物件進入系統，加入等待伺服器處理的佇列。

2. 離開事件，完成處理，物件離開系統。

未來事件陣列模組

每一筆記錄包括事件型態 (EventType) 與時間 (EventTime) 欄位。

例如：FE(1, 35) 代表模擬時鐘 35 位置，一個到達事件。

FE(2, 40) 代表模擬時鐘 40 位置，一個離開事件。

未來事件陣列依據發生時間先後排序，維持上升次序 (Ascending-Order)。

事件驅動模組

CALL 未來事件模組，傳回最近事件型態 (EventType) 與時間 (EventTime)。

CALL 事件型態模組 // 如 1 到達或 2 離開

初始模組

```
宣告 SimClock = TLast = QLength = S = 0 // 全域 (Global) 系統變數
宣告 CA = CD = CWaitT = CBusyT = MaxQLength = 0 // 全域統計變數
指定 ATime= SimClock + f // 第一個到達事件時間，
                          // f 是 F 的一個例子 (Instance)
CALL FE(1, ATime) // 儲存第一個到達事件至 FE
指定 DTime = 9999 // 一個不會發生的離開事件時間
CALL FE(2, DTime) // 儲存避免模擬活動提早結束的離開事件至 FE
RETURN
```

輸出模組

```
計算平均等待時間 = CWaitT / CD
計算伺服器使用率 =  CBusyT / T
OUTPUT 到達與離開物件數量 CA，CD
OUTPUT 最大與平均等待線長度 QLength
OUTPUT 研究關切數據
RETURN
```

到達模組的虛擬碼與流程圖

```
指定 SimClock = EventTime  // 模擬時鐘跳至到達事件時間
更新 CA = CA + 1  // 累積到達物件數量
更新 CBusyT = CBusyT + S *(SimClock - TLast)  // 累積伺服器忙碌時間
更新 CWaitT = CWaitT + QLength *(SimClock - TLast)  // 累積等待時間
指定 ATime = SimClock + f  // 到達時間，f 是分布 F 的一個例子
CALL  FE(1, ATime)  // 儲存下一個到達事件至 FE
IF (S = 0)  THEN  // 伺服器空閒狀態
   {指定 DTime = SimClock + g  // 離開時間，g 是分布 G 的一個例子
   CALL  FE(2, DTime)  // 儲存下一個離開事件至 FE
   指定  S = 1}  // 伺服器忙碌
ELSE
   {更新 QLength = QLength + 1  // 等待線長度
   IF (QLength > MaxQLength)  THEN
       指定  MaxQLength = QLength}   // 最大等待線長度
END IF
指定  TLast = SimClock  // 上個事件時間
RETURN
```

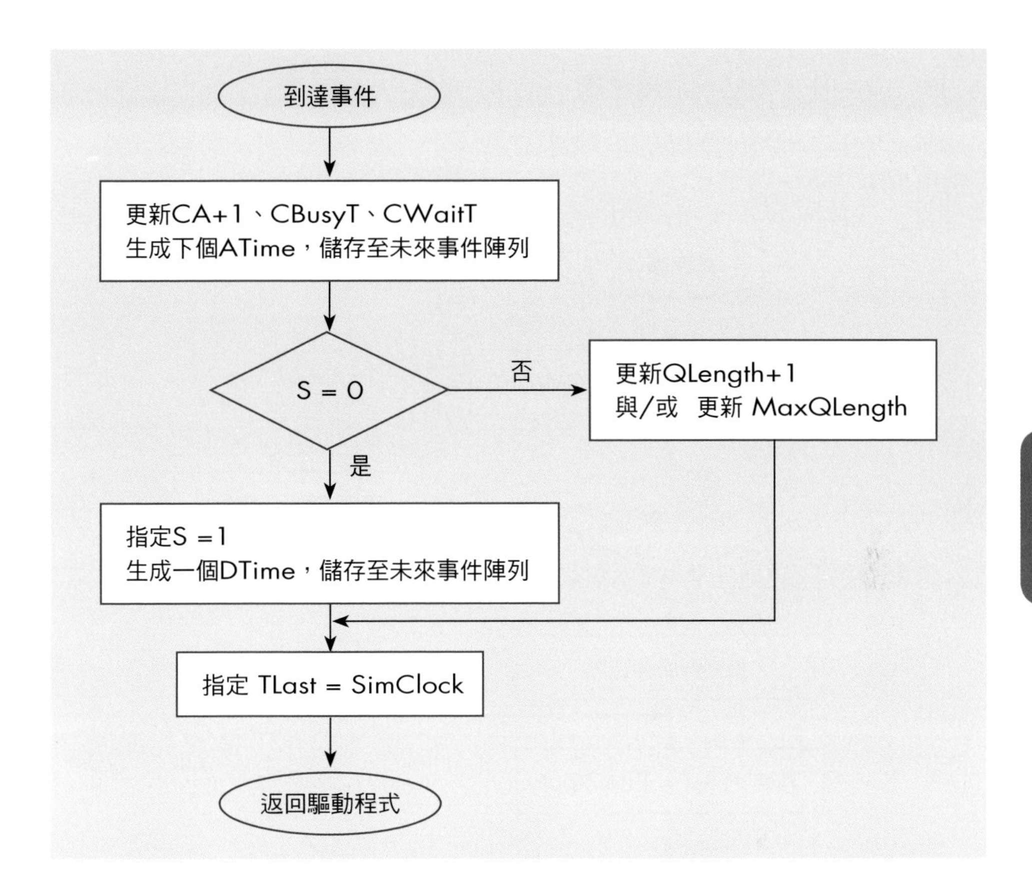

離開模組的虛擬碼與流程圖

```
指定 SimClock = EventTime // 模擬時鐘跳至離開事件時間
更新 CD = CD + 1 // 離開事件數量
更新 CBusyT = CBusyT + S *(SimClock - TLast) // 累積伺服器忙碌時間
更新 CWaitT = CWaitT + QLength *(SimClock - TLast) // 累積等待時間
指定 S = 0 // 伺服器空閒
IF (QLength > 0) THEN // 等待佇列尚有等待處理的物件
 {更新 QLength = QLength - 1 // 等待線長度
 指定 DTime = SimClock + g // 離開時間，g 是分布函數 G 的一個例子
 CALL FE(2, DTime) // 儲存下一個離開事件至 FE
```

指定 S = 1}　　// 伺服器忙碌

指定 TLast = SimClock // 上個事件時間

RETURN

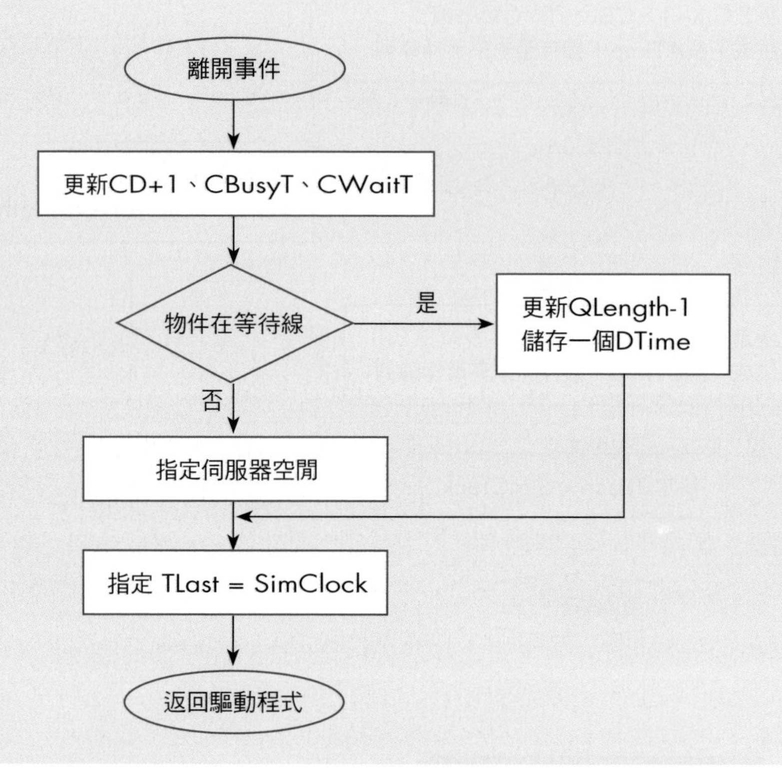

機率函數庫 (ProbabiltyFunctionLibrary)

模擬常用的機率函數，包括常態、指數、均值、均等、波氏與二項等分布函數，用於生成 (Generating) 模擬過程需要的隨機出象。

FUNCTION pbname(parameters)　// parameters 機率函數的參數

指定 f = pbname(arguments)　// 傳送引數 arguments 至函數 pbname

// 傳回一個例子 (Instance)，或稱為個例的陳述

7-6 平行伺服器模式

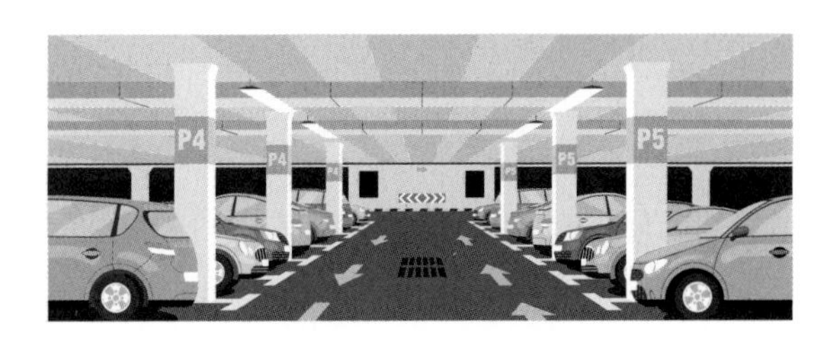

考慮假日大型賣場或百貨公司的停車場入口往往大排長龍的場景，當停車位客滿時，人們只能無奈地盼望店內消費者快快結帳離開，或選擇自行放棄前往其他處所消費。如果堅持下去，還要等待多久？這個問題的影響因素包括可用車位數量、顧客購物與結帳等時程。

又如民眾進入銀行辦理提款、存款或其他需求，點觸掛號機領取排序號碼，找個座位等待叫號，當擴音器呼叫的同時，看板螢幕也會顯示掛號與服務櫃檯號碼，接著顧客到達指定櫃檯，完成服務後離開，這個過程民眾（個體）依據到達時間形成一條虛擬佇列，平行 (Parallel) 相同 (Identical) 作業的數個櫃檯員（伺服器）依次處理等待線顧客的交易需求。日常生活中我們可以發現更多相似系統，例如郵局、餐廳、機場與各類型的服務櫃檯。如果沒有區別個體處理需求的不同，這類系統形成單一個體單一等待線平行伺服器 (Single Queue Parallel Servers) 系統。

模擬多重平行伺服器系統的目的主要包括估計個體等待處理平均時間、伺服器平均忙碌時間、等待線最大與平均長度等。同單一伺服器系統，模式設計師應該事先定義物件進入系統隨機時間與伺服器服務時間的機率分布。

以一處停車場系統為例，假設研究目的包括估計車輛在入口平均等待時間、最大等待線長度、停車空間使用率，以及停車場關閉之前離開的數量。如此進行模擬過程的預設條件包括車輛到達停車場入口的間隔時間符合一個機率函數 F、顧客停車與購物延時歸納為伺服器服務時間符合另一個機率函數 G、停車場開放期間是一個常數 T。如此車流依序進入停車場，假設一直沒有可用停車位，來車就會在入口車道大排長龍，每當有一部車子離開，佇列前端的第一部車子才能進入。假設所有停車位都是相同規格，適用一般房車，如此每一個停車格可以看成是一個相同功能的伺服器，進入停車場的等待線容量充足與

有限停車格 (Lots)，車子物件在系統流動單純，如此形成一條典型的單一佇列平行伺服器系統。

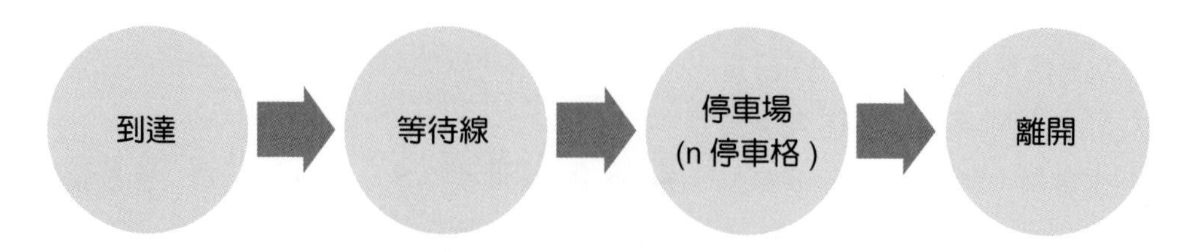

讓事件 E 等於 1 或 2 分別代表進入與離開，請參考如下事件型態與已占用停車位數量 L 的異動，在時間軸 T 的相對位置示意圖：

T	→										
E		1	1	1	2	1	2	2	1	1	2
L	0	1	2	3	2	3	2	1	2	3	2

模擬假設停車場系統的目的

計算最大等待入場車輛數量、停車場使用率、平均等待時間。

修改與沿用既有模組的原則

- 模擬平行伺服器系統的演算模組與簡單佇列模式類似，驅動程式、未來事件模組與輸出模組可以沿用。
- 初始模組、到達與離開事件模組只需稍微修改而已。

生成 (Generating) 分布函數的隨機變量

f 與 g 分別為指數分布 F 與常態分布 G 的一個例子，一個隨機變量。

初始模組

```
INPUT T // 模擬期間
INPUT totalLots // 停車場容量
宣告 SimClock = 0 // 模擬時鐘初始值
宣告 LotsU = 0 // 停車格使用數量初始值
宣告 QLength = 1 // 等待線長度初始值
宣告 TLast = 0 // 上個事件時間初始值
宣告 CBusyT = 0 // 累積所有停車格使用時間初始值
宣告 CWaitT = 0 // 累積所有進場車輛等待時間初始值
宣告 CarServed = 0 // 離開車輛數量初始值
宣告 MaxQLength = 0 // 最大等待線長度初始值
指定 ATime = SimClock + f // 第一個到達事件時間
CALL FE(1, ATime) // 儲存第一個到達事件至 FE
CALL FE(2, 9999) // 初始一個不會發生的離開事件至 FE
RETURN
```

到達事件模組

```
指定 SimClock = EventTime // 到達事件時間
更新 CWaitT = CWaitT + QLength* (SimClock – TLast) // 等待時間
更新 CBusyT = CBusyT + LotsU*(SimClock – TLast) // 停車格使用時間
指定 ATime = SimClock + f // 下一個到達時間
CALL FE(1, ATime) // 儲存下一個到達事件至 FE
IF (LotsU < ToTalLots) THEN // 尚有停車格可供使用
 {更新 LotsU = LotsU + 1 // 使用中停車格使用數量
 指定 DTime = SimClock + g // 離開時間
 CALL FE(2, DTime)} // 儲存下一個離開事件至 FE}
```

```
ELSE
 {更新  QLength = QLength + 1  // 等待線長度
 IF (MaxQLength < QLength) THEN
    指定 MaxQLength = QLength   // 更新最大等待線長度
 END IF}
END IF
指定  TLast = SimClock  // 上個事件時間
RETURN
```

離開事件模組

```
指定  SimClock = EventTime  // 離開事件時間
更新  CWaitT = CWaitT + QLength* (SimClock – TLast)  // 累積等待時間
更新  CBusyT = CBusyT + LotsU*(SimClock – TLast))  // 累積使用時間
更新  LotsU = LotsU - 1  // 使用中停車位數量
更新  CarServed = CarServed + 1  // 離開數量
IF (QLength > 0)  // 等待線長度大於 0
  更新  QLength = QLength - 1  // 等待線長度
  指定  DTime = SimClock + g   // 離開時間
  CALL  FE(2, DTime)   // 儲存一個物件離開事件至 FE
END IF
指定  TLast = SimClock  // 上個事件時間
RETURN
```

7-7 序列伺服器模式

自由民主國家的人們對於選舉活動一定相當熟悉，由於中小學班長、組長，大學系主任、院長、校長，各類組織或工會幹部以及民意代表與首長等，皆由選舉產生。雖然大型選舉活動耗費大量人力與物力，但是好像是無法避免的惡。典型選民投票的流程，包括到達投票所、檢查身分領取選票、圈選支持對象、工作人員引導選民將各類選票投入正確的票匭然後離開等序列活動。從選民的角度看來是一項簡單流程，但是為了確保每一投票所都能夠在幾乎相近時間完成投票計票與統計作業，如何根據選民名冊，規劃投票所、規劃投票動線、開票計票程序，要求近乎完美達成任務，選舉事務人員可是傷透了腦筋。

考慮一個包含數項活動的工作流系統，某些活動也許比較單純，到達個體的等待時間較短不會延誤流程，然而某些需要較長處理時間的活動則必要增設數個並行伺服器以防止大排長龍造成瓶頸。讓 [等待線 X] 代表編號 X 的等待線，括號 [ ] 表示非必要的模式元件，伺服器組包含 1 或多個平行伺服器，一個代表序列長度 k 工作流系統的模式，每個伺服器之前可依需求決定是否必要包括等待線元件，請參考底下序列工作流的簡圖：

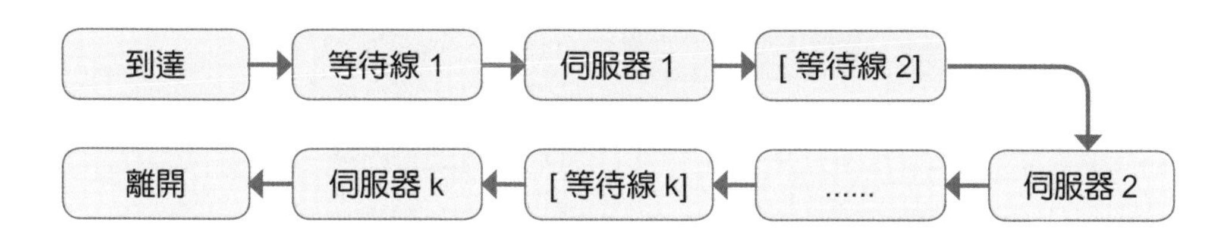

假設一個 k = 2 的序列單一伺服器系統，模擬研究目的是為了估計在預定模擬期間之內，到達並完成服務的物件數量，以及物件進入直到完成處理離開系統的平均延時，可能建立如下事件導向模式的假設條件：

到達個體需要兩個伺服器先後處理，

個體進入系統的間隔時間符合隨機分布 F，

第一個伺服器服務時間符合隨機分布 G1，

第二個伺服器服務時間符合隨機分布 G2，

個體到達直接加入等待線 1，

完成第一個伺服器處理，個體馬上加入等待線 2，

經過第二個伺服器處理，個體立即離開系統，

忽略個體在系統移動的時間，

忽略伺服器轉換服務個體的時間，

兩個伺服器都是遵行先到先服務的策略。

發展上述序列伺服器系統的事件導向模式，只需稍微修改與沿用之前介紹的模組，因此本節僅列舉相較特殊，包括初始、到達事件、伺服器 S1 事件與伺服器 S2 事件等模組的演算法。

序列系統的事件型態

假設標的系統的物件必須完成兩項皆為單一伺服器的序列活動。

型態 1，到達系統事件，加入伺服器 1 之前的佇列。

型態 2，到達伺服器 2 事件，離開伺服器 1 加入伺服器 2 之前的佇列。

型態 3，離開系統事件。

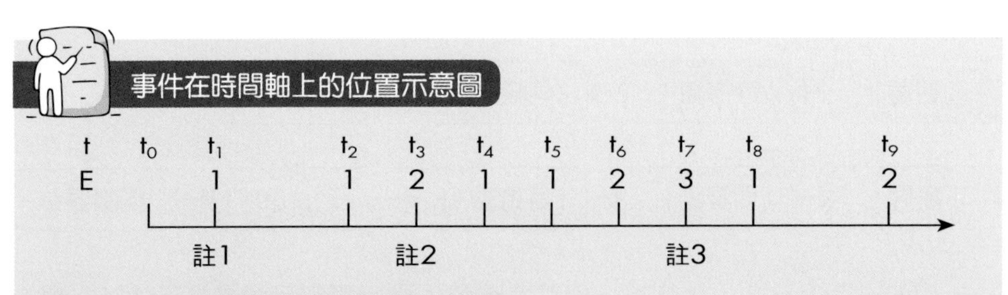

E = 1、2 或 3 事件在模擬時鐘的位置

註 1：個體到達時間。

註 2：個體滿足第一個伺服器的處理需求，觸發事件 2。

註 3：個體完成兩項必要服務，離開系統。

未來事件陣列模組 FE(EventType, EventTime)

未來事件陣列，依據發生時間先後排序，維持上升次序 (Ascending Order) 每一筆記錄包括事件型態 (EventType) 與時間 (EventTime) 欄位。

例如：FE(1, 35) 代表模擬時鐘 35 位置，個體到達，等待伺服器 S1 事件。

FE(2, 40) 代表模擬時鐘 40 位置，伺服器 S1 滿足個體處理需求，等待伺服器 S2 事件。

FE(3, 45) 代表模擬時鐘 45 位置，個體滿足服務離開系統事件。

生成 (Generating) 分布函數的隨機變量

F：一個生成物件到達間隔時間的機率分布。

G1：一個生成伺服器 1 服務時間的機率分布。

G2：一個生成伺服器 2 服務時間的機率分布。

f、g1 與 g2 分別為 F、G1 與 G2 的一個例子，一個隨機變量。

初始模組

```
// 在驅動程式輸入或預設模擬期間 T
// 初始系統變數
宣告 SimClock = 0 // 初始模擬時鐘
宣告 Q1Length = Q2Length = 0 // 初始等待線 1 與等待線 2 長度
宣告 S1 = S2 = 0 // 初始伺服器 1 與伺服器 2 狀態空閒，忙碌 = 1
宣告 TLast = 0 // 上個事件時間
// 初始統計變數
宣告 EntitySeved = 0 // 初始累積完成服務物件數量
宣告 S1WaitT = S2WaitT = 0 // 初始累積物件在等待線時間
```

```
// 隨機生成第一個物件到達事件與時間並存入未來事件陣列
指定 ATime = SimClock + f // 第一個個體到達時間
CALL FE(1, ATime) // 儲存第一個到達事件至 FE
CALL FE(3, 9999) // 儲存一個避免提早結束模擬事件至 FE
RETURN
```

到達事件模組

```
指定 SimClock = EventTime // 模擬時鐘移至到達事件發生時間
更新 S1waitT = S1WaitT+Q1Length*(SimClock-TLast) // 累積等待 S1 時間
更新 S2waitT = S2WaitT+Q2Length*(SimClock -TLast)// 累積等待 S2 時間
// 生成與儲存下一個加入等待線 1 的物件
指定 ATime = SimClock + f // 到達時間，f 是分布函數 F 的一個例子
CALL FE(1, ATime) // 儲存下一個到達事件至 FE
IF (S1 = 0) THEN // 伺服器 1 空閒狀態，進行處理物件
 {指定 S1 = 1 // 更新伺服器 1 忙碌狀態
 指定 S1Time = SimClock + g1
 // 事件 S1 時間，g1 是分布 G1 的例子
 CALL FE(2, S1Time)} // 儲存 S1 事件至 FE
ELSE
 更新 Q1Length = Q1Length + 1 // 等待線 1 物件數量
END IF
// 更新上個事件時間，返回模擬驅動程式指定
TLast = SimClock
RETURN
```

伺服器 S1 事件模組

```
指定  SimClock = EventTime  // 離開伺服器 S1 事件時間
更新  S1waitT = S1WaitT+Q1Length*(SimClock -TLast) // 累積等待 S1 時間
更新  S2waitT = S2WaitT+Q2Length*(SimClock -TLast) // 累積等待 S2 時間
指定  S1 = 0  // 伺服器 1 空閒狀態
IF (Q1Length > 0) THEN
 {更新  Q1Length = Q1Length - 1  // 等待線 1 長度
  指定 S1 = 1  // 伺服器 1 忙碌狀態
  指定 S1Time = SimClock + g1  // 事件 S1 時間，g1 是 G1 的個例
  CALL  FE(2, S1Time) }  // 儲存 S1 事件至 FE
IF (S2 = 0) THEN  // 伺服器 2 空閒狀態
 {指定 S2Time = SimClock + g2  // 事件 S2 時間，g2 是 G2 的個例
  CALL  FE(3, S2Time)}  // 儲存 S2 事件至 FE
  指定 S2 = 1}  // 伺服器 2 忙碌狀態
ELSE
  更新  Q2Length = Q2Length + 1  // 伺服器 2 空閒狀態
指定  TLast = SimClock
RETURN
```

伺服器 S2 事件模組

```
// 更新系統與統計變數
指定  SimClock = EventTime  // 物件離開伺服器 2 時間
更新  S1waitT = S1WaitT+Q1Length*(SimClock -TLast) // 累積等待 S1 時間
更新  S2waitT = S2WaitT+Q2Length*(SimClock -TLast) // 累積等待 S2 時間
更新  EntityServed = EntityServed + 1  // 累積完成服務物件數量
// 物件離開伺服器 2
指定  S2 = 0   // 伺服器 2 空閒狀態
IF (Q2Lengh > 0) THEN   // 佇列 2 尚有待處理個體
  {更新  Q2Lengh = Q2Length - 1  // 更新等待線 2 長度
  指定 S2 = 1   // 伺服器 2 忙碌狀態
  指定  S2Time = SimClock + g2  // 事件 S2 時間，g2 是 G2 的個例
  CALL  FE(3, S2Time)}  // 儲存 S2 完成服務離開系統事件至 FE
指定  TLast = SimClock
RETURN
```

7-8 產品檢修模式

例行車輛檢驗就如同投票流程一樣必須遵守既定的步驟，如果燈泡故障，還是輪胎、剎車系統或排氣不合格，就必須前往修車廠調整或更換才能過關。一般監理所大都位於郊區，又只是負責檢驗工作，不合格的車主必須自行處理再加入檢驗行列，而民營驗車公司的工作人員可能可以立即幫忙處理就能過關，這也是工作或住家附近的民營驗車廠受到青睞的原因吧！

考慮一個產品維修系統，物件到達後加入等待序列，一旦工作人員處於空閒狀態，最先到達等待線的物件立刻接受檢查，物件檢查結果正常就離開系統，否則加入待修序列，若工作人員處於空閒狀態，最先到達待修序列的物件立刻接受維修，然後再加入等待序列，等候檢查直到合格沒有瑕疵才離開系統。假設檢查與維修皆為單人服務的伺服器，如下工作流示意圖。

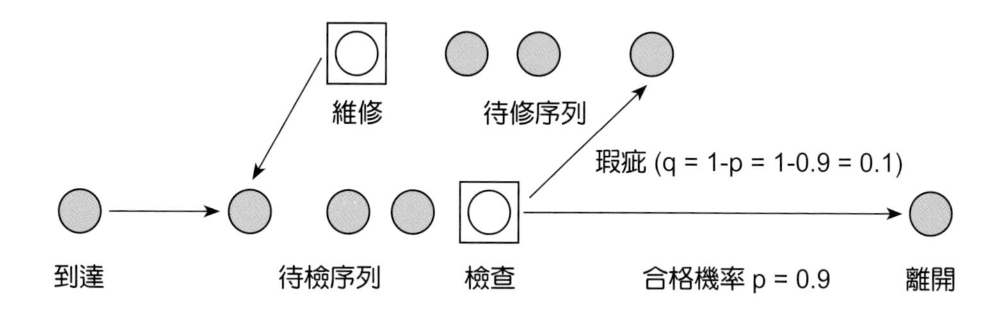

讓 a_i 代表序號 i 的物件到達系統的事件時間，讓 d_j 代表編號 j 的物件離開檢查工作站加入待修序列或檢查合格離開系統的事件時間，讓 r_k 代表編號 k 的物件離開維修工作站加入待檢序列的事件時間，請參考下圖在時間軸上標示這些事件可能發生的時間點。

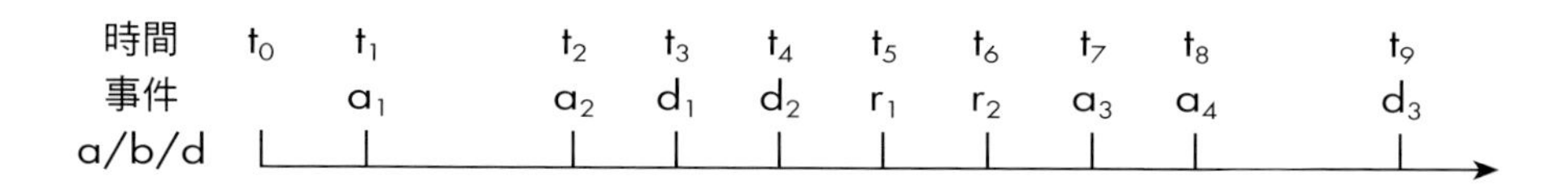

假設一個維修系統的模擬模式包括下列假設條件，物件檢驗合格率 p =

0.9，生成物件檢驗合格離開系統的機率函數 U，物件進入系統加入待檢序列的機率函數 F，檢查時間隨機函數 G1，以及維修時間函數 G2。底下列舉的模組演算法，包括初始模組、到達模組、檢驗模組與維修模組。

模擬計畫目的

計算物件接受檢驗與維修數量，估計平均輸出物件數量、檢驗站使用率、維修站使用率。

事件型態與未來事件陣列

1. 事件 1，物件進入系統，加入檢驗站等待線。
2. 事件 2，完成檢驗，物件合格離開系統，否則加入維修站等待線。
3. 事件 3，完成維修重新加入檢驗站的等待線。

未來事件 FE 陣列每一筆記錄包括事件型態與時間：

FE(EventType, EventTime)

初始模組

宣告 T = 480 // 初始模擬週期，假設期間為 8 小時

宣告 p = 0.9 // 初始檢驗合格機率等於 0.9，不合格率 q = 1 – p = 0.1

// 初始系統變數與統計變數

指定 SimClock = 0 // 模擬時鐘

指定 TLast = 0 // 上一個事件時間

指定 S1 = 0 // 檢查員狀態，空閒 = 0，忙碌 = 1

指定 S2 = 0 // 維修員狀態

宣告 Q1Length = Q2Length = 0 // 檢查等待線長度與維修等待線長度

宣告 goods = 0 // 累積合格件數量

```
宣告 S1Qty = 0 // 累積檢查物件數量
宣告 S2Qty = 0 // 累積維修物件數量
宣告 S1BusyT = 0 // 累積檢查員忙碌時間
宣告 S2BusyT = 0 // 累積維修員忙碌時間
宣告 Q1WaitT = 0 // 累積等待檢查時間
宣告 Q2WaitT = 0 // 累積等待維修時間
指定 DTime = 9999 // 儲存物件離開時間至未來陣列
指定 ATime = SimClock + f // 第一個到達時間，f 是 F 的一個例子
CALL FE(1, ATime) // 第一個物件到達事件至 FE
CALL FE(3, DTime) // 一個不會發生的離開事件，避免提早結束模擬
RETURN
```

SUBROUTINE update( ) // 更新系統與統計變數

```
指定 SimClock = EventTime // 模擬時鐘
// 累積伺服器忙碌時間
更新 S1BusyT = S1BusyT + Q1Length*(SimClock – TLast) // 檢查站
更新 S2BusyT = S2BusyT + Q2Length*(SimClock – TLast) // 維修站
// 累積等待時間
更新 Q1WaitT = Q1WaitT + Q1Length*(SimClock – TLlast) // 檢查站
更新 Q2WaitT = Q2WAitT + Q2Length*(SimClock – TLast) // 維修站
RETURN
```

註：將數個重複陳述摘出，成為一個：
函數 (FUNCTION)：當只須回傳一個數值至呼叫它的陳述或是，
副程式 (SUBROUTINE)：可以傳回數個數值至呼叫它的程式，
以增加演算法可讀性。

到達事件模組

```
CALL update( ) // 更新系統與時間變數
指定  ATime = SimClock + f  // 到達時間，f 是 F 的一個例子
CALL  FE(1, ATime)  // 儲存下一個到達事件至 FE
IF (S1 = 0) THEN  // 檢驗站空閒，進行檢驗作業
 {
 指定  S1 = 1  // 更新檢驗員狀態忙碌
 更新  S1Qty = S1Qty + 1 // 累積檢驗查物件數量
 指定  S1Time = SimClock + g1  // 檢驗時間 g1 是 G1 的一個例子
 CALL  FE(2, S1Time)  // 儲存一個檢驗事件時間至 FE
 }
ELSE
 更新 Q1Length = Q1Length + 1  // 檢查等待線長度
END IF
指定  TLast = SimClock  // 上一個事件時間
RETURN
```

檢驗事件模組

```
CALL update( )  // 更新系統與時間變數
更新  S1Qty = S1Qty + 1  // 累積檢驗物件數量
指定  u = U(0, 1)  //u 是 (0, 1) 均值分布的一個例子
IF (u <= p) THEN  // 假設是一個合格物件
 {更新  goods = goods + 1  // 合格物件數量
 IF (Q1Length > 0) THEN  // 檢驗等待線長度是否大於 0
    {更新  Q1Length = Q1Length - 1  // 等待線長度
    指定  S1Time = SimClock + g1  // 檢驗時間，g1 是 G1 的一個例子
    CALL  FE(2, S1Time)}  // 儲存下一個檢驗事件至 FE
```

```
  ELSE // 沒有等待檢驗物件
   指定 S1 = 0} // 檢查員狀態空閒
ELSE // 物件不合格，加入維修等待線
  {IF (S2 = 0) THEN // 維修員狀態空閒
   {更新 S2Qty = S2Qty + 1 // 累積維修物件數量
   更新 Q2Length = Q2Length - 1 // 維修等待線長度
   指定 S2 = 1 // 更新維修員狀態忙碌
   指定 S2Time = SimClock + g2 // 維修時間，g2 是 G2 的一個例子
   CALL FE(3, S2Time)} // 儲存一個維修事件至 FE
   ELSE
    更新 Q2Length = Q2Length + 1} // 維修等待線長度
指定 TLast = SimClock // 上一個事件時間
RETURN
```

維修事件模組

```
CALL update( ) // 更新系統與時間變數
指定 ReTime = SimClock + Q1Length * k //k：物件平均待檢時間
CALL FE(2, ReTime) // 重新加入待檢佇列
更新 Q1Length = Q1Length + 1 // 檢查等待線長度
指定 S2 = 0 // 維修員狀態空閒
IF (Q2Length > 0) THEN // 維修等待線長度
 {更新 S2Qty = S2Qty + 1 // 累積維修物件數量
   更新 Q2Length = Q2Length - 1 // 維修等待線長度
   指定 S2Time = SimClock + g2 // 維修時間，g2 是 G2 的一個例子
   CALL FE(3, S2Time) // 儲存一個維修事件至 FE
   指定 S2 = 1} // 維修員狀態忙碌
指定 TLast = SimClock // 更新上一個事件時間
RETURN
```

7-9 安全庫存模式

安全庫存量，直覺上好像是只有買賣業者才會關切的話題，但是人們日常中往往在臨時需要時才會發現所需材料或工具短缺，而造成麻煩或嚴重的後果。庫存不足的小老闆可能因而損失賺錢的機會，不過這只是造成個人的痛心而已。相對的，當某種流行病發生時才發現疫苗不足而造成疾病蔓延，就不是管理者能夠承擔的了；颱風或節日前後，蔬菜與肉品短缺，常被渲染而造成民怨；又如鐵達尼號撞上冰山才發現救生艇不夠等等。這些活生生的例子都在告訴我們，應該檢視安全庫存水準的重要性。

假設某美髮工作室除了一般的剪髮服務，還能幫客戶染燙頭髮，由於顧客到達後才會知道可能的服務項目，為了滿足顧客需求，必須事先準備適量用料。如果採購數量太多將會占用儲存空間並積壓資金，貨物不足則可能造成顧客流失而減少收入。同理，定期檢視庫存水準以決定採購數量或安全庫存系統，必定是公司行號檢視營運模式的重要課題之一。

考慮買賣單一貨品的店家，假設研究目的為在模擬期間 T 之後評估庫存策略 (Min, Max) 的利潤，Min 與 Max 分別為安全與最大庫存水準。底下定義顧客購買、盤點採購與訂貨到達等三類模式事件，並列舉假設條件以及重要模組的演算法：

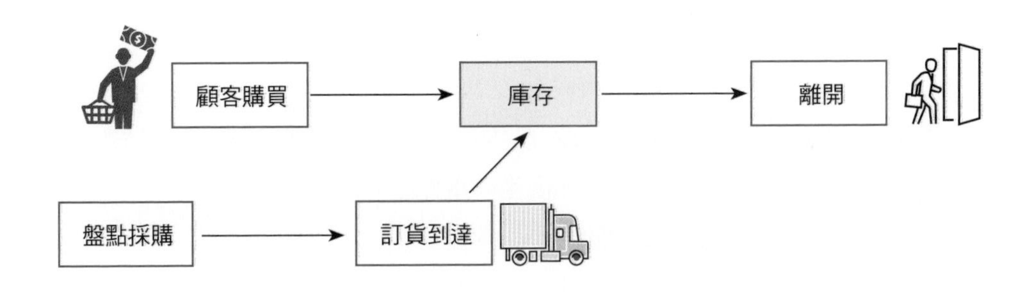

1. 顧客購買事件間隔時間 f 符合隨機變數 F 的分布規則。
2. 顧客購買數量 d 符合隨機變數 D 的分布規則。
3. 訂貨到達事件時間 g 符合隨機變數 G 的分布規則。
4. 讓 CurrentQty 代表目前庫存水準，在固定盤點週期 ReviewPeriod 發現。
5. CurrentQty < Min，訂貨數量 OrderQty = Max - CurrentQty。
6. 從庫存提貨或實際售貨數量 PurQty = min(d, CurrentQty)，等於顧客需求數量與目前庫存量之中比較小的數量。
7. 訂貨到達 DeliveryTime 後立即更新庫存。
8. 讓訂貨費用 PurchaseCost 等於訂貨數量乘以採購單位成本 PurQty* c，單位庫存成本 h，售貨單位獲利 r。
9. 模擬期間 T 的期望獲利 = 累積獲利 Revenue - 累積庫存成本 HoldCost - 累積訂貨成本 OrderCost。

個體型態

顧客：取得購買數量與庫存水準的較小值。

商品：單一商品，定期盤點。

未來事件陣列、事件型態

未來事件陣列每一筆記錄包括事件型態與時間，FE(EType, ETime)。

1. 顧客購買：更新模擬時鐘、更新庫存成本、生成隨機購買數量、計算購買商品數量、生成與儲存下一個顧客購買時間、更新累積獲利、更新庫存水準。
2. 盤點採購：更新模擬時鐘、更新庫存成本、計算採購數量、生成商品到達事件時間、更新累積進貨成本、儲存下一次盤點採購事件時間。
3. 商品到達：更新模擬時鐘、更新庫存成本、更新庫存水準。

模擬時間軸與事件示意圖

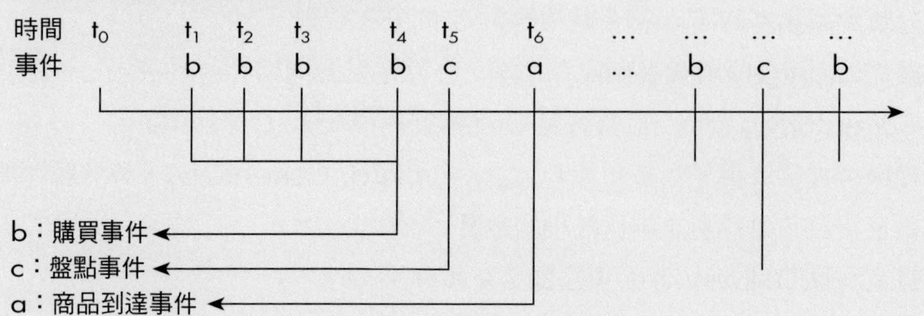

初始模組

```
INPUT 模擬期間 T，盤點週期 t，最低與最大庫存量 Min、Max
INPUT 單位庫存成本 h，單位訂貨成本 c，單位獲利 r
宣告 CurrenQty = Max , PurQty = 0 // 目前庫存水準，實際購買數量
宣告 SimClock = 0 // 模擬時鐘
// 初始累積訂貨、庫存成本、獲利
宣告 OrderCost = HoldCost = Revenue = 0
指定 DemandTime = SimClock + f // 購買時間，f 是 F 的一個例子
CALL FE(1, DemandTime) // 儲存第一個顧客購買事件至 FE
指定 OrderTime = t // 初始第一個盤點訂貨事件時間
CALL FE(2, OrderTime) // 儲存第一個盤點事件至 FE
RETURN
```

SUBROUTINE update( ) // 更新模擬時鐘、累積庫存成本

```
指定 SimClock = ETime  // 事件時間
更新 HoldCost = HoldCost+(SimClock-TLast)*CurrentQty*h
// 庫存成本
RETURN
```

顧客購買事件

```
CALL update( ) // 更新模擬時鐘與庫存成本
指定 d = funct( ) // 購買數量 d 是隨機函數 funct( ) 的個例
指定 PurQty = min(d, CurrentQty) // 實際購買數量
更新 CurrentQty = CurrentQty - PurQty // 庫存水準
更新 Revenue = Revenue + PurQty*r // 累積獲利
指定 DemandTime = SimClock + f // 購買時間，f 是 F 的一個例子
CALL FE(1, DemandTime) // 儲存下一個顧客購買事件至 FE
指定 TLast = SimClock  // 上個事件時間
RETURN
```

盤點採購事件

```
CALL update( ) // 更新模擬時鐘與庫存成本
指定  OrderQty = Max - CurrentQty  // 採購數量
IF (OrderQty > Min) THEN
    指定 OrderQty = 0 // 大於最低庫存，不用訂貨
ELSE
 {指定  DeliveryTime = SimClock + g  // 運送時間 g 是 G 的個例
 CALL  FE(3, DeliveryTime)  // 儲存商品到達事件至 FE
 更新  OrderCost = OrderCost + OrderQty *c} // 累積訂貨成本
END IF
更新  OrderTime = OrderTime + t  // 下一個盤點事件週期
CALL  FE(2, OrderTime)    // 儲存下一個庫存盤點事件至 FE
指定  TLast = SimClock    // 上個事件時間
RETURN
```

商品到達事件

```
CALL  update( ) // 更新模擬時鐘與庫存成本
更新  CurrentQty = CurrentQty + OrderQty  // 庫存水準
指定  TLast = SimClock   // 上個事件時間
RETURN
```

7-10 備用零件模式

考慮一個需要數個工作人員或零件等個體或物件同時運作的系統，只要其中一個物件損壞，系統就無法正常運作。例如需要數位壯漢協力抬起一頂神轎繞境遊行的廟會活動，當其中一名抬轎者體力不支時需要候補人士及時頂替，而被替換的人員也需要休息一段時間才能繼續接替工作，如此這個廟會系統需要多少候補者才能維持抬轎活動的持續進行？

底下我們考慮一個必須有數個零件共同協力運作的系統，假設零件不定時失靈，任何一個零件故障就進廠維修，然後立刻取用備用零件更替，假設零件維修時間符合某一分布函數的隨機行為，維修後馬上加入備用零件群，如果沒有足夠使得系統正常運作的零件數量，系統停止運作，請參考如下示意圖。

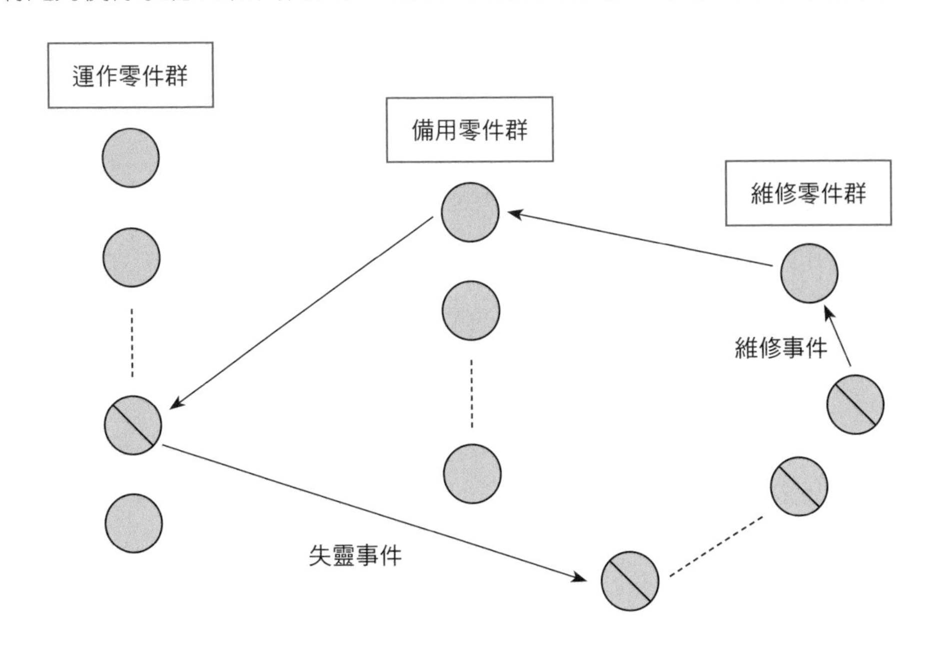

讓模擬目的為了評估系統維持正常運作時間 T，一個可行模式的系統變數包括模擬時鐘 SimClock、維持系統運作零件數量 n、失靈待修零件數量 r、備用零件數量 s。

事件型態與處理邏輯

1. 主程式繼續擷取未來事件陣列 FE 最前端的事件，CALL 對應事件模組，直到發生結束模擬事件。FE 維持一個上升次序 (Ascending Order) 陣列，每一筆記錄包括事件型態與時間，FE(EType, ETime)。
2. 失靈事件：EType = 1，當可用零件不足 n，系統停止運作。
   生成下一個物件失靈時間 FailT，加入 FE。
   生成下一個維修時間 RepairT，加入 FE。
3. 維修事件：EType = 2。
   如果尚有待修零件，生成下一個完成維修時間，加入 FE。

初始模組

```
INPUT n // 輸入正常運作零件數量，INPUT s // 輸入備用零件數量
宣告 SimClock = r = 0 // 初始模擬時鐘與待修零件數量
宣告 RepairT = 9999 // 初始一個不會發生的維修事件時間
CALL FE(2, RepairT) // 避免提早結束模擬
// 固定迭代次數的迴圈結構，生成每一零件隨機失靈時間
FOR i = 1, n // 初始 f1, ..., fn 失靈事件時間，
  指定 FailT = fi // fi, i = 1, ..., n 是機率分布 F 的一個例子
  CALL FE(1, FailT) // 插入 n 失靈事件至 FE，一個上升次序陣列
NEXT
RETURN
```

失靈事件模組

```
指定  SimClock = ETime  // 更新模擬時鐘跳至失靈事件時間
IF (s < 1) THEN  // 沒有備用零件
 {OUTPUT  T  // 系統停止運作時間 T = SimClock
 END} // 結束模擬
ELSE
 {更新  r = r + 1  // 更新待修零件數量
 更新  s = s -1  // 更新備用零件數量
 指定  FailT = SimClock + g1  // 下個失靈間隔時間，g1 是 G1 的個例
 CALL FE(1, FailT)  // 儲存下個失靈事件時間 FailT 至 FE
 指定  RepairT = SimClock + g2  // 維修時間，g2 是 G2 的個例
 CALL FE(2, RepairT)}  // 儲存下個維修事件至 FE
END IF
RETURN
```

維修事件模組

```
指定  SimClock = ETime  // 模擬時鐘等於維修事件時間
更新  r = r - 1，s = s + 1  // 待修零件數量，備用零件數量
IF (r > 0) THEN  // 尚有待修零件更新
 指定  RepairT= SimClock + g2  // 計算維修時間，g2 是 G2 的個例
 CALL FE(2, RepairT)  // 儲存下個維修事件至 FE
END IF
RETURN
```

7-11 共享資源模式

考慮類比電腦分時系統的一個有趣例子：一所社區幼兒園的遊樂設施當然不可能無限多，有些熱門項目例如一座滑梯，小朋友必須依序排隊使用。觀察一群小朋友陸續加入溜滑梯的活動，也許一次又一次地爬上滑下而樂此不疲，但有些小朋友溜了幾次就改變興趣去玩其他項目，或休息一陣子再回來。如此滑梯是小朋友們的共用資源，好比是一部 CPU，而每位小朋友就像共用這部 CPU 的終端機，請參考底下示意圖。

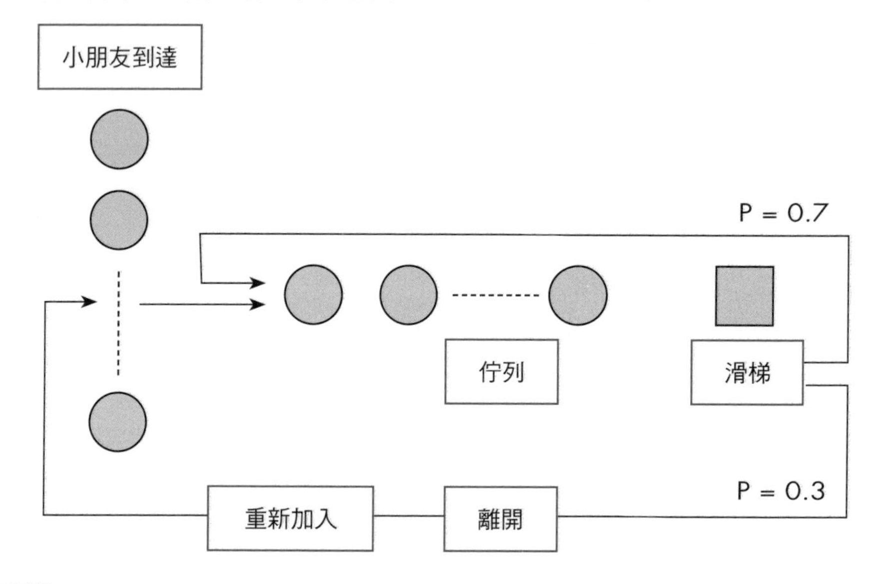

一群小朋友共享一座滑梯模式，假設兒童們每次溜下滑梯後，一部分決定繼續遊玩而加入等待佇列，其他的小孩則選用其他遊樂設施，一段隨機時間之後再加入滑梯之前的佇列。

管理者進行一項模擬研究小朋友參與滑梯活動的熱誠與等待時間。

計畫目的：

在模擬期間 T 計算參與活動的兒童。

總共使用滑梯次數，與平均等待溜滑梯時間。

模式假設

- 假設不定人數 N 位小朋友陸續加入等待溜滑梯佇列的間隔時間，符合一個機率函數 F 的一個隨機變量 f。
- 佇列最前端的小朋友沒有停頓或猶豫便直接溜下滑梯，在佇列的小朋友們則依次前進一個位置，假設所有小朋友溜下滑梯的時間大致相同等於 d 單位，忽略溜下滑梯後直接再次加入佇列的時間。
- 假設 70% 溜下滑梯的小朋友，馬上衝回佇列排隊，另外有 30% 的機會被其他遊樂設施吸引，他們經過一段隨機時間 g 才會再加入滑梯佇列的後端，g 是機率分布 G 的一個隨機變量。

事件型態

1. 到達事件：小朋友第一次加入滑梯佇列。
2. 滑梯事件：小朋友溜下滑梯，70% 馬上加入佇列的後端，繼續溜滑梯活動，30% 選擇暫停一段隨機時間後再加入滑梯佇列。
3. 重新加入滑梯事件：神遊一段時間後再回到滑梯活動。

未來事件陣列

未來事件陣列 FE(EType, ETime) // 事件型態，事件時間，例如：

FE(1, 20) 表示在模擬時鐘 20 位置，某小朋友第一次加入滑梯佇列

FE(2, 25) 表示在模擬時鐘 25 位置，發生滑梯事件

FE(3, 40) 表示在模擬時鐘 40 位置，重新加入滑梯佇列

初始模組

```
// 模擬時鐘 SimClock、佇列長度 QLength
INPUT d  // 輸入溜下滑梯時間
宣告 TLast = 0 // 初始上個事件時間
宣告 N = 1  // 初始參與活動人數
宣告 WaitT = 0 // 初始累積等待時間
宣告 Freq = 0 // 初始滑梯累積使用次數
宣告 QLength= 0 // 初始佇列長度
// 初始第一位小朋友參與溜滑梯活動
指定 ETime = f // 計算到達滑梯佇列間隔時間，f 是 F 的一個例子
CALL FE (1, ETime) // 儲存到達滑梯佇列事件至 FE
RETURN
```

到達滑梯佇列事件

```
// 從未來陣列讀取滑梯事件 EType = 1
指定 SimClock = ETime  // 更新模擬時鐘
更新 N = N + 1 // 更新滑梯使用人數
指定 ETime = f // 到達滑梯佇列間隔時間，f 是 F 的一個例子
 CALL FE (1, ETime) // 儲存下一個兒童到達滑梯佇列事件至 FE
IF (QLength = 0) THEN // 滑梯沒人使用
 指定 ETime = SimClock + d // 溜滑梯事件時間
 CALL FE(2, ETime)  // 儲存滑梯事件至 FE
ELSE
 更新 QLength = QLength + 1  // 佇列長度
END IF
指定 TLast = SimClock // 上個事件時間
RETURN
```

滑梯事件模組

```
// 從未來陣列讀取滑梯事件 (EType = 2)
指定 SimClock = ETime  // 模擬時鐘
更新 WaitT = WaitT + QLength*(SimClock - TLast) // 累積等待時間
更新 Freq = Freq + 1 // 累積滑梯使用次數
指定 u = RAND( ) //Excel 函數生成繼續滑梯的機率，0 < u < 1
IF (u < 0.7) THEN // 繼續滑梯事件
 {指定 ETime = SimClock + QLength * d // 加入佇列後端時間
 CALL FE(2, ETime)} // 儲存滑梯事件至 FE
ELSE // 暫時離開滑梯活動，離散狀態
 {更新 QLength = QLength - 1 // 佇列長度
 指定 ETime = SimClock + g // 重回事件時間，g 是 G 的個例
 CALL FE(3, ETime)} // 儲存重回事件至 FE
END IF
指定 TLast = SimClock  // 上一個滑梯事件時間
RETURN
```

重回滑梯事件模組

```
// 從未來陣列讀取重回件 (EType = 3)
指定 SimClock = ETime // 更新模擬時鐘
更新 WaitT = WaitT + QLength*(SimClock - TLast) // 累積等待時間
指定 ETime = SimClock + QLength * d // 加入 Q 後端的時間
CALL FE(2 , ETime)  // 儲存滑梯事件至 FE
更新 QLength = QLength + 1  // 佇列長度
指定 TLast = SimClock  // 上一個滑梯事件時間
RETURN
```

7-12 多重等待線模式

觀察繁忙車站中旅客排隊購票的活動，人們到達售票區大多會選擇加入較短的等待行列。但是人算不如天算，偶然遇上隊伍前面的旅客洽詢某些發車時間與選擇座位而延長購票時間，看到其他原先較長的隊伍快速前進時真叫人氣餒。假設每一個購票窗口各有一條獨立佇列，對比共用一條佇列，對於旅客整體可能造成不公平的等待時間，因此除非等待購票空間不足，否則應該採用較為公平的單一佇列。

然而許多人工或自動售票系統、遊樂區入場券售票亭系統、賣場結帳系統、加油站等待線等可能不得不採用多重等待線的方式。無論哪一種系統，管理者都應該思考個體行進動線、服務窗口與服務人員的數量，以達成經濟成本與縮短顧客等待服務時間等目標。

考慮一組兩條結帳櫃檯系統，假設每一櫃檯只有一位服務人員，到達顧客隨機加入其中一條佇列，形成一個多重等待線系統，如底下示意圖：

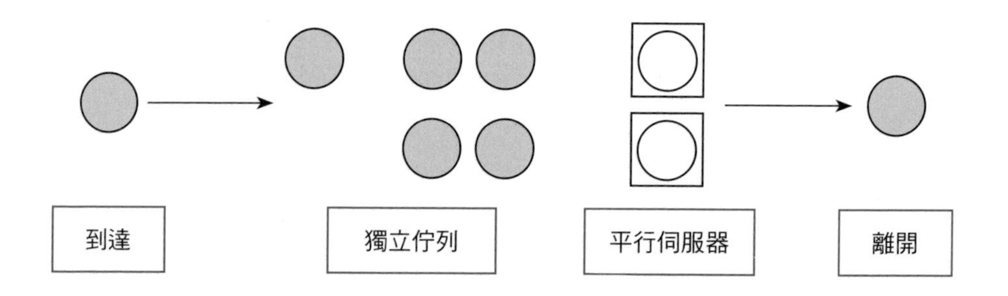

假設為了提升系統的顧客滿意度，管理者預計進行一件模擬計畫以估計：

顧客整體平均等待服務時間，以及

每條佇列平均長度與顧客平均等待服務的時間。

假設研究計畫的假設條件包括：

顧客隨機到達結帳區的間隔時間 f，符合隨機變數 F 的機率行為，

顧客到達系統選擇加入較短的佇列，

當兩條佇列長度相同則隨機加入其中一條，

兩位櫃檯員的任務相同，

服務顧客時間 g 是隨機分布 G 的例子。

事件導向模式的 3 類事件型態：

1. 顧客到櫃檯 1 結帳後離開。
2. 顧客到櫃檯 2 結帳後離開。
3. 顧客隨機到達加入一條佇列。

未來事件陣列

每筆記錄事件型態與事件時間，FE(EType, ETime)，例如：

```
FE(3, 10)  // 在時間軸位置 10，顧客進入系統
FE(1, 20)  // 在時間軸位置 20，顧客在 1 號櫃檯接受服務
FE(2, 25)  // 在時間軸位置 25，顧客在 2 號櫃檯接受服務
```

初始模組

```
宣告 SimClock = 0  // 模擬時鐘
宣告 Q1 = Q2 = 0  // 佇列 1, 2 長度
宣告 CW1Time = CW2Time = 0  // 累積佇列 1, 2 等待服務時間
宣告 CumQ1T = CumQ2T = 0  // 累積佇列 1, 2 長度與時間的乘積
宣告 S1Status = S2Status = 0  // 櫃檯員狀態，忙碌 = 1，空閒 = 0
指定 EType = 3  // 到達事件
指定 ETime = SimClock + f  // 計算下個到達時間，f 是 F 的一個例子
CALL FE(EType , ETime)  // 儲存第一個到達事件
指定 TLast1 = SimClock  // 上一次 Q1 事件時間
指定 TLast2 = SimClock  // 上一次 Q2 事件時間
RETURN
```

FUNCTION WhServer( )

```
// 選擇較短佇列
指定  JoinWh = 1  // 加入櫃檯 1 的佇列
IF (Q1 > Q2) THEN
 指定  JoinWh = 2  // 櫃檯 2 佇列長度較短
ELSE   // 兩條佇列長度相等，隨機選擇服務櫃檯
 IF (u < 0.5) THEN  //u 是 U(0, 1) 均值分布函數的一個例子
   指定  JoinWh = 1  // 加入櫃檯 1 的佇列
 ELSE
   指定  JoinWh = 2  // 加入櫃檯 2 的佇列
 END IF
END IF
RETURN   JoinWh
```

```
// 事件驅動模組擷取一個到達事件 FE(EType, ETime)
指定 SimClock = ETime // 更新模擬時鐘
指定 ETime = SimClock + f // 下一個到達事件時間，f 是 F 的個例
CALL FE(3, ETime) // 儲存下一個到達事件至 FE
指定 EType = WhServer( ) // 函數 WhServer( ) 回傳櫃檯編號
IF (EType = 1) THEN // 加入 S1
  更新 CW1Time = CW1Time+(SimClock -TLast1) // 累積 Q1 等候時間
  更新 CumQ1T = CumQ1T+(SimClock -TLast1)*Q1 // 累積 Q1 人數 * 時間
  IF (S1Status = 0) THEN //S1 空閒
    指定 ETime = SimClock + g //S1 事件時間，g 是 G 的個例
    CALL FE(1, ETime) // 儲存下個 S1 事件至 FE
    指定 S1Status = 1 //S1 忙碌
  ELSE //S1 忙碌
    更新 Q1 = Q1 + 1 // Q1 佇列人數
  END IF
  指定 TLast1 = SimClock // 更新本次事件時間
ELSE // 加入 S2
  更新 CW2Time = CW2Time+(SimClock-TLast2) // 累積 Q2 等候時間
  更新 CumQ2T = CumQ2T+(SimClock-TLast2)*Q2 // 累積 Q2 人數 * 時間
  IF (S2Status = 0) THEN //S2 空閒
    指定 ETime = SimClock + g //S2 事件時間，g 是 G 的個例
    CALL FE(2, ETime) // 儲存下個 S2 事件至 FE
    指定 S2Status = 1 //S2 忙碌
  ELSE //S2 忙碌
    更新 Q2 = Q2 + 1 //Q2 佇列人數
  END IF
  指定 TLast2 = SimClock // 本次事件時間
END IF
RETURN
```

```
// 事件驅動模組擷取一個離開事件 FE(EType, ETime)
指定 SimClock = ETime // 更新模擬時鐘
IF (ETpye = 1) THEN //S1 事件
  更新 CW1Time = CW1Time+(SimClock -TLast1) // 累積 Q1 等候時間
  更新 CumQ1T = CumQ1T+(SimClock -TLast1)*Q1 // 累積 Q1 人數 * 時間
  指定 S1Status = 0 // 伺服器 1 空閒
  IF(Q1 > 0) THEN //
    更新 Q1 = Q1 - 1 // 佇列 1 人數
    指定 S1Status = 1 // 伺服器 1 忙碌
    指定 ETime = SimClock + g // 計算 S1 事件時間，g 是 G 的個例
    CALL FE(1, ETime) // 儲存下個 S1 事件
  END IF
  指定 TLast1 = SimClock
ELSE //EType = 2，S2 事件
  更新 CW2Time = CW2Time+(SimClock-TLast2) // 累積 Q2 等候時間
  更新 CumQ2T = CumQ2T+(SimClock -TLast2)*Q2 // 累積 Q2 人數 * 時間
  指定 S2Status = 0 // 伺服器 2 空閒
  IF(Q 2 > 0) THEN // 佇列 2 清空
    更新 Q2 = Q2 - 1 // 佇列 2 人數
    指定 S2Status = 1 // 伺服器 2 忙碌
    指定 ETime = SimClock + g //S2 事件時間，g 是 G 的個例
    CALL FE(2, ETime) // 儲存下一個 S2 事件
  END IF
  指定 TLast2 = SimClock
END IF
RETURN
```

Chapter 8

選擇輸入機率分布

8-1 垃圾進垃圾出

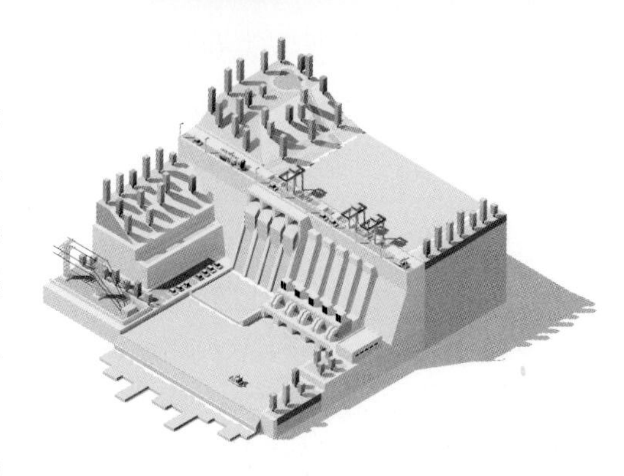

考慮因應乾旱季節而擔心缺水，或颱風夾帶豪雨造成水災等問題，長久以來學者專家們不斷努力建立水循環 (Water Life Cycle) 的模擬系統。一個基本的觀念為：當前某條河流或某一水庫的水位高低，等於之前水位高度加上進水量減去出水量。看起來簡單的模式，但是如何定義和估計進水量與出水量呢？具有科學精神的模式，除了集水區 (Watershed)，也就是整個流域範圍的地形地物等因素之外，進水量必須包括從天上降下來的雨雪、地表凝結的露水與冰霜，以及地面下的伏流 (Subsurface Stream) 等，出水量也必須考慮滲透 (Infiltration)、建物與水塘蒸發 (Evaporation) 以及植物蒸散 (Transpiration) 的水分。假設進水量與出水量等輸入資料不正確或不及時，再怎麼精細的模擬模式也無法產生能夠輔助決策的有效資訊，這個情形就是所謂垃圾進垃圾出 (Garbage in Garbage out)。

8-2 摘要

觀察人們在超商或賣場購物流程，主要有檢選貨品、排隊等待結帳、付款然後離開等活動，可以發現許多系統儘管組成的人事物不同，不過運行邏輯卻是雷同。所以一個有趣的事實是，一個模擬模式可以適用於許多類似運作行為的系統，只要更改某些輸入數據。例如修改一個簡單等待線模式的個體加入等待線與伺服器處理時間的分布函數的參數，就能快速建立代表許多類似等待線系統的模擬模式。同理，更改一個族群成長模式的常數或係數，也許仍然適合代表其他不同族群的成長趨勢。選擇或定義成長模式或係數，必須經過生物、生態與相關領域的學者專家多次觀察與實驗才能得知，這些難題就讓他們去傷腦筋了。離散系統關切的機率分布可分成兩大類，個體到達或進入系統時間與伺服器滿足個體服務需求時間。適當選取代表這兩類隨機因子的理論分布的過程，以及如何生成理論分布的例子，構成本章的主要內容。

8-3 滿足模式輸入需求

確定模式輸入需求的前提就是為了達成模擬計畫的目的，主要輸入項目有模擬期間、重複次數、容量與時間單位等常數 (Constant)，以及影響系統行為的隨機因子 (Random Factor) 的機率分布函數。系統隨機因子大約可分為使用者可控制與不可控制兩類，例如顧客進入系統時間或到達間隔時間，屬於可控制的輸入項目，而顧客等待服務時間或加入下一個伺服器前方佇列時間等，則是無法控制的因子，因為它們隨著系統物件交互運作結果而變化，是模擬過程生成的數據。

某些代表連續系統的模式模擬，除了擬定參數 (Parameter) 與初始值 (Initial Value)，大多不須額外輸入項目，例如族群成長模式與生態演變模式等。當然，專家們在訂定模式、參數與初始值時，也必須植基於長時間的觀察記錄、參考研究文獻，以及數學與機率統計方法，只是建立這類模擬模式需要應用領域的人士來擔綱，不是一般模式設計師能夠勝任的工作。

代表等待線系統的模擬模式，無論活動導向、事件導向或過程導向，計畫目的不外乎是為了獲得在各個伺服器之前，物件或個體停留在等待線的數量與時間等相關數據。影響個體在模式中流動是否造成瓶頸的隨機因子，主要包括各類個體進入系統的時間以及各個伺服器滿足處理需求的時間等。

隨機事件的觀察值不見得是構成可控制因子的輸入資料，因為直接使用可獲得的觀察值集合，無法包括還未出現的可能數值，另外上市的模擬軟體極有可能不支援不符經濟原則的大量資料儲存空間的需求。因此使用者大多必要根據可取得資料集合，定義適合代表產生這組觀察值的理論機率分布函數。

最理想代表隨機過程的機率行為的方式，當然就是植基於機率統計理論，定義系統隨機因子的理論分布函數。這個做法首先定義一個隨機變數名稱，簡稱為變數，代表一個隨機因子，決定收集觀察值的方式與數量，檢視資料集合是否符合隨機樣本的條件，如果符合，可以選取數個潛在函數，一一進行參數估計與統計假設檢定步驟，藉以選取最佳代表這個隨機變數的分布函數。

如何定位潛在分布函數？常用的方式包括遵行專家經驗與建議、觀察樣本的平均數和標準差等特徵值 (Characteristics) 與分布圖形，以及進行統計推論。假設研究人員已經熟知數個實用機率函數的參數性質與曲線，直接比對敘述統計獲得的樣本特徵值與圖表繪製成果，也能初步判定潛在的理論分布。如果觀察值樣本長度較短、未能滿足獨立樣本的定義或未能通過分布適合度檢定等推論過程，就只能建立一個經驗機率分布。

判定機率分布流程圖

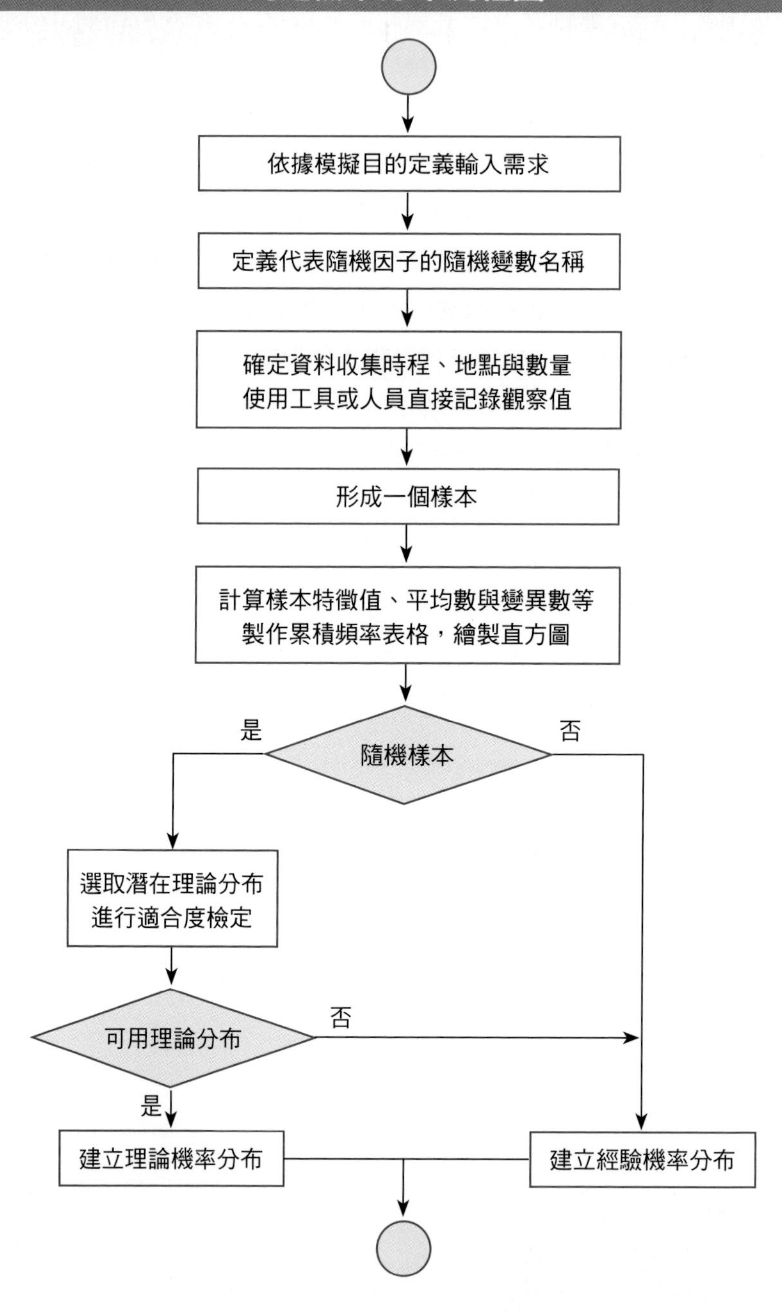
依據模擬目的定義輸入需求
定義代表隨機因子的隨機變數名稱
確定資料收集時程、地點與數量
使用工具或人員直接記錄觀察值
形成一個樣本
計算樣本特徵值、平均數與變異數等
製作累積頻率表格，繪製直方圖
是
隨機樣本
否
選取潛在理論分布
進行適合度檢定
可用理論分布
否
是
建立理論機率分布
建立經驗機率分布

8-4 收集資料

記錄組成系統重要人事物等物件或個體的事實 (Fact) 稱為資料，模擬研究的資料來源可分成歷史記錄、實驗或直接觀察等。使用歷史資料也許沒有時效性，不過研究自然現象需要透過長時間的實驗、觀察與記錄，例如醫療衛生、生態族群消長與河流及水庫水位等模擬計畫。一般製造業與服務業的模擬研究，例如銀行、郵局、賣場或商店，大多為了發掘系統運作瓶頸或比較不同作業流程的效能 (Performance)，這類模擬研究的資料來源主要是透過直接收集觀察值。

符合模擬需求的資料大多來自觀察或度量物件的屬性 (Attribute)，也就是敘述物件的資料項目，由於度量之前無法預知，因此物件屬性出現某一出象 (Outcome) 就同於機率理論的一個簡單隨機事件。所以定義一個隨機變數記錄物件屬性當下的事實或事件的觀察值，是一個可行的機制。

記錄物件性質的屬性，提供辨識或區別同類物件的依據，以氣象局有發警報的颱風列表為例，颱風物件的屬性包括年分、颱風編號、颱風名稱、侵台路徑分類、警報期間（起始西元年 - 月 - 日 - 時 - 分與結束西元年 - 月 - 日 - 時 - 分）、近台強度、近台最低氣壓 (hPa)、近台最大風速 (m/s)、近台 7 級風暴風半徑 (km)、近台 10 級風暴風半徑 (km)、警報發布次數。

除了上述颱風列表列出的屬性，若是能夠包括每次颱風登陸地點、影響範圍、肆虐時間、夾帶雨量、人民生命財物與農作物損失，以及停止上班上課地區與時間等數據，列舉預報與實際狀況的異同，然後應用機率統計方法製作結論，政府與民間業者因應颱風可能的威脅制定相關防災措施，將會更有效率與效果。

針對颱風警報期間長短可能影響民生作息的相關研究，假設計畫利益相關者 (Stakeholder) 關心的屬性只有警報期間一

項而已。資料庫每一次有發警報期間的記錄，就是這個屬性的一個觀察值，是一個隨機數值。當可獲得許多有發警報期間的例子，假如這組觀察值構成一個隨機樣本，也許可以建立警報期間的理論分布，不然的話只能建立一個經驗分布函數，以滿足模式輸入需求。

以簡單製造業與服務業系統為例，模擬模式的物件主要有在系統流動的個體，與處理個體服務需求的伺服器等兩類。如此研究計畫關切的隨機現象就只有進入系統在模擬時鐘軸的位置，與滿足物件處理需求的伺服器服務期間。模擬伺服器服務時間，可以直接從分析觀察值樣本獲得一個合適的分布函數。但是直接使用到達系統時間觀察值建立的分布函數不符實際用途，取代的是兼具簡單與效率的個體進入系統的間隔時間。

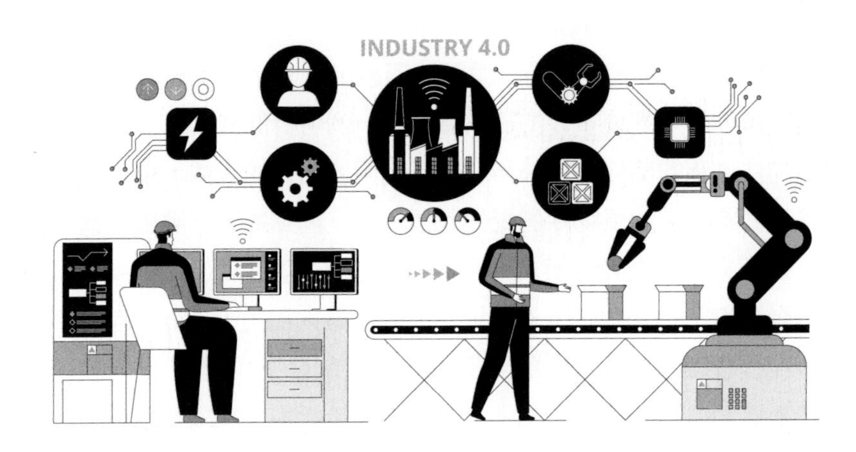

有發警報颱風的屬性

資料來源：氣象局颱風資料庫——有發警報颱風列表

颱風物件屬性：年分、颱風編號、颱風名稱、侵台路徑分類、警報期間、近台強度、近台最低氣壓 (hPa)、近台最大風速 (m/s)、近台 7 級風暴風半徑 (km)、近台 10 級風暴風半徑 (km)、警報發布次數

2019 年四筆有發警報颱風列表

2019　201918　米塔 (MITAG)　6

　2019-09-29 08:30 2019-10-01 11:30　中度 960 38 180 60 18

2019　201911　白鹿 (BAILU)　4

　2019-08-23 05:30 2019-08-25 11:30　輕度 975 30 150 50 19

2019　201909　利奇馬 (LEKIMA)　1

　2019-08-07 17:30 2019-08-10 08:30　強烈 915 53 280 100 22

2019　201905　丹娜絲 (DANAS)　---

　2019-07-16 23:30 2019-07-18 17:30　輕度 988 23 150 --- 15

註：颱風資料庫原始欄位次序不變，上表第一行包括年分、颱風編號、颱風名稱、侵台路徑分類，其餘屬性列於第二行。

2011-2019 年有發警報颱風期間資料彙整

讀取 2011-2019 年列表的警報期間欄位，計算以小時為單位的警報期間。例如 2019 年米塔颱風警報期間 09-29 08:30 至 10-01 11:30，合計 51 小時。

編號	期間（時）	編號	期間（時）	編號	期間（時）	編號	期間（時）
201918	51	201619	27	201416	72	201214	60
201911	54	201617	66	201410	54	201213	27
201909	63	201616	57	201407	18	201211	30
201905	42	201614	60	201323	57	201209	90
201822	33	201601	72	201319	63	201206	27
201808	48	201521	57	201315	57	201205	48
201718	54	201515	75	201312	45	201111	99
201717	16	201513	69	201308	25	201109	42
201713	42	201512	69	201307	63	201105	39
201710	39	201509	54	201217	42	201102	36
201709	54	201506	36	201214	96	201101	36

8-5 彙整與呈現樣本特徵

收集觀察值形成可用樣本之後，研究者必要著手尋求產生這組樣本的潛在理論分布 (Theoretical Distribution) 函數。有趣的是，無論如何努力，人們仍不可能收集任何一個自然現象的所有觀察值，因此也無法獲得代表一個自然現象的隨機變數之真實機率分布函數。

既然無法獲得研究關切的隨機變數之真實機率函數，計畫執行者可以根據可用樣本，進行分組或分類，計算每一組別的相對頻率 (Relative Frequency)。從機率理論觀點，相對頻率相當於某一事件發生的機率，如此彙整樣本的相對機率，可以形成代表一個隨機變數的經驗 (Empirical) 機率分布函數。

由於一個經驗函數不夠簡潔也沒有效率，尤其事件數量眾多時，而最大的缺點則是未能包括從未出現的觀察值，因此研究者都會進一步推論尋求一個能夠符合樣本隨機行為的易懂易用的數學函數。由於除了代表運作某些人造器具的機率行為之外，這個數學函數並不見得是真實的機率函數，因此稱為理論機率函數。

理論上符合機率函數定義的數學函數何其多，如何在無限數量的機率函數群中找到合適的呢？幸好機率統計學家熟知某些函數的性質，而建議為數不多的常用理論機率函數，如此人們不必憑空想像提出代表隨機因子的機率函數。通常透過比對理論機率函數與樣本特徵值或圖表，能夠將搜尋範圍縮小到數個候選者。

針對離散理論分布或觀察值樣本，計算每一個例子 X = x 出現的次數 (Frequency) 與相對次數可以形成的一個表格，或者進一步以不相連的不同長條高度表示不同次數或相對次數形成的條狀圖 (Bar Chart)，都能適當顯現資料集合的分布。

繪製一個連續理論機率分布的圖表並不困難，當機率函數的參數已知。首先在 X 軸標示選取隨機變數 X 的例子 x，然後連結在 Y 軸上的函數反應值 y = f(x)，就完成分布曲線。相對的，繪製連續變數的觀察值樣本分布就複雜多了，分析師首先將資料分組，讓 X 軸定位適當度量單位表示組距 (Width)，Y 軸高度表示觀察值落入各組次數，如此每一組距與次數高度 (High) 形成一個矩形，這些相連矩形構成一個樣本直方圖 (Histogram)，連結各組高度中心點可形成一條樣本分布曲線。

由於分組並不是結構化的工作，而衍生如何分類或分組資料集合的問題，若組別太多，可能出現沒有明確規則的分布；反之，則過度平滑未能顯現起伏特徵。因此分析師可以任意選取分組的數目，分別繪製直方圖，初步選取潛在理論分布圖形，然後進行樣本分布適合度 (Goodness of Fit) 檢定。

2011-2019 年有發警報颱風期間 (單位：小時) 直方圖與樣本特徵值

2011-2019 年有發警報颱風總共發布 44 次，警報期間由小到大排序如下：16, 18, 25, 27, 27, 27, 30, 33, 36, 36, 36, 39, 39, 42, 42, 42, 42, 45, 48, 48, 51, 54, 54, 54, 54, 54, 57, 57, 57, 57, 60, 60, 63, 63, 63, 66, 69, 69, 72, 72, 75, 90, 96, 99

繪製樣本直方圖，首要問題是如何訂定分組數目與組距。觀察這組樣本，發現以數據的十進位數值進行分組可能是一個恰當的方式，請參考如下警報期間的組距與各組發生次數的表格、直方圖與樣本特徵值。

組別	1	2	3	4	5	6	7	8	9
組距	10-19	20-29	30-39	40-49	50-59	60-69	70-79	80-89	90-99
次數	2	4	7	7	10	8	3	0	3

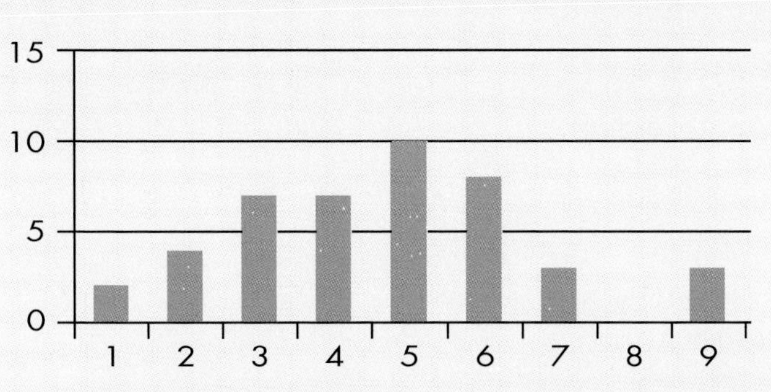

繪製 2019-1970 年有發警報颱風次數（單位：年）條狀圖

2019-1970 年有發警報颱風次數，如下表：

4, 2, 5, 5, 6, 3, 6, 8, 5, 5, 4, 6, 6, 7, 7, 9, 9, 3, 10, 7, 3, 5, 4, 7, 7, 6, 3, 5, 9, 9, 7, 8, 7, 9, 7, 7, 4, 7, 7, 7, 7, 6, 8, 7, 5, 8, 6, 4, 5, 3

已知年有發警報颱風次數是一組離散樣本，我們首先計數年警報發布次數的頻率，讓 X 軸標示年警報發布次數，接著在 Y 軸繪製每一類次數發生的頻率為長條高度。請參考如下頻率表格與次數條狀圖。

年警報發布次數	2	3	4	5	6	7	8	9	10
發生頻率	1	5	5	8	7	14	4	5	1

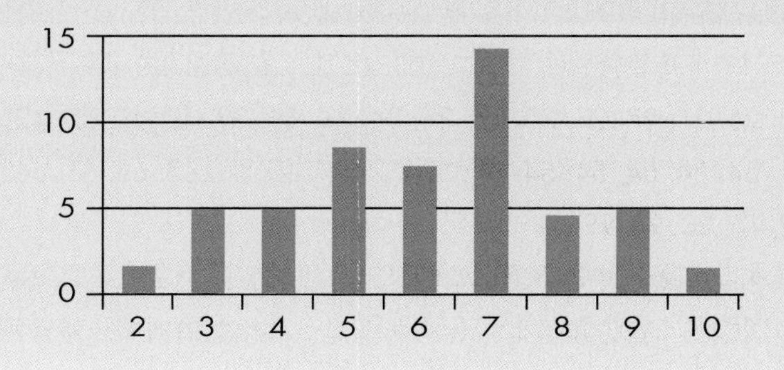

8-6 檢視樣本隨機性質

已知可以使用一個隨機變數用來指定研究關切物件的某一屬性，如此一個觀察值就是一個隨機變數的一個例子。例如定義隨機變數 X，代表有發警報列表以小時為計算單位的警報期間。同理，計算氣象局颱風資料庫颱風編號 201918 的總共警報期間 x = 51 小時，是隨機變數颱風期間 X 的一個觀察值或出象。

從機率理論的觀點，一組觀察值集合的可用樣本就是一個隨機變數的一組例子。模式設計師分析這組觀察值的目的是為了建立這個隨機變數的理論分布函數，這項任務有兩項過程，檢視樣本的隨機性質與辨識潛在理論機率分布的適合度，都是為了確保可用樣本或所有觀察值都是來自同一隨機變數且出象互相獨立的假設，符合一個隨機變數的一組隨機樣本的定義。直覺檢視樣本隨機性質的方式包括資料散布圖與觀察數列規律等。

資料散布圖可用來檢視觀察值樣本的隨機性質，這個視覺法將資料依次配對，(X_i, X_{i+1})，i = 1, 2, ..., n-1，然後標示在平面座標，如果這 n-1 點呈現線性關係，樣本就不具隨機性質。請參考如下兩組數列：1, 2, 3, 6, 8, 9, 11, 17, 22, 35，與 1, 6, 3, 35, 22, 9, 17, 8, 11, 2，它們都有相同的數字，但是以不同的先後次序排列，可以從底下兩個散布圖區分，左方呈現擬似線性關係，右方則較具隨機性質。

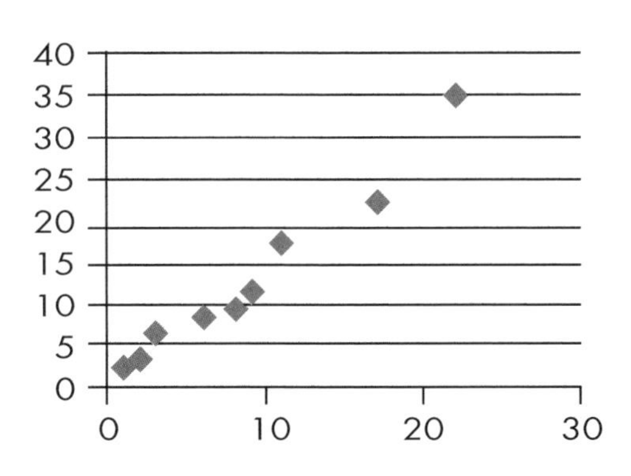

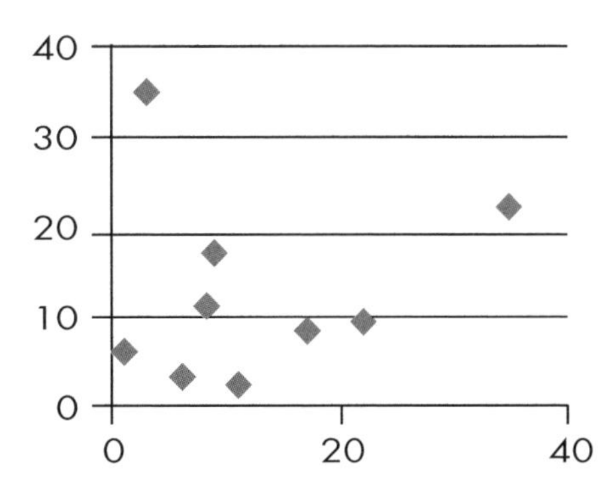

讓 O 與 X 分別代表考生作答一份包括 10 道是非題的兩種選擇，可能的作答序列如 OOOOOOOOOO、OXOXOXOXOX、XOOXXOOOXX、……，只要簡單觀察就可以感覺前兩個作答序列較具規律性，最後一個則較具隨機性質。

比起資料散布圖與視覺判斷兩種符號樣本，是否構成隨機序列的做法，根據統計推論形成的結論必定更符合科學精神。假設樣本觀察值只有兩種符號 O 與 X，讓相連的一個或數個相同符號稱為一串 (Run)，例如 X OO XX OOO XX 就有 5 串，O X O X O X O X O X 則有 10 串，而 OOOOOOOOOO 只有 1 串。根據樣本序列連續 O 與 X 的長度，專家能夠計算所有可能成串個數的機率，藉以判定是否具備隨機序列性質，這當然不是一般人士可以勝任的工作。幸好，人們可以依賴統計學的串列檢定 (Run Test) 形成結論。對於可用樣本不是單純的兩種符號組成，我們可以定義一個取捨標準，將它們轉換成為只有包括如 O 與 X 等兩個符號的序列。

2011-2019 年有發警報颱風期間序列散布圖

讓 $d(x_iy_i)$，i = 1, 2, ..., n，代表在二維座標上的 n 個點，如果它們雜亂分散，沒有明顯構成線性或曲線關聯，可以從直覺角度觀察初步判斷 $d(x_iy_i)$，i = 1, 2, ..., n，出現的次序先後相互獨立，沒有相關。

讓 X_i，i = 1, 2, ..., 44 代表 2011-2019 年有發警報颱風期間以小時為單位，依序為 51、54、63、……、39、36、36 等 44 筆資料。觀察 $d(x_i, x_{i+1})$，i = 1, 2, ..., 43 在二維座標的散布圖，直覺上顯示警報颱風期間呈現隨機性質，請參考右圖。

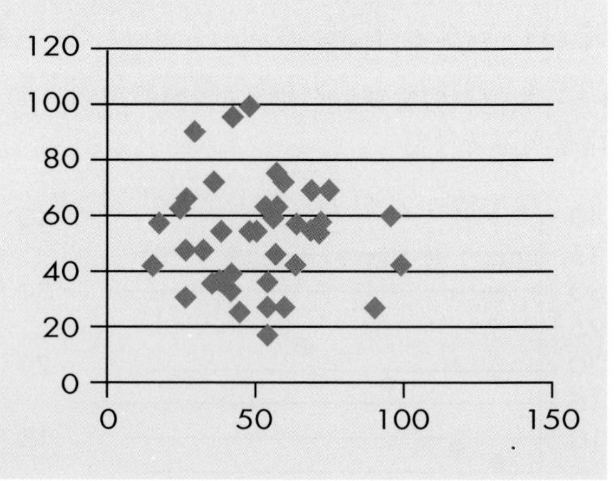

有發警報颱風期間串列檢定

有發警報颱風期間數據並不是二元符號序列，因此進行串列檢定必須選取一個截止點 (Cut off Point)，理論上研究者可以自由選擇，常見的截止點有中位數與平均數等。

本例使用中位數 = 54 當作截止點，讓大於截止點者等於 1，等於 54 者刪除，小於者等於 0，獲得如下 39 個二元符號序列：

0 1 0 0 0 0 0 0 0 1 1 1 1 1 1 1 1 0 1 0 1 1 1 0 0 1 0 1 1 0 0 1 0 0 1 0 0 0 0

然後我們將相同相連符號加上底線，如此方便計算 1 與 0 的個數分別等於 18 與 21，構成 17 個串。

根據機率統計理論，一個二元符號序列成為一個串的個數 R = r 近似於：

平均數 $\mu = ((2*u*v) / (u + v)) + 1$，

變異數 $\sigma^2 = (2*u*v)*(2*u*v - u - v) / ((u + v)^2*(u + v - 1))$

的常態隨機變數，式中 u = 1 的個數，v = 0 的個數，

讓 r = 串的個數，如此 $z = (r - \mu)/\sigma$ 符合常態分布的機率行為，

基本假設：有發警報颱風期間構成一條隨機序列。

當基本假設為真，讓因為選取樣本的差異使得基本假設被否決的型態 I 誤差的機率 $\alpha = 0.05$，如此當 $|z| > z_{\alpha/2} = 1.96$，我們總結序列具有隨機性質，違反型態 I 誤差的機率 < 0.05。

檢視有發警報颱風期間的二元序列，r = 17，u = 18，v = 21，計算獲得：

平均數 = 20.3846，變異數 = 9.3784，z = -4.3706

結論：根據散布圖與串列檢定，本例有發警報颱風期間構成隨機序列的基本假設沒有能夠否決的顯著證據。

8-7 辨識理論分布

辨識代表系統隨機因子的潛在理論分布，模擬研究也可能從比對隨機變數的潛在分布參數與樣本特徵值開始，例如：數值軸上顯示位置的平均數 (Mean)、分散程度的變異數 (Variance)、分布對稱性的偏度 (Skew)、分布扁平或高聳的峰度 (Kurtosis) 等，只是這類視覺性的比對只能提供初步的篩選，並不符合科學精神。

因此分析師必須進行符合機率理論的分布適合度檢定 (Test of Goodness of Fit)，藉以確定模擬模式輸入代表系統隨機因子的理論分布函數與參數數值。如果樣本未能符合隨機樣本的定義或未能建立適當可用理論分布，為了模擬物件的隨機行為，使用者就只能依賴一個經驗分布。

嘗試檢定一組長度 n 的隨機樣本，是否符合一個連續隨機變數潛在理論分布的機率行為，植基於卡方分布的機率行為是一個常用的方法。一個可行的方法為首先將一個理論分布分割為 k 組，讓 $p_1, p_2, ..., p_k$ 分別代表各組發生的機率，$E_i = np_i$，$i = 1, 2, ..., k$ 代表理論上所有觀察值分別落入各組的期望個數，再讓 $x_1, x_2, ..., x_k$ 代表實際上可用樣本落入各組的觀察值數量。根據機率理論，$Q = \Sigma(x_i - np_i)^2/ np_i$，$i = 1, 2, ..., k$，當所有 E_i，$i = 1, 2, ..., k$，都是大於等於 5，Q 將會符合一個自由度 k-1 卡方分布的隨機行為。然後當統計量 Q 很大，就可以否決這組隨機樣本符合這個潛在理論分布的假設。根據機率理論，讓一個顯著水準 $\alpha = Pr(\chi^2 > \chi^2_\alpha)$，如果 $Pr(Q < \chi^2_{n-1, \alpha})$，就不能否決可用隨機樣本符合這個理論分布的機率規則。

卡方分布是一個樣本統計量 (Statistic) 的機率函數，已知標準常態變數的平方是一個自由度等於 1 的卡方變數，又相互獨立的卡方變數的和也是一個卡方變數，它的自由度等於這組獨立卡方變數的自由度的總和。已知長度 n 只有 n - 1 個獨立樣本，又因估計理論分布參數個數 m 的緣故，因此統計量 Q 的自由度等於 n -1 - m。

當沒有合適的理論分布可以代表可用樣本的隨機行為，研究者就會建立一個經驗分布，以滿足模擬研究的輸入需求。假設存有一組長度 n 的可用樣本，

讓 $x_1, x_2, ..., x_n$ 代表樣本由小到大排序 (Ascending Order) 後的序列，x 的右下註標 i = 1, 2, ..., n 代表 x_i 在序列的位置。

已知離散變數的分布函數 F(x) = Pr(X <= x)，連續變數 $F(x) = \int_{-\infty}^{x} f(x)dx$ 等於隨機變數 X 小於等於 x 的機率。假設 n 夠大，底下是一個可行的方式：

$F(x_i) = i/(n + 1)$ 等於樣本小於等於 x_i 的機率的近似值。

由於定義樣本經驗分布的公式並沒有明確的規則，因此使用者可依據隨機變數的性質，修改公式的分母與分子的常數項。

檢定有發警報颱風期間的理論分布

在呈現樣本特徵的章節，2011-2019 年有發警報颱風的記錄，依據期間範圍分為 9 組所建立的直方圖，顯現類似常態分布規律，底下我們使用卡方適合度檢定，判斷隨機出象的警報期間是否符合常態分布的基本假設？

由於卡方檢定方法，各組的期望次數 E 必須大於等於 5，若以警報期間的分組方式，就需要將那些不足 5 的組別合併到之前或之後的組別。已知樣本分組並沒有明確的方式或規範，一個常見的方式是將潛在理論分布分為 8 組，各組涵蓋的機率都相等於 0.125。接著分別計數隨機數值落入各組的期望次數 (E) 以及觀察值落入各組區間的次數 (O)，計算 $Q = \Sigma(x_i - np_i)^2/ np_i$，i = 1, 2, ..., k，然後進行潛在理論分布適合度的假設檢定。簡單計算獲得 2011-2019 年颱風警報期間的樣本平均數與標準差分別為 51.45 與 19.16，請參考底下計算過程：

組別	機率	組距	E	O	(E-O)^2/E
1	0.125	(<29.4)	5.5	6	0.045
2	0.125	(29.4, 38.5)	5.5	5	0.045
3	0.125	(38.5, 45.3)	5.5	7	0.409
4	0.125	(45.3, 51.5)	5.5	3	1.136
5	0.125	(51.5, 57.6)	5.5	9	2.227
6	0.125	(57.6, 64.4)	5.5	5	0.045
7	0.125	(64.4, 73.5)	5.5	5	0.045
8	0.125	(>73.5)	5.5	4	0.409

合併第 3 與 4 組，7 與 8 組，統計量 Q = 4.36 自由度 df = 3 顯著水準 α = 0.05 $Pr(\chi^2 > \chi^2\alpha)$ = 7.815。

據 Q < 7.815，我們不能否決常態分布的基本假設。

2011-2019 年有發警報颱風總共發布 44 次，將這組颱風期間由小至大排序，獲得序列 x_i，$i = 1, \ldots, 44$，並將相同的級數以它們的平均數表示，留下 23 筆資料，採用 $F(x_i) = i/45$，i 等於 x_i 的級數，建立經驗分布。

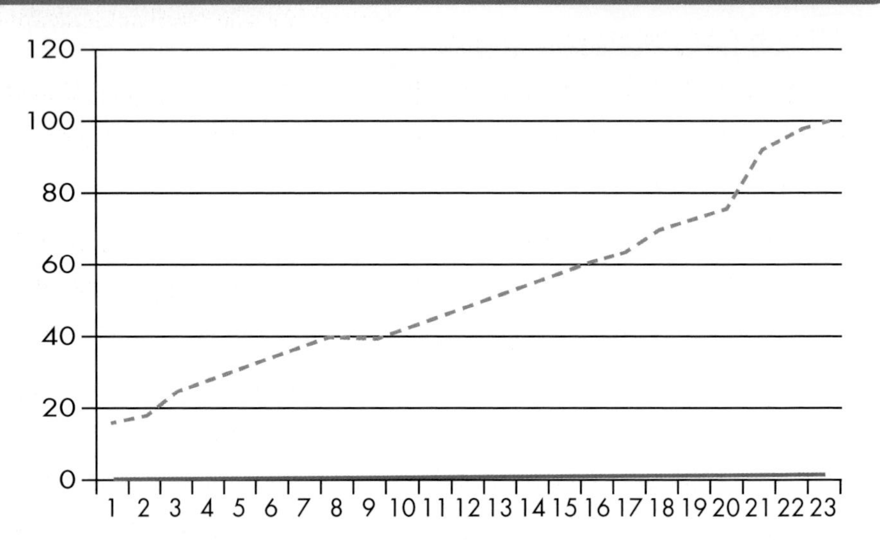

期望與觀察颱風期間直方圖

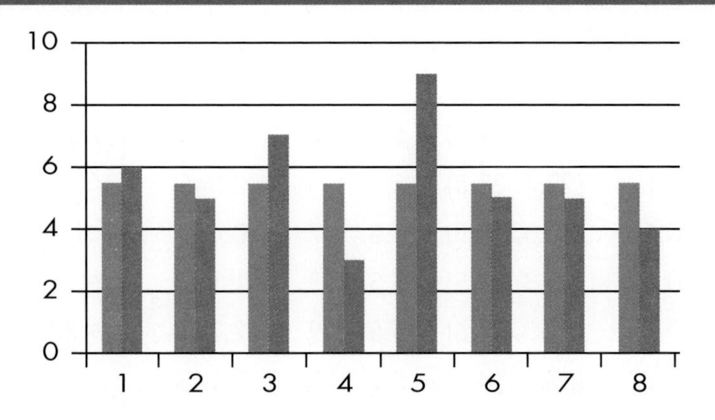

8-8 模仿隨機因子的出象

代表系統運作的模擬模式，當然必須慎重選擇合理表示系統不確定因子的隨機變數的分布。有趣的是，從模擬的角度來看，一個模式可能適合代表不同系統，因為不同場景的隨機因子可能具有類似機率行為，例如顧客進入超商與車輛到達停車場入口等隨機間隔時間、醫師診斷病患與理髮師處理美髮顧客等隨機時間延時，以及國道客運班車搭載旅客人數與顧客在賣場購買物品件數等隨機數量。

模擬過程使用者必須有個模仿系統隨機因子出象的機制，簡言之，就是依據統計推論獲得代表系統隨機因子的理論機率分布，模擬產生隨機數值。使用隨機變數生成隨機數值的方式有許多優點，包括不需儲存大量輸入資料，可產生無限長度的隨機序列。可以獲得這些實用價值的前提是，如何定義這個隨機變數的理論機率函數，以及如何生成這個理論分布的隨機數值？

定義一個隨機變數的理論分布函數，如之前的敘述，必須根據機率統計的理論才有科學意義。主要過程包括收集觀察值，彙整這組樣本的特徵值例如平均數與變異數等，繪製條狀圖、直方圖或累積次數表等顯示樣本的分布狀態，再根據樣本特徵值與分布圖表初步篩選潛在的理論分布，然後估計理論分布的參數，最後進行適合度檢定。假設數個潛在分布都能適合代表系統的隨機因子的隨機行為，模擬執行者可自由選擇其中一個。

觀念上，一個理論分布必須植基於一組隨機樣本，構成一組隨機樣本的假設條件包括所有觀察值互相獨立出現，且來自一個同一隨機變數。如果不能確定一組觀察值樣本是否符合隨機樣本的定義，應該先行檢定這組樣本沒有違反隨機序列的假設，以及能否滿足分布適合度檢定的過程。

常見分布函數最多包含兩個參數，例如表示間隔時間的指數分布只有平均數一個參數，而代表一般時間延時的常態分布則有平均數與變異數兩個參數。

不同參數數值可能改變分布散布位置與型態，借用期望值運算子關聯樣本特徵值，使得多數理論分布函數的參數得以估計。

讓 f(x) 代表一個連續隨機變數 X 的機率函數，$F(x) = Pr(X < x) = \int_{-\infty}^{x} f(x)\,dx$ 等於 X 的累積機率函數，也就是 X 的分布函數。如果 p(x) 代表一個離散隨機變數 X 的機率函數，X 的累積機率函數 $Pr(X <= x) = \Sigma p(x_i)$ 等於所有 $x_i <= x$ 的 $p(x_i)$ 的加總。由於連續隨機變數的機率函數是一種密度 (Density) 函數，曲線下任一點到同個點的積分或涵蓋面積或機率等於 0，因此 Pr(X < x) = Pr(X <= x)。而離散隨機變數的機率函數是一種質量 (Mass) 函數，Pr(X <= x) = Pr(X < x) + Pr(X = x)。

分布函數的性質

無論 X 是連續或離散變數，分布函數 F(x) = Pr(X <= x) 都能成立，又任何機率函數都能滿足 Pr(-∞ <= F(x) <= ∞) = 1.0，換個角度來看，隨機變數出現介於 (-∞, ∞) 之間的機率必定等於 1.0，同理 F(-∞) = 0，F(∞) = 1，0 <= F(x) <= 1 等都必定成立。

連續變數的機率函數與分布函數示意圖

讓 O 表示二維座標原點，假設下左圖代表一個連續變數 X 的機率函數 f(x)，依據分布函數的定義 $F(x) = Pr(X < x) = \int_{-\infty}^{x} f(x)\,dx$，請參考下圖：

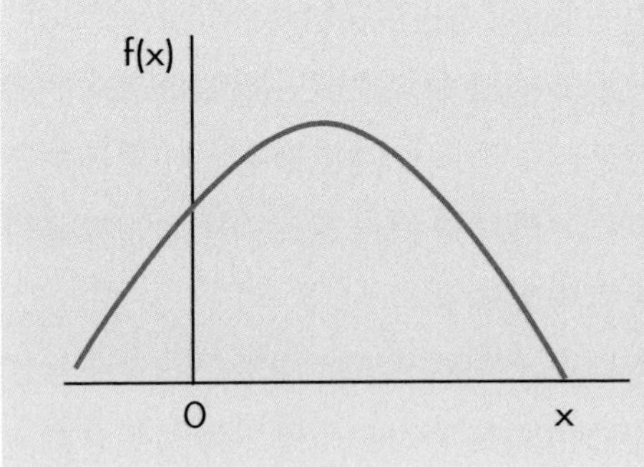

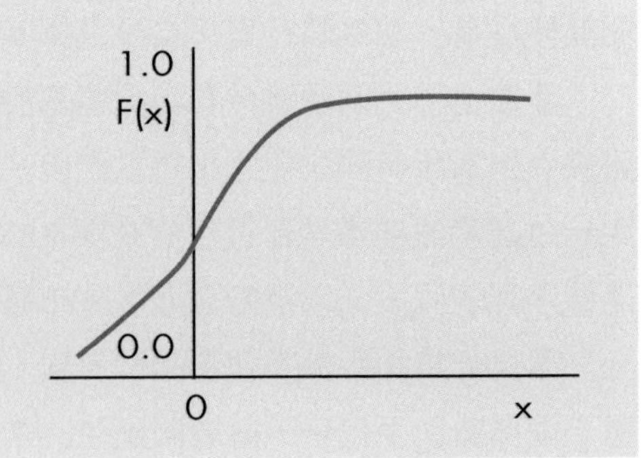

離散變數的機率函數與分布函數示意圖

假設離散變數 X 的機率函數 $p(x_1) = 0.3$，$p(x_2) = 0.1$，$p(x_3) = 0.2$，$p(x_4) = 0.4$，如下左圖；相對的分布函數 $F(x_k) = Pr(X <= x_k)$，k = 1, ...4，如下右圖：

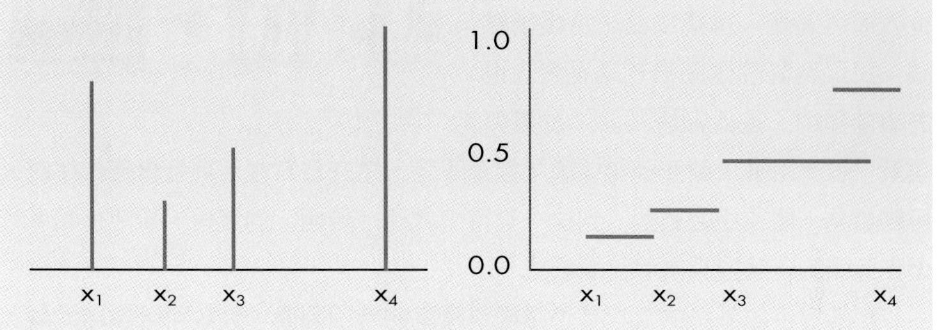

U(0, 1) 均值變數的反函數

讓 x 代表隨機變數 X 出現介於 (-∞, ∞) 之間的任何一個隨機數值，已知介於 0 與 1 之間的分布函數 F(x) 是一個非減低函數 (Non-Decreasing Function)，因此假設 c <= d，則 F(c) <= F(d) 必定成立。讓 rand 代表一個符合 U(0, 1) 均值分布的隨機數值，若可以定義累積機率函數 F(x) 的反函數 $F^{-1}(rand) = x$，人們就可模擬產生符合 X 的隨機出象。

8-9 個體到達時間

觀察顧客到達賣場或百貨公司附近，尋找或等待進入停車場，或直接進入商店消費、選購物品、結帳後離開；民眾到醫院健康檢查或看病，也許事前預約，進入醫院候診，批價與領藥；餐廳用餐、超商購物或購票搭車等等，這些日常生活與社會運作系統，可歸類為一個或組合數個「到達→等待→處理→離開」的流程，研究這類系統運作邏輯的理論通稱為等待線模式。

影響等待線系統的流程是否順暢或壅塞的時間因素，大致可分為兩大類，個體到達或進入系統的時間、方式與數量，以及伺服器滿足交易或處理需求的延時。

從模擬角度來看，物件到達或進入模式的某些節點，除了初次進入系統外，後續序列活動，例如在等待線停留時間長短、接受下一個服務的時間點等，雖然也是某種隨機行為，卻都不是模擬者可以擬定的輸入項目，因為這些是模擬過程產生的隨機現象。

考慮事先生成並儲存個體到達與處理時間，可能發生三個問題：模擬計畫不能確定服務個體數量、需要大量儲存位置，以及可能需要進行排序作業。當然簡潔實用的方式最好採用需要當下才產生的機制，例如遇到一個到達事件才產生下一個顧客到達事件的間隔時間，個體離開等待線將要進行處理時，才模擬產生完成服務時間。

機率函數的常數項通稱為參數，不同數值的參數可用來區別同類型分布但不同分布位置或型態。蓋瑪 (Gamma) 隨機變數 X 的機率函數包含兩參數 α 與 β，它的機率函數：

$f(x; \alpha, \beta) = x^{\alpha-1}e^{-x/\beta}/(\Gamma(\alpha)\ \beta^{\alpha})$

上式中 $\Gamma(\alpha) = \int_0^\infty y^{\alpha-1}e^{-y}dy$

$x, y, \alpha, \beta > 0$

一般來說包括兩個參數的機率分布比起單一參數，無論在參數估計或分布適合度檢定過程都是較為複雜許多，但是前者較能代表系統隨機因子的機率行為。蓋瑪分布有一個非常有趣的特徵，改變兩個參數的數值組合可以形成多樣化的分布曲線，因此適合代表活動過程的隨機期間。

更有趣的是當蓋瑪變數參數 α = 1 的特例，就成為只有一個參數指數分布，$F(x) = \int_0^x e^{-x/\lambda}/\lambda\ dx = 1 - e^{-x/\lambda}$。指數分布函數有一簡潔的反函數，只要簡單運算就能生成個體到達間隔時間的個例，但是蓋瑪分布沒有易用的反函數，不過一般使用者可以依賴某些軟體生成必要的數據，或參考本書第 3 章說明的演算法。

模擬顧客進入系統間隔時間

資料收集的背景

時間：某星期五下午三點前後，地點：台中市某國道轉運站

方式：直接觀察，以五秒鐘為單位，記錄乘客加入等待購票隊伍，最接近 00、05、……、55 的秒數時刻

工具：一支普通手錶

總共獲得 90 筆間隔時間：

10, 5, 5, 50, 20, 10, 55, 20, 30, 35, 5, 10, 10, 5, 5, 100, 35, 35, 10, 25,
5, 10, 15, 20, 25, 25, 15, 25, 5, 65, 5, 15, 5, 15, 5, 20, 5, 25, 5, 5,
15, 45, 5, 5, 15, 35, 10, 5, 15, 5, 5, 25, 5, 45, 60, 20, 15, 85, 5, 5,
25, 45, 5, 20, 25, 80, 10, 5, 55, 55, 60, 5, 25, 5, 5, 5, 40, 35, 15, 5,
5, 5, 5, 30, 10, 80, 45, 5, 25, 25

樣本平均數：22　樣本變異數：450.45　樣本標準差：21.22

觀察 90 筆間隔時間的彙整統計量，樣本平均數幾乎等於樣本標準差，可以初步認定，參數等於 22 的指數變數，是一個產生這組樣本的潛在理論分布。下方表格列出檢定的計算過程：

組別	機率	理論 (E)	樣本 (O)	$(E-O)^2/E$
(0, 10]	0.3653	32.8737	41	2.0088
(10, 20]	0.2318	20.8661	15	1.6492
(20, 30]	0.1472	13.2445	13	0.0045
(30, 40]	0.0934	8.4068	6	0.6890
(40, 50]	0.0593	5.3361	5	0.0212
(50, 60]	0.0376	3.3870	5	0.7682
(60, 70]	0.0239	2.1499	1	0.6150
(70, 80]	0.0152	1.3646	2	0.2959
>80	0.0263	2.3713	2	0.0582

下方理論與樣本直方圖顯示高度吻合的分布狀態，又加總上表最右欄位 $\Sigma(E-O)^2/E = 6.11$，當自由度等於 9 -1-1 = 7，顯著水準 $\alpha = 0.05$，$\chi^2_{0.05;\,7} = 14.0671$，如此這個時段民眾前往購票的間隔時間符合參數 22 的指數機率分布。

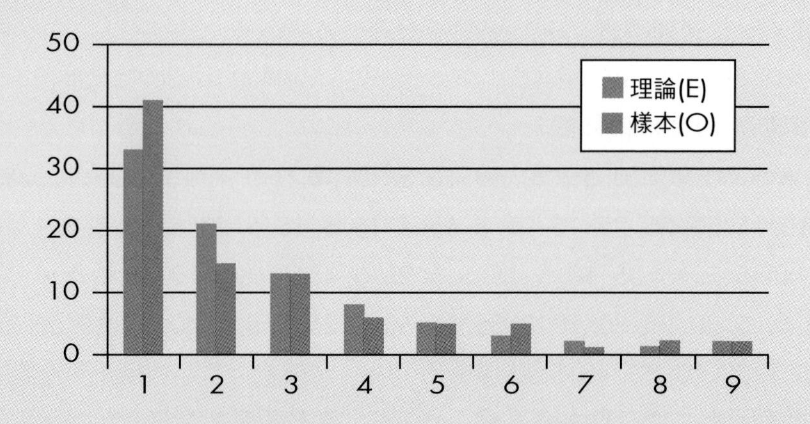

已知參數 $\lambda = 22$ 的指數變數的分布函數 $F(x;\lambda) = 1 - \exp(-x/\lambda)$。

假設 u 是一個介於 (0, 1) 的均值分布的隨機數值，讓 $u = 1 - \exp(-x/\lambda)$，如此可以使用對數函數產生 $x = 22 * Ln(1 - u)$，或 $x = 22 * Ln(u)$ 的隨機序列，以供應模擬過程的輸入需求。

8-10 伺服器使用時間

觀察一個小型商店，顧客在系統的流動只是一組「到達→等待→服務→離開」序列活動，是一個最簡單的等待線系統。實際上一個看似複雜的等待線系統，大多可以將它細緻化或分割成為數個簡單等待線子系統的集合，然後多個「到達→等待→服務→離開」等模組，可以同時並行或進行序列模擬。

考慮一個大賣場顧客購物系統，模式可以細分活動，包括等待停車進入賣場時間、選購商品種類與數量時間、結帳時間以及取車離開賣場時間等等，模式輸入項目就必須一一建立每一類隨機因子的連續分布函數。如果考慮購買商品項目與數量影響選購與結帳時間，使用者也必須建立相關的代表購買物件種類與數量的離散分布函數。

物件處理或交易需求時間，也有可能粗糙地以一個常數或一個均值分布代表。如果滿足同類型物件處理的時間需求，大多集中在某段時間，距離這段時間越遠或越大，發生的機率就越小，這種資料散布狀態類似常態分布的隨機行為。如此，常態分布可能是一個代表物件處理或交易的時間需求之潛在理論分布。但是常態分布的隨機出現介於正負無限大之間，模擬過程可能出現一些極端值。

觀察民眾在大賣場或百貨公司停留的時間、在吃到飽的飯店或便當店用餐時間，日常生活或工作也不乏符合常態隨機行為的例子，這也是說明這類隨機變數稱為常態的緣由。常態機率函數包含兩個參數，表示資料集中在實數線上的位置就稱為位置參數，另一個表示資料分散的程度稱為形狀參數，這兩參數的組合可以代表大多數人們常見的隨機現象的機率行為。

當滿足物件服務時間需求，大多偏向集中在某段時間，例如前往郵局的大多數民眾往往只是購買郵票或寄出掛號信件、領取包裹或郵件、提款或存款等簡單交易，滿足服務需求時間可能差異不大，只有少數民眾進行購買保險、解

約或開戶等事項需要較長服務時間，這類時間散布狀態比較符合蓋瑪分布的機率行為。

假設一組隨機樣本分組後只有出現一個高峰，無論這個高峰組別偏向較小或較大數值，使得分布往右或左側延伸，蓋瑪都是一個潛在的理論分布函數，因為蓋瑪變數的機率函數包括兩形狀參數，分布形狀的彈性很大。

除了均等與均值等兩個隨機變數沒有明確的眾數 (Mode) 或高峰之外，其他常用的機率分布都是只有一處高峰，因此針對一組明顯具有兩個或以上高峰的樣本，使用一個經驗機率分布可能就是唯一選擇了。

模擬滿足顧客需求的服務時間

資料收集的背景

時間：某個星期三早上十點前後

地點：某銀行分行

方式：直接觀察，以分鐘為單位，記錄顧客到達櫃檯至完成服務的延時

工具：一支普通手錶

總共記錄如下 32 筆服務時間：

3, 15, 13, 2, 3, 17, 15, 12, 4, 8, 2, 6, 6, 2, 7, 2, 13, 9, 13, 5, 12, 1, 16, 1, 4, 1, 2, 2, 3, 3, 3, 2

樣本平均數：6.47　樣本變異數：27.42　樣本標準差：5.24

組別	次數
<3	10
[3, 6)	8
[6, 9)	4
[9, 12)	1
[12, 15)	5
>=15	2

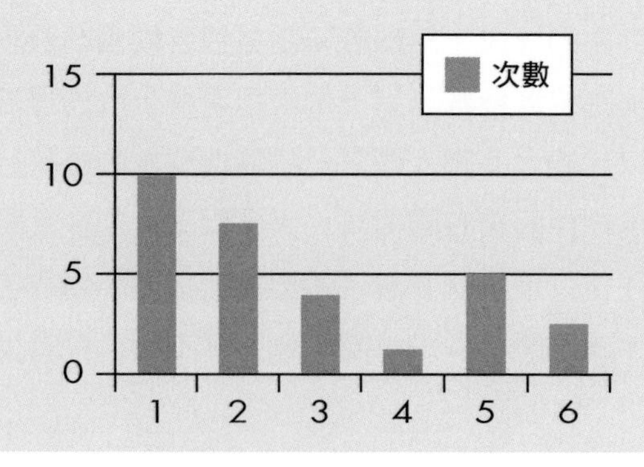

延時	1	2	3	4	5	6	7	8	9	10	11	12	13	14	15	16	17
次數	3	7	5	2	1	2	1	1	1	0	0	2	3	0	2	1	1

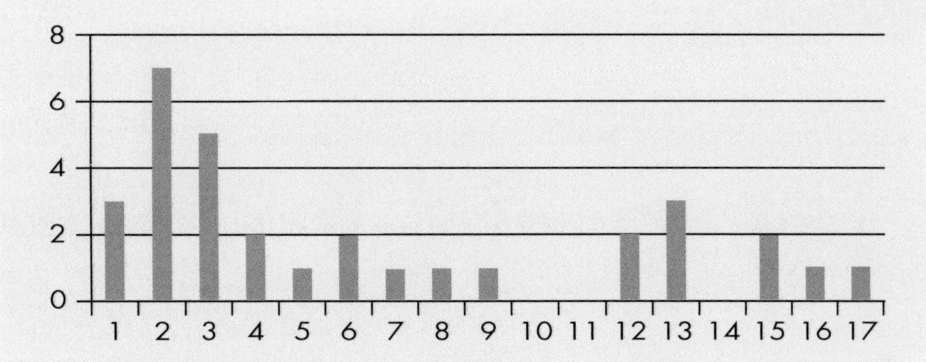

常用敘述時間延時的分布包括常態、指數、蓋瑪與均值等隨機變數，前三者只有一個眾數或曲線的高峰，後者則沒有明顯的高峰。觀察本例兩服務時間樣本直方圖，無論是分成六組或十七組，請參考本節分別繪製的直方圖都有明顯的兩個高峰，因此可能沒有適合的理論分布。

假設系統處理物件服務需求項目多樣化，極有可能造成服務時間樣本產生多個高峰的曲線。模擬這類系統，可以依據群集各自建立理論分布，然後在模擬過程使用一個機率函數，判定對應的分布以生成服務時間，當然也可能依據不同服務項目或不同時段建立個別模擬模式。

Chapter 9

模擬輸出分析

9-1 不符邏輯的推論

成語「瞎子摸象」的故事，敘述一群盲人陸續觸摸一頭大象，然後分別闡述這頭大象的形相。其中一個版本是：摸到象牙的那一位興奮地說大象類似長矛，摸到身體的認為好像牆壁，其他如摸到頭部的說像石頭，以及象鼻像蛇、腿部像大樹、尾巴像繩子等。這一群瞎子憑著觸覺，各自堅持以自己的理解說明一頭大象的長相。

另外一個有趣的故事是關於有次孔子無意間看到顏回在煮飯時，米一煮熟就從鍋裡抓了一口往嘴裡塞。故事背景是孔子帶著一票學生周遊列國，某天顏回要到了一些白米，煮熟後沒有先請老師用餐，就先扒了一口，剛好被孔子看到，雖然心裡不高興但並沒有馬上發作。當顏回請老師上桌，孔子就故意說他想把還沒人吃過的飯先拿來祭拜祖先。顏回驚慌回說：「不可以拿來祭祀了，因為我已先吃了一口。」孔子問說：「什麼？」顏回惶恐地說：「剛煮熟的時候，突然有些灰掉入鍋內，我覺得把沾了灰的飯丟掉太可惜了，就挑起來吃，我不是故意的。」這兩個故事說明，一個事件的真相，尤其是不確定性或不可預測性的隨機事件，根據少數觀察值就妄下結論，只是突顯自己忽視科學精神的心態罷了。

9-2 摘要

無論自行開發程式或使用市售模擬軟體，模擬方法都能輕易地產生大量輸出，這項特點大大迷惑使用者，以致於時常忽略仔細檢視這些數據的正確性。尤其上市軟體為了適合不同應用而提供豐富又生動的圖表與動畫，導致許多計畫管理者或執行者相信這些彙整數字與圖表顯示事實真相。理論上只要模式包含隨機因子，一次模擬結果只是隨機變數的一個觀察值，例如在一條佇列系統度量個體平均等待時間的一次模擬輸出，只是平均等待時間這個隨機變數的一個隨機例子，只是記錄事件的一個隨機現象。因此嚴謹的使用者必須在相同條件下，首先獲得獨立重複多次模擬輸出，代表標的隨機變數的一組觀察值樣本，接著使用統計推論方法確認產生這組樣本的潛在理論分布，如此後續的應用與結論方能具備科學意義。

9-3 ProModel 輸出模組

影響模擬結果有用性的關鍵，在於模擬模式是否確實代表系統運作邏輯、輸入項目的品質，以及分析與呈現輸出的做法。

等待線問題關切的系統隨機因子主要有物件等待服務時間、從物件進入至離開系統的整體時間、伺服器的使用率與等待線長度等。模擬團隊必須在研究目的之下依據假設條件與敘述系統的詳細程度等，建立一個觀念模式。

觀念模式包括明定必要的輸入資料、解答問題的演算過程，以及預計的輸出項目。輸入模式的資料可能是一組數值，也可能為了避免儲存大量資料或模式需求而使用隨機變數的理論分布。隨後模擬團隊才能選擇自行撰寫程式、合作開發或採用市售模擬語言，發展一個在可用平台執行的模擬模式。

轉換一個觀念模式，成為一個可用資訊平台執行的模擬模式，可不是一般模擬團隊容易達成的任務。因此許多公司行號考慮人力與物力以及易學易用等因素，使用 ProModel 或其他市售模擬軟體，建立模擬模式、執行模擬與顯示模擬輸出。

ProModel 模擬輸出模組大致可以分為動畫 (Animation)、圖形 (Graph) 與表格 (Table) 等內容豐富的三大類型。組成動畫的元件包括固定在布局 (Layout) 視窗的背景 (Background) 圖案、場所 (Location)、路徑網路 (Path Network)、計數器 (Counter) 與等待線 (Queue)，以及顯示代表模擬期間個體 (Entity) 與資源 (Resource) 的圖示 (Icon)。隨著模擬時鐘流動過程，使用者除了可以選取元件，亦可隨意調整模擬時鐘的速度。

ProModel 圖形介面輸出，容許使用者自由選取圖表種類與顯示元件，包括常用的統計圖形表示法，例如時間系列圖 (Time Series Plot)、直方圖 (Histogram)、條狀圖 (Bar Chart) 以及圓形圖 (Pie Chart) 等。

ProModel 表格輸出主要顯示場所與個體的活動狀態，包括單次模擬與多次重複獨立模擬的平均值、標準差、最大值、最小值與多種顯著水準的區間估計等統計數據。這些多樣化的圖表與統計彙整，可以提供不同應用的資訊需求。請參考下一頁的輸出圖表主畫面（複製螢幕）。

從機率統計的角度來説，單次的模擬輸出只是參數估計式 (Estimator) 這個隨機變數的一個實例 (Instance)，不是符合科學精神的估計值 (Estimate)。因此有意義的輸出分析，必須根據多次模擬數據進行統計推論。ProModel 軟體容許使用者自由設定模擬次數。多少次模擬才能提供有效資訊？請參考後續章節的説明。

ProModel 模擬軟體輸出分類

1. 動畫：顯示在模式流動的個體或物件在場所之間的旅行過程。
2. 圖形：使用者可以選擇線圖與條狀圖等常用圖形，顯示物件與伺服器在模擬過程分別處於忙碌、空閒或等待等狀態。
3. 表格：所有個體、場所、資源與變數的彙整表格，容許使用者選擇輸出物件、表格欄位與統計項目。

複製 ProModel 輸出圖表主畫面

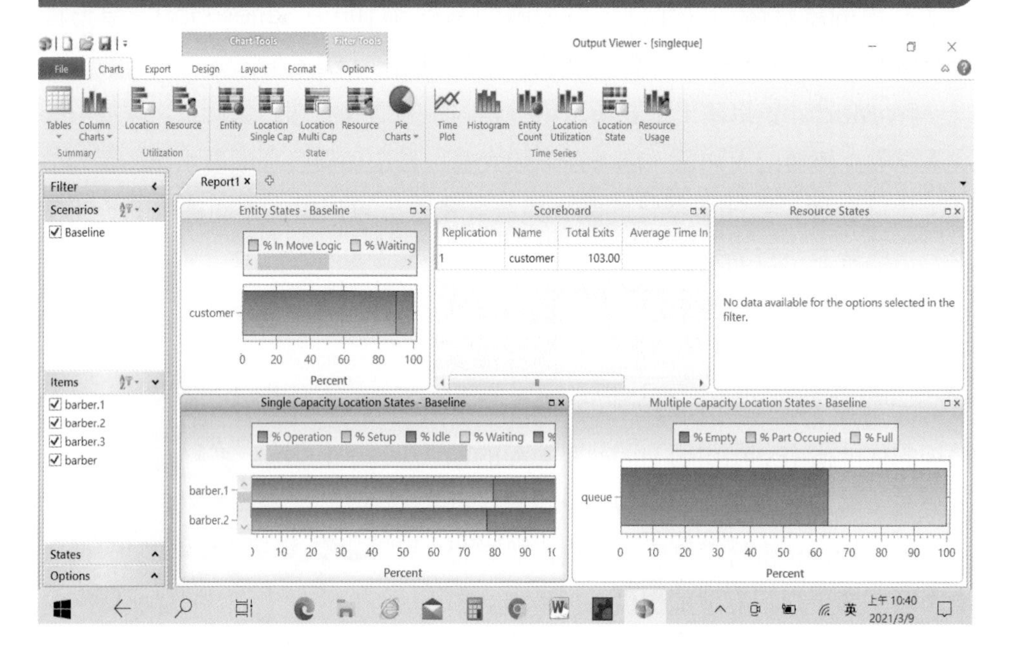

影響輸出品質的因素

- 計畫過程：發展研究計畫與打造模式過程是否參考文獻或專家意見，與評估達成研究目的的可行性等。
- 決策重要性：備用資源或伺服器足夠，或只是需要粗糙估計值或達到最低效能水準，因而採用較大模擬過程的時間單位以節省執行時間。
- 輸入參數：隨機變數分布的假設是否正確、模式常數、起始值與過渡期間是否合理。
- 輸出分析：進行多次模擬並應用統計推論方法形成結論，因為每一次模擬只能獲得如平均等待時間這個隨機變數的一個觀察值，或參數估計式這個隨機變數的一個實例。

9-4 解釋輸出的話題

假設模擬研究從發展一個代表系統的觀念模式 (Conceptual) 開始，撰寫電腦程式或使用市售模擬軟體語言建立模擬模式 (Simulation Model)，再任意選擇一個模擬週期 (Simulation Period) 執行模擬獲得一組輸出數據，藉以提供管理者決策過程的依據，如此做法完全沒有具備科學精神。

常見模擬研究的主要目的是為了了解系統的隨機行為 (Random Behavior)，通常人們使用隨機變數的分布函數 (Distribution Function) 代表系統的隨機性質。由於不同隨機行為本質的差異，分布的範圍與形狀的高低胖瘦當然不同，而表示分布的機率函數的參數，能夠彙整隨機行為的各項特徵。如此進行模擬研究的目的就是估計代表系統隨機因子的機率函數的未知參數，例如顧客在服務中心櫃檯平均等待服務時間。一般來說，代表不同類別的隨機因子可能使用不同的機率函數。

許多常見的隨機現象可有類似的隨機行為，例如度量某養殖場一批雞隻的重量，觀察記錄之後人們可以發現它們大都集中在某一數值，偏離集中數值越遠的數量越少，類似這類隨機行為的例子很多，因此通稱為常態分布。又根據機率理論的定理，就算是一個隨機變數並不符合常態變數的機率行為，但只要樣本數目夠大，它們的樣本平均數還是符合或近似於常態分布的規律。

考慮一項研究客服中心效能的計畫，假設這個客服中心櫃檯每天開放 4 小時，並以顧客平均等候服務時間當成評估效能的指標，如此每次模擬輸出就是代表平均等候時間的隨機變數的一個觀察值。通常模擬輸出的觀察值大致可分為兩類：單純變數，例如顧客平均等待時間與平均停留在系統的時間等，以及時間加權變數，例如伺服器的使用率與平均停留在等待線的人數等。雖然一次模擬的結果只是隨機變數的一個例子，只要根據重複模擬 30 次的數據，大多數研究關切的隨機行為就能依據常態分布進行相關統計推論。

執行模擬模式可以輕易地獲得許多輸出數據，從效率與統計觀點來看，資料收集數量並不是越多越好，因為再大的樣本長度，也只能生成未知參數的一個估計值，應該根據預定達到的信賴水準 (Level of Confidence) 決定樣本長度。

觀察某些系統的本質，有些會有一個自然的中止條件，但有些系統則是持續不間斷地運作，如不同性質的客服中心的開放時間。某些模擬研究都是假設系統從靜止狀態開始，若起始值可能影響系統效能，應該考慮過渡期間 (Transient Period) 的問題，這可依據執行數次前導模擬加以決定。

數值平均對比時間加權平均

數值平均就是算術平均數，只要簡單地運算就能獲得，而計算時間加權平均數就比較複雜，必須考慮在某段期間變數或物件數量的變化。數值平均數只是用來呈現變數數量的多寡或大小，而時間加權平均數則可用來評估系統運行是否產生瓶頸的指標。讓下圖的縱座標表示個體 Entity 停留在佇列的數量，t_i 代表橫座標或時間軸的第 i 個位置。

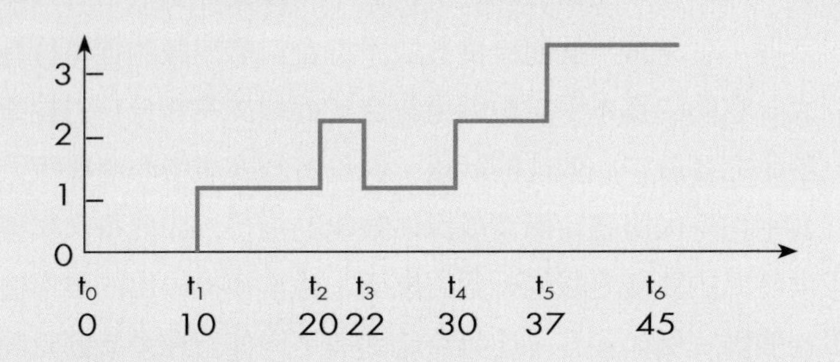

Entity 停留在佇列數量的加權平均

$= (t_1 - t_0)*0 + (t_2 - t_1)*1 + (t_3 - t_2)*2 + (t_4 - t_3)*1 + (t_5 - t_4)*2 + (t_6 - t_5)*3/45$

$= (20 - 10) + (22 - 20)*2 + (30 - 22) + (37 - 30)*2 + (45 - 37)*3/45$

$= (10 + 4 + 8 + 14 + 24)/45 = 60/45 = 1.3333$

重複模擬次數問題

由於一次模擬輸出只是研究關切的隨機變數的一個觀察值，當然不能作為決策的依據。多次模擬的輸出可以構成一個隨機樣本，問題是多大的樣本長度才能符合統計推論的條件？

- 粗略的做法為，只要樣本長度大於等於 30。
- 請參考下一章節輸出數據統計推論的說明。

過渡期間問題

若等待線或伺服器的初始狀態，使得模式呈現不穩定狀態的機率行為，模擬輸出分析應該捨去這段過渡期的數據，辨識不規則的期間可行的做法包括：平均數個相鄰數據的滑動平均法 (Moving Average)，與數次前導重複模擬的平均數值等。

9-5 輸出統計推論

已知一般道路行車者可以自由選擇可用車道，當前方車輛速度緩慢又路況許可，不耐久候的人會選擇變換車道逕行超車。不過在某些危險路段，譬如國道出入匝道、上下陡坡、較小轉彎角度或隧道，交通規則就不許隨意變換車道。行車人驅近危險路段必須選擇一條車道前行，如果運氣不好，明明加入最短車陣，但前方某車可能過度小心而動作緩慢或發生小車禍，就只能眼巴巴地望著其他車道繼續前進。相信很多人都有同樣的經驗，在進入超長路段前，雖有兩條可用車道，但不可隨意變換，例如一段十餘公里的隧道與前後路段。如果某一次選擇內線車道而遇上大塞車，下一次就選擇外線，結果這次卻是外線大塞車，怎麼次次都賭錯車道？這應該不會是事實，只是選錯車道比選對順暢車道的記憶較深吧！

針對隧道行車速度問題的模擬計畫，假設可以分成如下兩研究方向：

1. 考慮隧道所有車道功能與效率相同，整體隧道成為單一伺服器，來車個體加入單一佇列，形成單一等待線單一伺服器的簡單佇列模式。
2. 讓隧道兩車道各自代表性質不同的伺服器，又前後路段不可隨意變換車道，代表來車的個體，各自選擇加入一條佇列，因而構成兩條獨立佇列模式。

假設模擬一個代表隧道路段的簡單佇列模式，主要是為了估計個體從進入至離開隧道路段的平均 (Average) 整體時間 (Total Time in System, TTS)。已知在一次模擬期間每一個體都有留下 TTS 記錄，但是個別記錄並不重要，一次模擬只有輸出本次模擬期間所有個體 TTS 的平均值。而每次模擬輸出可能產生不同的平均 TTS，因此它是一個隨機變數。

從機率統計角度來說，定義一個隨機變數必須明定其機率函數的特徵值，或稱為參數，如平均值與變異數。假設隨機變數 X 代表研究關切的一項輸出，如平均 TTS。讓隨機變數 X_i 代表第 i 次模擬輸出的平均 TTS，如此 x_i 代表第 i 次模

擬輸出的觀察值，它是 X_i 的一個出象或例子 (Instance)，或稱為個例。

統計推論最基本的方法包括根據隨機變數的觀察值樣本，計算未知參數的一個估計值，稱為點估計，與計算在一個預定機率包含未知參數範圍的區間估計，以及判斷未知參數是否等於某一已知數值的假設檢定等三種。

統計推論是一種植基於機率理論，根據一個假設隨機變數的一組樣本或觀察值，辨識這個隨機變數的機率分布，估計機率函數稱為參數的常數項目如平均數與變異數，以及檢定參數是否小於、等於或大於某數值等方法的總稱。

統計推論原理

1. 讓 X 代表一個參數未知的隨機變數，例如代表個體平均停留在模式整體時間的變數名稱。假設進行無限次數模擬，沒問題的話可以獲得稱為母體的所有 X 觀察值，進而完整定義 X 的分布行為，但這是一個不可能實現的任務。人們實作的方式只能收集有限數量的觀察值集合，稱為樣本。
2. 假設隨機變數 Y 的母體只有 1, 2, 3, 4, 5 等 5 個觀察值，平均數 =3。如果從母體隨機重複抽取兩個數字得到 1 與 3，其平均數等於 2，如果抽取的數值為 2 與 3，平均數等於 2.5。如果繼續抽取試驗，獲得的平均數可能次次不同。已知從母體 y 重複抽取長度 2 的隨機樣本共有 25 個，讓 U_i 代表第 i 個樣本平均數，由於帶入觀察值之前未知，因此 $U = (U_1 + U_2 + ... + U_{25})/25$，是一個沒有包括任何未知參數的隨機變數，稱為統計量 (Statistic)。帶入觀察值 $u = (u_1 + u_2 + ... + u_{25})/25 = 3$，這不是巧合，因為所有可能樣本平均數的平均數等於母體平均數。
3. 假設 Y 是一個平均數 μ 變異數 σ^2 的隨機變數，讓隨機變數 U 代表 k 個 Y 的隨機樣本平均數的平均數。根據隨機變數期望值符號，平均數 $E[U]= \mu$，變異數 $V(U)= \sigma^2/k$，如此統計量 U 可以當作 μ 的估計式 (Estimator)，帶入觀察值可獲得 $\bar{u} = (u_1 + u_2 + ... + u_k)/k$，一個 μ 的估計值 (Estimate)，同理可以獲得 σ^2 的估計式與估計值。由於這個機制只能獲得未知參數的一個估計值，因此稱為參數點估計方法。
4. 當估計母體平均數的樣本統計量或點估計式 U 的機率分布已知，人們可以計算在一個預訂的機率 1-a 包含未知參數的區間，這個方法就稱為參數區間估計。同理也可以進行未知參數的假設檢定作業。

植基於常態分布的推論

- 常態變數：統計推論大多建立在隨機變數的機率分布。機率統計理論可以證明數個常態變數的線性函數還是一個常態變數，又依據中央極限定理 (Central Limit Theorem)，非常態變數的樣本平均數的隨機行為近似於常態分布。因此重複獨立模擬輸出的個體或場所屬性的樣本統計量，是一個常態變數的假設具有數理根據。
- 變異數：平均數推論，必須考慮變異數是否已知。變異數未知的情況不確定性較大，因此稱為估計式的樣本統計量的機率分布較為扁平。又標準常態變數的平方的分布是一個卡方隨機變數。
- 獨立變數：比較兩隨機變數的參數必須考慮是否相依或相互獨立。
- 樣本長度：非常態的觀察值數量 >= 30，平均數近似常態分布。

9-6 平均數點估計

大多數等待線問題關切的參數包括伺服器使用率 (Utilization)、個體平均停留在系統時間 (Time in System) 或個體平均等待服務時間 (Waiting Time)，與平均停留在佇列數量 (Quantity in Queue) 等。平均等待服務時間與平均停留在系統時間是單純的數值平均，而平均等待個體數量與伺服器使用率則是時間加權平均數。

物件從抵達等待線到接受某伺服器處理的時間延時，通常是等待線問題研究關切的數個重要變數其中之一，例如在系統進行交易的總時間太長，必定會增加企業顧客的無奈甚或抱怨。當檢視多次模擬輸出的平均等待時間，如果研究人員發現，平均等待時間大部分落在某個數值附近，離開這集中數值越遠的機會越小，這個現象類似多次度量物件重量或長度的情形，符合常態分布的機率行為。

多次模擬輸出的平均等待時間，符合常態分布的機率行為並不是巧合或只是一個特例，而是具有學理根據的自然法則。觀察任何一個母體隨機選取 n 個長度 k 的隨機樣本的活動，讓隨機變數 X 代表 n 觀察值樣本的平均數，x_i，$i = 1, ..., n$ 代表第 i 個長度 k 的樣本平均數，根據機率理論，就算原本不是常態，但只要 n 夠大，例如 $n > 30$，這些樣本平均數也會近似常態分布。如此分析多次模擬輸出數據，如物件停留在系統的整體時間等變數，都可使用常態分布進行統計推論。

估計物件停留在系統的整體時間或等待時間等隨機分布函數的參數，只是一個簡單的算術運算。讓隨機變數 $U = (X_1 + X_2 + ... + X_n)/n$，$X_i$，$i = 1, 2, ..., n$，式中的 X_i 是一個隨機變數，因為第 i 次觀察之前未知結果。這個沒有包括未知參數的隨機變數 U，是一個樣本統計量，可用來估計未知參數。讓 x_i 代表 X_i

的一個觀察值，將 n 個 X_i 觀察值帶入 U 可得到估計值 $\bar{u} = (x_1 + x_2 + ... + x_n)/n$。

由於第 i 次模擬輸出的平均數觀察值只是 X_i 的一個觀察值，必須包括 n 次獨立模擬的觀察值，$x_1, x_2, ..., x_n$，才能構成一個隨機樣本，進而得到 U 的估計值。

而估計平均等待線人數以及伺服器使用率則是時間加權平均數。讓 $d_1, d_2, ..., d_m$ 與 $t_1, t_2, ..., t_m$ 分別代表物件數量 d 與延時 t，模擬期間 T 的時間加權平均數 $t_d = (d_1 * t_1 + d_2 * t_2 + ... + d_m * t_m)/T$。

除了隨機變數的平均數，表示樣本分散程度的變異數也是人們關切的參數。讓 $x_1, x_2, ..., x_n$ 代表 n 次模擬輸出某隨機變數的觀察值，它們的平均數估計值：

$\bar{u} = (x_1 + x_2 + ... + x_n)/n$，以及樣本變異數估計值

$s^2 = ((x_1 - \bar{u})^2 + (x_2 - \bar{u})^2 + ... + (x_n - \bar{u})^2)/(n - 1)$

某美髮師一天工作的模式概述

考慮校園理髮廳系統，一個單一伺服器單一等待線的簡單例子，假設前來理髮師生的間隔時間符合平均數 10 分鐘的指數分布，美髮師服務時間符合 8 至 12 分鐘之間的均值分布行為。為了方便紙筆模擬，預先生成開始營業的前 5 位顧客到達時間間隔分別為 7、3、12、15 與 12 分鐘，服務時間分別為 9、11、8、8 與 10 分鐘。

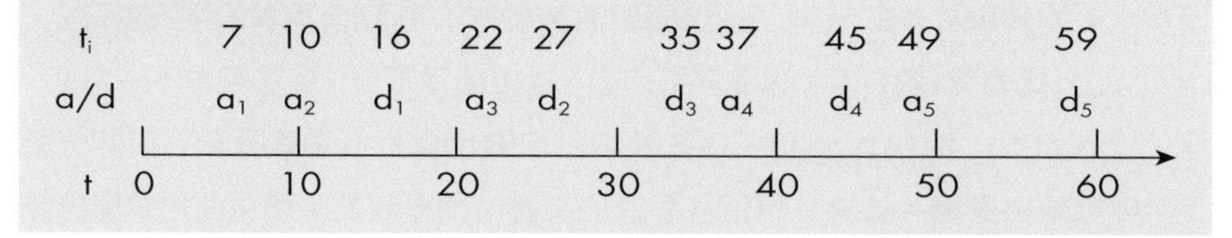

一次模擬輸出變數的計算過程

- 讓 ai、di 與 wi 分別表示顧客 i 到達與離開系統，以及等待服務期間在模擬時鐘軸的位置，獲得 a1 = 7，a2 = 7 + 3 = 10，a3 = 10 + 12 = 22，a4 = 22 + 15 = 37，a5 = 37 + 12 = 49，經過簡單計算 w1 = 0，d1 = 7 + 9 = 16，w2 = 16 - 10 = 6，d2 = 16 + 11 = 27，w3 = 27 - 22 = 5，d3 = 27 + 8 = 35，w4 = 0，d4 = 37 + 8 = 45，w5 = 0，d5 = 49 + 10 = 59。
- 五位顧客平均等待服務時間等於 (w1 + w2 + w3 + w4 + w5)/5 = (0 + 6 + 5 + 0 + 0)/5 = 11/5 = 2.2 分鐘。
- 五位顧客個別停留在系統時間 si = di - ai，i = 1, 2, ..., 5，分別為 s1 = d1 - a1 = 16 - 7 = 9，s2 = 27 - 10 = 17，s3 = 35 - 22 = 13，s4 = 45 - 37 = 8，s5 = 59 - 49 = 10。
- 五位顧客平均停留在系統時間等於 (s1 + s2 + s3 + s4 + s5)/5 = (9 + 17 + 13 + 8 + 10)/5 = 57/5 = 11.4 分鐘。
- 伺服器使用率 util 或在模擬期間 T = 60 美髮師持續忙碌狀態的比例，等於服務所有顧客時間的總和與 T 的商。在模擬時鐘美髮師忙碌時段，包括連續服務第一位至第三位顧客等於 d3 - a1= 35 - 7= 28、服務第四位顧客的 s4 = 8，以及服務第五位顧客的 s5 = 10，如此：
  util = (28 + 8 + 10)/60 = 46/60 = 0.7666。
- 計算平均停留在等待線人數 wm，必須觀察顧客停留在等待線的時段與人數，本例只有兩個不重疊的時段 (d1 - a2 = 6) 與 (d2 - a3 = 5)，且都只有一人停留在佇列，因此 wm = (6 + 5)/60 = 11/60 = 0.1833。
- 以上說明算術平均數與時間加權平均數的計算過程。
- 由於參數估計式本來就是一個隨機變數，因此一次模擬結果，無論期間多長，都只能獲得一個例子，因此未能計算變異數。
- 由於只能計算一個估計值，因此樣本統計量 U 稱為點估計式。
- 依據機率統計觀念，估計一個參數必須獲得 30 次或以上的模擬輸出，方能獲得符合科學精神的估計值。

9-7 平均數區間估計

已知未知參數的點估計無法提供估計值的正確程度，一個可行的辦法就是依據機率理論預先設定一個機率 α，稱為顯著水準 (Significant Level)，發展一個包含未知參數的區間 (Interval)，這個做法稱為區間估計 (Interval Estimation)。

機率統計學家使用 α 代表顯著水準等於當假設隨機變數的理論母體為真，推論結論發生誤差的最大機率。類比這個定義度量區間估計可信賴程度的最低機率稱為信賴水準 (Confident Level) 等於 1 - α。常用的 α = 0.1、0.05 或 0.01，如何選擇呢？當然越小的 α，估計值的可信賴程度越高，相對的，收集觀察值的數量與費用必將增加，統計專家考慮問題的本質與用途訂定推論的顯著水準。

讓 $u_1, u_2, \ldots, u_n$ 代表一個隨機變數如平均等待時間，n 次獨立模擬輸出集合。假設這組樣本符合平均數 μ 標準差 σ 的常態分布行為，統計量 $\bar{u} = (u_1 + u_2 + \ldots + u_n)/n$ 將會是一個平均數等於 μ 標準差 $\sigma/n^{1/2}$ 的常態變數，且 $(\bar{u} - \mu)/(\sigma/n^{1/2}) = Z$ 成為一個平均數 0、標準差 1 的標準常態變數。讓 $\alpha = \Pr(Z > z_\alpha)$，因為常態分布是一個對稱函數，所以常態變數 Z 介於 $(-z_{1-\alpha/2}, z_{1-\alpha/2})$ 之間的機率。

$1 - \alpha = \Pr(-z_{1-\alpha/2} < Z < z_{1-\alpha/2})$，讓 $(\bar{u} - \mu)/(\sigma/n^{1/2})$ 取代 Z

$= \Pr(-z_{1-\alpha/2} < (\bar{u} - \mu)/(\sigma/n^{1/2}) < z_{1-\alpha/2})$，經過簡單運算

$= \Pr(\bar{u} - z_{-\alpha/2}\ \sigma/n^{1/2} < \mu < \bar{u} + z_{1-\alpha/2}\ \sigma/n^{1/2})$

如此 $(\bar{u} - z_{1-\alpha/2}\sigma/n^{1/2}, \bar{u} + z_{1-\alpha/2}\sigma/n^{1/2})$ 稱為平均值 μ 的 (1-α)*100% 信賴區間 (Confidence Interval) 的估計式。不過還不能直接應用這個計算式，如果標準差 σ 未知。還好我們已知 σ 的估計式。

$s = (((\bar{u} - u_1)^2 + (\bar{u} - u_2)^2 + \ldots + (\bar{u} - u_n)^2) /(n - 1))^{1/2}$，$\bar{u}$ 是未知參數 μ 的估計值。

讓樣本變異數 s 取代 σ 可以獲得實用 μ 的 (1 - α)*100% 信賴區間的近似

值。

$(\bar{u} - z_{1-a/2}\ s/n^{1/2}, \bar{u} + z_{1-a/2}\ s/n^{1/2})$。

決定重複模擬次數的因素包括顯著水準 a 與稱為信賴區間的半矩 (Half Length, $z_{1-a/2}\ s/n^{1/2}$)，讓 b 等於預計信賴區間的最大半矩，

$b = z_{1-a/2}\ s/n^{1/2}$，

所以當樣本長度 $n >= z_{1-a/2}s^2/b^2$，人們可以相信平均數參數估計值落入信賴區間的機率大於等於 1 - a。很可惜也是不能直接計算，因為公式等號兩端都有 n，也許使用嘗試與失敗 (Try and Error) 的方法可以求得近似值。

美髮工作室模式概述

計畫目的

參數區間估計：前來理髮的師生平均等待時間。

估計伺服器使用率：美髮師忙碌程度。

假設隨機分布

師生前來理髮的間隔時間符合平均數 10 分鐘的指數分布。

服務每一師生時間符合 8 至 12 分鐘之間的均值分布。

模擬期間

美髮師每天工作 8 小時，進行 30 次模擬。

模擬期間持續工作，忽略休息與轉換物件時間。

本節模擬輸出分析表格的左側，顯示師生個體在 30 次模擬過程的輸出數據，平均作業時間 (Time in Operation) 表示在系統流動的個體在一個場所的處理 (Processing) 時間，平均受阻時間 (Time Blocked) 代表個體等待即將前往的目的場所已有可用容量 (Capacity) 的時間，個體在系統流動的整體時間 (Total Time in System) 等於作業時間加上受阻時間。

表格右側的上半部分表示佇列 (Queue) 場所的數據，包括平均停留時間 (Time per Entity) 代表平均每一個個體停留在佇列可能包括開始與結束的實際執行時間 (Actual Run Time)，以及佇列的使用率 (Utilization)。下半部顯示伺服器 (Barber) 美髮師在模擬過程的輸出數據，停留期間欄位表示平均每一個師生的理髮時間，忙碌率表示模擬期間美髮師持續工作的比率。

模擬序次	完成理髮師生人數	平均作業時間	平均受阻時間
1	42	15.77	6.68
2	40	15.73	6.79
3	41	16.59	7.27
4	41	18.66	8.09
5	33	12.69	6.43
……			
26	43	18.73	8.10
27	39	17.56	7.67
28	40	13.38	7.52
29	34	12.89	5.33
30	45	12.11	5.99

平均完成處理師生人數 39.37

95% 信賴區間 (37.97, 40.76)

最少 32 最多 45

平均處理時間 (分)15.17

95% 信賴區間 (14.38, 15.97)

平均受阻時間 (分) 6.81

95% 信賴區間 (6.46, 7.17)

模擬序次	到達人數	停留時間	使用率／忙碌率
1	44	12.42	33.08
2	40	12.31	29.80
……			
29	36	8.88	19.35
30	45	8.31	22.62

平均加入等待線人數 41.53

平均停留在等待線時間 (分) 12.04

使用率 (%) 30.52

95% 信賴區間 (27.28, 33.75)

模擬序次	到達人數	停留時間	使用率／忙碌率
1	43	9.69	86.79
2	40	10.22	85.14
……			
29	35	9.98	72.74
30	45	9.79	91.74

平均進入工作室人數 40.30

平均理髮時間 (分) 9.90

忙碌程度 (%) 83.10

95% 信賴區間 (80.25, 85.94)

9-8 美髮店是否人手不足？

除了估計系統未知參數，假設檢定技術更是適合管理者研究目前或比較數個潛在系統的效能，或發掘瓶頸等計畫。當然假設檢定的成效必須仰賴符合計畫目的且能夠代表系統運作邏輯的模擬模式，重複獨立模擬輸出的隨機樣本，以及正確的統計推論方法。

檢視前一章節美髮師一天活動的模擬輸出，她的忙碌程度超過 80%，因為服務親切，前來理髮的師生增加許多，為了減少工作負荷，打算聘用一名美髮師助陣。假設師生隨機前來理髮的間隔時間，符合平均數 8 分鐘的指數分布，另一位美髮師與她自己滿足顧客理髮需求的隨機時間也沒有改變，兩位美髮師服務時間都是符合 8 至 12 分鐘之間的均值分布。

使用 Promodel 模擬這個假想系統非常容易，只要將原場所編輯表 (Locations) 的名稱 (Name) 美髮師 (Sever) 的單位 (Units) 由 1 更改為 2，以及在到達 (Arrivals) 編輯表的個體 (Entity) 名稱 (Customer) 的頻率 (Frequency) 欄位更改為平均數 8 分鐘的指數分布 e(8)，即可建立符合需求的模擬模式，請參考底下圖表。

場所 Locations 編輯表

Icon	Name	Cap	Units	DTs	Stats	Rules	Notes
	Queue	INF	1	None	Time Series	Oldest, FIFO	
	Server	1	2	None	Time Series	Oldest, First	
	Server.1	1	1	None	Time Series	Oldest	
	Server.2	1	1	none	Time Series	Oldest	

元件位置 Layout 示意圖

Graphics	Layout
場所圖示庫	Queue → Server1, Server2

到達 Arrivals 編輯表

Entity	Location	QEach	FTime	Occur	Freq	Logic	Disable
Customer	Queue	1	0	INF	e(8)		No

模式概述

讓一組平行伺服器代表兩位工作性質相同的美髮師，假設服務一位顧客時間符合均值 U(10, 2) 分布，美髮店每天營運 8 小時，顧客到達間隔時間符合指數 e(8)，彙整 30 次模擬輸出表格摘要如下。

伺服器（美髮師）統計摘要表

伺服器名稱	Server.1				Server.2			
	進入人數	平均停留時間	平均停留人數	使用率 %	進入人數	平均停留時間	平均停留人數	使用率 %
平均	32.30	9.96	0.67	66.96	25.13	9.99	0.52	52.28
最小	27.00	9.51	0.57	57.01	17.00	9.42	0.37	37.30
最大	39.00	10.39	0.80	80.02	35.00	10.53	0.72	72.26
標準差	2.97	0.21	0.06	5.78	4.07	0.24	0.08	8.33
95% 信賴區間								
下限	31.19	9.88	0.65	64.80	23.62	9.90	0.49	49.17
上限	33.41	10.04	0.69	69.12	26.65	10.09	0.55	55.39

整體伺服器 Server	進入人數	平均停留時間	平均停留人數	使用率 %
平均	57.43	9.97	0.60	59.62
95% 信賴區間				
下限	54.99	9.91	0.57	57.15
上限	59.87	10.03	0.62	62.09

個體（師生）統計摘要表

	完成處理人數	還在系統人數	平均停留在系統時間	平均作業時間	平均受阻時間
平均	56.37	1.53	12.22	10.82	1.40
95% 信賴區間					
上限	53.93	0.99	11.96	10.69	1.25
下限	58.80	2.08	12.48	10.96	1.55

參數假設檢定

第二位美髮師服務的師生較少，忙碌程度也較少，因為只有當第一位美髮師處於忙碌狀態，到達的顧客才由第二位美髮師接手。由於整體平均忙碌率的 95% 信賴區間 (57.15, 62.09) 包含 60%，因此不能否決忙碌率等於 60% 的基本假設（請參考只有一位美髮師模式的忙碌率為 83.10%）。

9-9 比較兩平均數

某運動用品賣場，目前顧客結帳只能加入單一等待線，假設公司考慮調整空間與動線，顧客可以自由選擇加入任一結帳櫃檯的等待線。在多重等待線模式，顧客大多選擇加入結帳隊伍較短的櫃檯，若等待隊伍雖短，但可能遇到前方顧客結帳過程出現某些原因而耗費時間，因此個人等待時間差異較大，而在單一佇列模式下全體顧客等待時間差異較小。

比較不同系統的活動效能，大多使用平均數或變異數等參數的估計式進行推論。已知隨機變數 X_1 與 X_2 的平均數與標準差等未知參數分別為 (μ_1, σ_1) 與 (μ_2, σ_2)，讓 X_{ij}，$j = 1, ..., n_i$，$i = 1, 2$，代表 X_1 與 X_2 長度分別為 n_1 與 n_2 的隨機樣本，如此 μ_1 與 μ_2 的估計式分別為：

$\hat{U}_i = (X_{i1} + X_{i2} + ... + X_{i,ni})/n_1$，$i = 1, 2$

讓 σ_1^2 與 σ_2^2 的估計式分別為：

$S_i^2 = ((X_{i1} - \check{U}_i)^2 + (X_{i2} - \check{U}_i)^2 + ... + (X_{i,n1} - \check{U}_i)^2)/(n_i - 1)$，$i = 1, 2$

已知一次模擬輸出相當於一個隨機變數，例如平均停留在佇列時間的一個觀察值，如此多次獨立模擬輸出就會構成一個常態隨機樣本，同理模擬不同系統的輸出必會符合相互獨立的條件。如此只要樣本長度夠大，就算 σ_1^2 與 σ_2^2 皆為未知，$\mu_1 - \mu_2$ 的估計式 $\hat{U}_1 - \hat{U}_2$，仍然符合常態分布的機率行為，因此進行推論的統計量 $Z = ((\hat{U}_1 - \hat{U}_2) - (\mu_1 - \mu_2))/\sqrt{(s_1^2/n_1 + s_2^2/n_2)}$，還是一個標準常態變數。

若樣本長度 <= 30，又 σ_1^2 與 σ_2^2 皆為未知，$\mu_1 - \mu_2$ 的估計式，或樣本統計量 $\hat{U}_1 - \hat{U}_2$，不再是一個常態變數，而是符合 t 分布的隨機行為。當變異數未知但符合 $\sigma_1^2 = \sigma_2^2 = \sigma^2$ 條件，隨機變數 $\hat{U}_1 - \hat{U}_2$ 的變異數等於 $\sigma_1^2/n_1 + \sigma_2^2/n_2 = \sigma^2(1/n_1 + 1/n_2)$，讓 $s_p^2 = ((n_1 - 1) * s_1^2 + (n_2 - 1) * s_2^2)/(n_1 + n_2 - 2)$，代表 σ^2 的一個合理估計值，獲得一個能夠進行推論的檢定統計量，是一個自由度

$n_1 + n_2 - 2$ 的 t 分布，$t_{n1+n2-2} = ((\hat{U}_1 - \hat{U}_2) - (\mu_1 - \mu_2))/\sqrt{s_p}(1/n_1 + 1/n_2)$。

當兩隨機變數符合常態分布，但變異數不相等，$\sigma_1^2 \neq \sigma_2^2$，$\hat{U}_1 - \hat{U}_2$，還是符合 t 分布的隨機行為，但計算自由度的理論較為複雜，有興趣的讀者請參考專書。

如果必要確定 σ_1^2 是否等於 σ_2^2，根據 $(n_i - 1) * s_i^2/\sigma_i^2$ 符合自由度等於 $n_i - 1$ 的卡方分布，i = 1 或 2，如此進行推論的統計量符合一個自由度 $(n_1 - 1), (n_2 - 1)$ 的 F 分布，$F_{n1-1,n2-1} = (s_1^2/\sigma_1^2)/(s_2^2/\sigma_2^2) = (s_1^2/s_2^2) * (\sigma_2^2/\sigma_1^2)$。

單一與多重佇列模式

觀察郵局郵務處理窗口作業，某些民眾只是單純地寄送或領取郵件，不過總有些人會寄送大量郵件或當場填寫郵件內容，尤其是星期五下午時段。假設開放三個相同 (Identical) 功能的窗口，每個櫃檯之前各有一條佇列，或所有櫃檯共用一條等待線，如下單一與多重等待線布局示意圖，哪一個系統民眾平均完成交易時間較短？

Graphics	Layout 單一等佇列平行伺服器
場所圖示庫	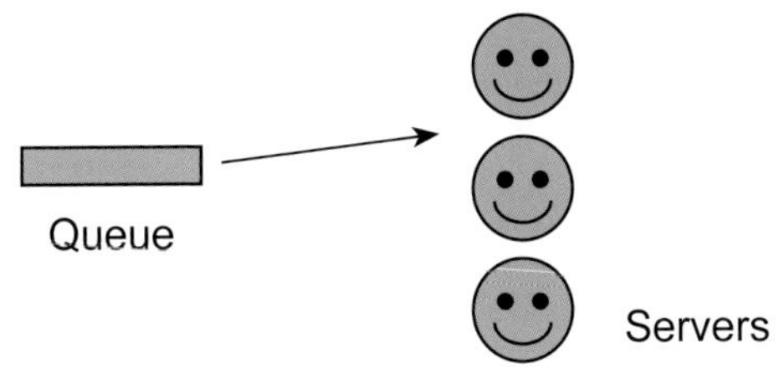 Queue Servers

Graphics	Layout 多重佇列伺服器
場所圖示庫	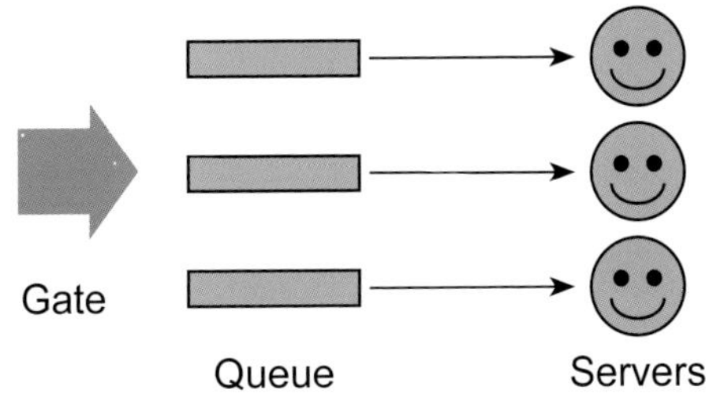 Gate Queue Servers

一次模擬只有輸出一個觀察值

模擬等待線系統，研究人員不會關切個別物件在模式流動的數據，而是關心一次模擬所有在系統流動的個體屬性的平均數據。例如每次模擬可以獲得所有物件從進入系統直到完成服務離開系統 (TTS) 的平均時間，以及每一等待線的平均等待時間與平均等待人數，每一伺服器的使用率等隨機變數的一個觀察值。

兩常態平均數相等的假設檢定

已知兩常態變數 $X_1 \sim N(\mu_1, \sigma_1^2)$ 與 $X_2 \sim N(\mu_2, \sigma_2^2)$，讓 $\hat{U}_1$ 與 $\hat{U}_2$ 分別代表平均數 μ_1 與 μ_2 的估計式，兩樣本長度分別為 n_1 與 n_2。

讓檢定的基本假設 H_0：$\mu_1 = \mu_2$，顯著水準 α。

1. 當兩變異數已知，檢定統計量 $Z = (\hat{U}_1 - \hat{U}_2)/(\sigma_1^2/n_1 + \sigma_2^2/n_2)^{1/2}$。

   帶入觀察值 $z = (\check{u}_i - \check{u}_2)/(\sigma_1^2/n_1 + \sigma_2^2/n_2)^{1/2}$，否決 H_0：若 $|z| > Z_{1-\alpha/2}$。
2. 或使用參數信賴區間判斷是否支持基本假設。

   若 $\mu_1 - \mu_2$ 的 $(1 - \alpha) * 100\%$ 信賴區間包含 0，則未能否決 H_0。

9-10 比較兩佇列模式

某郵局處理民眾郵務需求，在業務量較多的時段如星期五下午，可同時開啟三個窗口，為了比較每個窗口之前各自形成一條佇列(Queue) 與所有窗口共用一條等待線，民眾在郵局平均停留時間 (TTS)，因此進行一項模擬研究。假設郵局空間足夠容許規劃不同顧客活動的動線，每位郵務員任務相同，服務時間相同符合(10, 5) 的均值分布，顧客到達符合平均數等於 3 分鐘的指數分布 e(3)，又模擬期間 4 小時代表一個忙碌的下午時段，模擬時鐘單位分鐘。

使用 ProModel 建立代表上述兩系統的模擬模式，只需要使用場所 (Locations)、個體 (Entities)、處理 (Processing) 與到達 (Arrivals) 等四個元件。由於單一或多重佇列的個體元件編輯表使用相同個體名稱 (Client)，而到達元件編輯表的頻率 (Frequemcy) 也是使用相同機率函數 e(3)，只是前者的個體直接進入共用的佇列，而後者到達的個體先進入一個虛擬場所 (Gate) 再依據輪流規則 (By Turn) 加入各自的佇列。底下僅列出場所與處理元件編輯表。

單一佇列模擬模式的場所與處理編輯表，只有一個 Queue 與一個 Server，在場所 Queue 列的單位 (Units) 欄位鍵入 3，表示 3 個平行功能的 Server。為了簡潔起見，多重佇列處理編輯表使用 QueueX 與 ServerX，X 各自代表 1、2 與 3 個佇列與伺服器場所。

場所 Locations 編輯表 (多重佇列)

Icon	Name	Cap	Units	DTs	Stats	Rules	Notes
	Gate	INF	1	None	Time Series	Oldest	
	Queue1	INF	1	None	Time Series	Oldest, FIFO	
	Queue2	INF	1	None	Time Series	Oldest, FIF0	
	Queue3	INF	1	None	Time Series	Oldest, FIFO	
	Server1	1	1	None	Time Series	Oldest	
	Server2	1	1	None	Time Series	Oldest	
	Server3	1	1	None	Time Series	Oldest	

處理 Processing 編輯表 (多重佇列)

Process			Routing			
Entity	**Location**	**Operation**	**BLK**	**Output**	**Destination**	**Rule**
Client	Gate		1	Client	Queue1	Turn 1
				Client	Queue2	Turn
				Client	Queue3	Turn
Client	QueueX		1	Client	ServerX	First 1
Client	ServerX	U(10, 5)	1	Client	EXIT	First 1

5 次重複模擬輸出列表

模擬序次	3 條獨立佇列 處理數量	停留物件	總時間	單一佇列 總時間	等待時間	操作時間	受阻時間
1.00	70.00	14.00	30.55	33.41	0.00	23.85	9.56
2.00	66.00	28.00	31.17	34.35	0.00	25.02	9.33
3.00	68.00	13.00	44.45	33.82	0.00	24.82	8.99
4.00	69.00	16.00	24.94	36.89	0.00	26.87	10.02
5.00	58.00	5.00	13.93	32.29	0.00	22.89	9.40
平均	66.20	15.20	29.01	34.15	0.00	24.69	9.46
標準差	4.82	8.29	11.06	1.71	0.00	1.49	0.37

5 次模擬個體在系統流動平均總時間的差異，假設變異數未知但符合 $\sigma_1^2 = \sigma_2^2 = \sigma^2$ 條件，隨機變數 $\hat{U}_1 - \hat{U}_2$ 的匯集 (pooled) 變異數等於：

$s_p^2 = ((n_1 - 1) * s_1^2 + (n_2 - 1) * s_2^2)/(n_1 + n_2 - 2) = (4 * 11.06^2 + 4 * 1.71^2)/8 = 83.49$。

$t_{n1+n2-2} = ((\hat{U}_1 - \hat{U}_2) - (\mu_1 - \mu_2))/\sqrt{s_p}(1/n_1 + 1/n_2)$，是一個自由度 $n_1 + n_2 - 2$ 的 t 分布。$t_8 = ((\hat{U}_1 - \hat{U}_2) - (29.01 - 34.15)/\sqrt{83.49} * (1/5 + 1/5)$，$t_{8, 0.025} = 2.3$。

$(\mu_1 - \mu_2)$ 的 95% 信賴區間 = (-5.14+/-2.3 * 5.78) = (-5.14 +/-13.29) = (-18.43, 8.15)，信賴區間包括 0，顯示 $\mu_1 - \mu_2$ 沒有顯著差異。

不過觀察兩模式的總時間欄位，可以發現單一佇列的變異性很小，而多重佇列卻很大。所以在多重佇列模式之下，顧客較難預估前往辦事所需的時間。

30 次重複模擬輸出列表

模擬序次	總時間	操作時間	受阻時間	總時間	等待時間	操作時間	受阻時間
1.00	30.55	21.75	8.80	33.41	0.00	23.85	9.56
2.00	31.17	24.54	6.63	34.35	0.00	25.02	9.33
3.00	44.45	34.94	9.51	33.82	0.00	24.82	8.99
……	……	……	……	……	……	……	……
26.00	17.67	11.71	5.96	30.53	0.00	21.78	8.75
27.00	24.75	17.07	7.68	34.48	0.00	25.05	9.44
28.00	46.86	37.08	9.78	31.57	0.00	22.66	8.91
29.00	20.84	14.28	6.56	33.81	0.00	24.53	9.27
30.00	16.61	11.93	4.68	30.63	0.00	21.96	8.67
平均	29.24	21.52	7.73	34.31	0.00	24.88	9.43
標準差	9.25	8.13	1.41	2.13	0.00	1.67	0.52

30 次模擬個體在系統流動平均總時間的差異，樣本統計量 $\hat{U}_1 - \hat{U}_2$。

$Z = ((\hat{U}_1 - \hat{U}_2) - (\mu_1 - \mu_2))/\sqrt{(s_1^2/n_1 + s_2^2/n_2)}$，是一個標準常態變數，$(\mu_1 - \mu_2)$ 的 90% 信賴區間 $= (29.24 - 34.31)+/-(1.645) * \sqrt{(9.25^2/30 + 2.13^2/30)} = (-5.07+/-4.94) = (-10.01, -0.14)$，如此 μ_1 與 μ_2 卻有顯著差異。

9-11 序列活動的瓶頸

一般社區健康服務中心或醫療院所接種疫苗的流程，包括量體溫、櫃檯掛號、等待醫師診斷、等候注射疫苗、休息觀察然後離開，請參考如下示意圖：

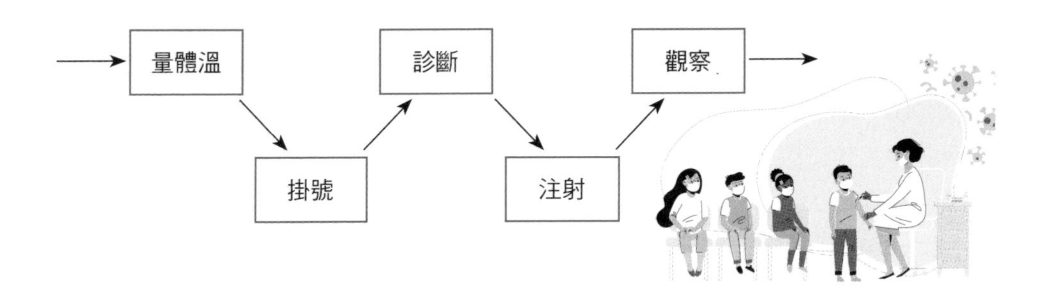

回想前往健康中心注射疫苗的經驗，某次走完流程共花費將近 2 小時。仔細觀察，真正耗費時間的活動就是等候診斷，因為醫師同時看診一般民眾。如果單從民眾角度來看，估計從到達至完成接種的平均延時計畫，只需一個如下簡單佇列模式：

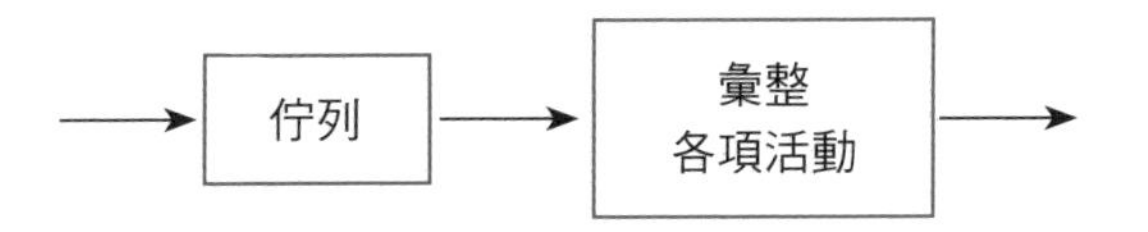

如果管理者必須了解較細的資訊，例如志工、掛號櫃檯、醫師診斷與護理師的忙碌程度等，上述簡化模式就不適用了。底下模式將量體溫與掛號、診斷與注射、休息與觀察各合併成為一項活動，如此形成一個三項活動、二個佇列的如下模式：

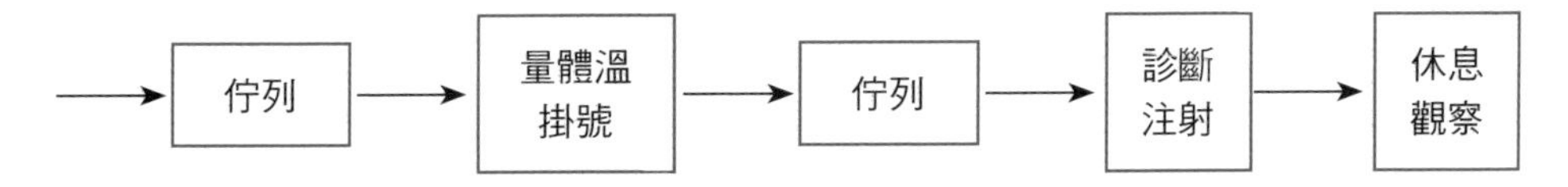

當管理者聽聞眾多民眾抱怨打疫苗耗時太久的聲音，接受任命發掘流程瓶頸與改善方案計畫的人員，就會開始建立模式、收集資料、執行模擬與分析輸出。使用 ProModel 建立代表序列伺服器的模擬模式，在估計民眾到達健康

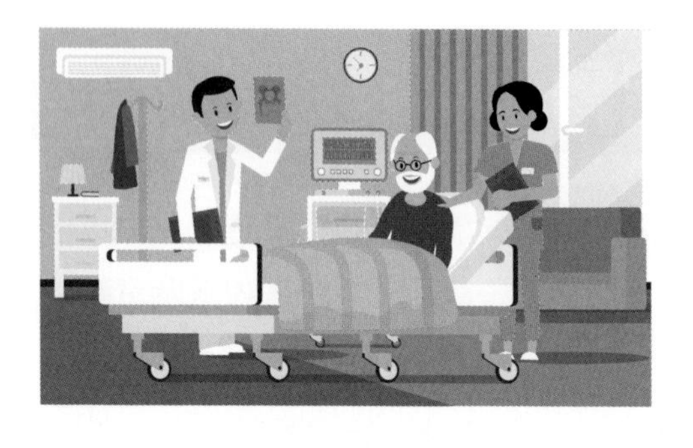

中心的間隔時間以及各項活動的延時等隨機變數的未知參數之後，打開 (Build) 選單的場所 (Locations)、個體 (Entities)、處理 (Processing) 與到達 (Arrivals) 等元件編輯表，並填入各項必要常數與分布函數，然後在模擬 (Simulation) 選單的選項 (Options) 鍵入模擬時程 (Run Time) 與重複次數 (Replications)，如此建立的模擬模式就可以在當前平台直接執行，最後打開輸出模組讀取關切的圖表以進行統計分析。

一旦發掘某一場所的容量不足以造成伺服器、服務人員忙碌程度太高或佇列太長等瓶頸，計畫人員可以在相關元件編輯表直接修改輸入資料，成為另個模擬模式。依據數個不同模式輸出進行統計分析，可以形成輔助決策的可行方案。

問題敘述

考慮包括三個伺服器和兩條佇列的序列等待線系統（如接種疫苗流程）。

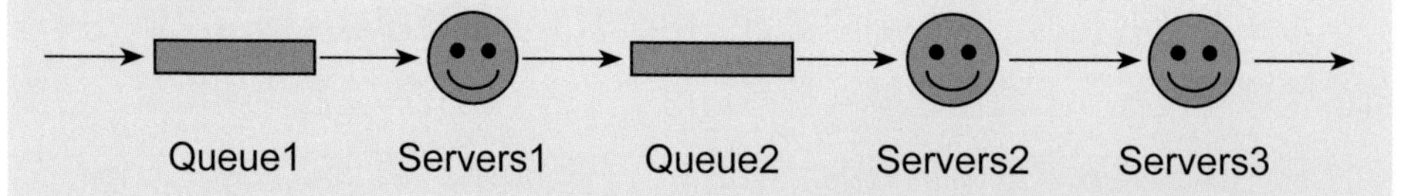

1. 假設個體（民眾）進入系統的佇列 1、等待伺服器 1（如量體溫與掛號）、完成處理加入佇列 2、等待伺服器 2（如診斷與注射疫苗）、完成處理直接進入伺服器 3（休息與觀察），接種完成後離開系統。
2. 讓民眾到達健康中心的間隔時間符合平均 10 分鐘的指數分布，量體溫與掛號時間符合 1 至 5 分鐘的均值變數的機率行為，診斷與注射時間是一個平均 20 分鐘、標準差 5 分鐘的常態隨機變數，休息與觀察時間符合 5 至 25 分鐘的均值分布規律。

模擬輸出摘要列表

讓伺服器 1 與伺服器 2 都是單一伺服器，伺服器 3 是一組容量等於 5 的平行伺服器。使用 ProModel 模擬上述序列伺服器系統 10 次，底下表格最左欄為重複模擬次數服務個體數量，A、U、L 分別代表平均、95% 信賴區間上限與下限，下方 3 個區塊分別顯示伺服器 S1、伺服器 S2 與伺服器 S3 的輸出數據，依次為服務個體數量 Qty、平均停留時間 TStay 與使用率 Utili(%) 等 3 個欄位。

	S1 Qty	TStay	Utili	S2 Qty	TStay	Utili	S3 Qty	TStay	Utili
1	25.00	3.01	31.33	22.00	18.62	85.36	20.00	14.46	24.10
2	22.00	3.60	32.97	21.00	19.52	85.40	19.00	15.49	24.53
3	31.00	2.81	36.25	22.00	18.64	85.41	20.00	13.69	22.82
4	26.00	3.38	36.60	23.00	19.36	92.74	21.00	14.60	25.55
5	24.00	2.56	25.56	18.00	21.13	79.23	16.00	14.34	19.12
6	26.00	2.68	29.01	22.00	20.35	93.28	20.00	14.69	24.48
7	27.00	3.11	35.04	22.00	18.72	85.78	20.00	11.97	19.95
8	23.00	3.04	29.12	21.00	17.22	75.35	19.00	16.12	25.53
9	16.00	3.57	23.78	15.00	21.90	68.44	15.00	16.20	20.25
X	24.00	3.21	32.10	23.00	18.84	90.26	21.00	13.00	22.75
A	24.40	3.10	31.17	20.90	19.43	84.12	19.10	14.46	22.91
L	21.64	2.84	28.07	19.10	18.45	78.53	17.65	13.51	21.21
U	27.16	3.35	34.28	22.70	20.41	89.72	20.55	15.41	24.60

本例進行 10 次模擬只是為了說明 ProModel 能夠輸出有用統計資訊，如元件的平均忙碌率與信賴區間。根據這個表格可以發現代表診斷與注射的伺服器 2，其平均使用率高達 84.12，幾乎可以認定它是造成接種活動的瓶頸。當然，嚴謹的計畫應該植基於 30 或更多獨立模擬的輸出。

國家圖書館出版品預行編目(CIP)資料

超圖解系統模擬 / 許玫斌著. 一一初版.
一一臺北市：五南圖書出版股份有限公司,
2023.08
面； 公分
ISBN 978-626-366-265-0 (平裝)
1.CST: 系統分析 2.CST: 套裝軟體
3.CST: 統計推論
312.121 112010083

1F2J

超圖解系統模擬

作　　者 — 許玫斌
責任編輯 — 唐　筠
文字校對 — 許馨尹、黃志誠
內文排版 — 張淑貞
封面設計 — 陳亭瑋
發 行 人 — 楊榮川
總 經 理 — 楊士清
總 編 輯 — 楊秀麗
副總編輯 — 張毓芬
出 版 者 — 五南圖書出版股份有限公司
地　　址：106臺北市大安區和平東路二段339號4樓
電　　話：(02)2705-5066　傳　真：(02)2706-6100
網　　址：https://www.wunan.com.tw
電子郵件：wunan@wunan.com.tw
劃撥帳號：01068953
戶　　名：五南圖書出版股份有限公司

法律顧問　林勝安律師

出版日期　2023年8月初版一刷
定　　價　新臺幣480元

經典永恆·名著常在

五十週年的獻禮——經典名著文庫

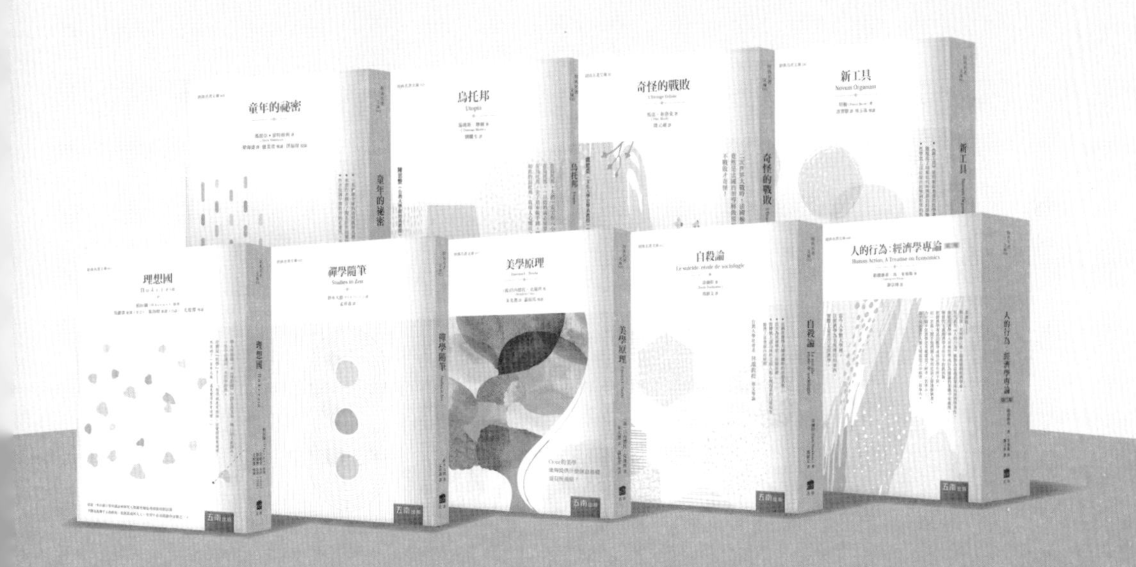

五南，五十年了，半個世紀，人生旅程的一大半，走過來了。
思索著，邁向百年的未來歷程，能為知識界、文化學術界作些什麼？
在速食文化的生態下，有什麼值得讓人雋永品味的？

歷代經典・當今名著，經過時間的洗禮，千錘百鍊，流傳至今，光芒耀人；
不僅使我們能領悟前人的智慧，同時也增深加廣我們思考的深度與視野。
我們決心投入巨資，有計畫的系統梳選，成立「經典名著文庫」，
希望收入古今中外思想性的、充滿睿智與獨見的經典、名著。
這是一項理想性的、永續性的巨大出版工程。
不在意讀者的眾寡，只考慮它的學術價值，力求完整展現先哲思想的軌跡；
為知識界開啟一片智慧之窗，營造一座百花綻放的世界文明公園，
任君遨遊、取菁吸蜜、嘉惠學子！